Kyra Sänger, Christian Sänger

Sony α6600

DAS HANDBUCH ZUR KAMERA

Wir hoffen, dass Sie Freude an diesem Buch haben und sich Ihre Erwartungen erfüllen. Ihre Anregungen und Kommentare sind uns jederzeit willkommen. Bitte bewerten Sie doch das Buch auf unserer Website unter **www.rheinwerk-verlag.de/feedback**.

An diesem Buch haben viele mitgewirkt, insbesondere:

Lektorat Juliane Neumann
Korrektorat Alexandra Müller, Olfen
Herstellung Denis Schaal
Typografie und Layout Vera Brauner
Einbandgestaltung Eva Schmücker
Coverbild Unsplash: Kasper Rasmussen
Satz III-Satz, Husby
Druck und Bindung Firmengruppe Appl, Wemding

Dieses Buch wurde gesetzt aus der TheSans (9,35 pt/13,7 pt) in FrameMaker.
Gedruckt wurde es auf mattgestrichenem Bilderdruckpapier (115 g/m²).
Hergestellt in Deutschland.

Bibliografische Information der Deutschen Nationalbibliothek:
Die Deutsche Nationalbibliothek verzeichnet diese Publikation in der Deutschen Nationalbibliografie; detaillierte bibliografische Daten sind im Internet über *http://dnb.d-nb.de* abrufbar.

ISBN 978-3-8362-7476-0

1. Auflage 2020
© Rheinwerk Verlag, Bonn 2020

Informationen zu unserem Verlag und Kontaktmöglichkeiten finden Sie auf unserer Verlagswebsite **www.rheinwerk-verlag.de**. Dort können Sie sich auch umfassend über unser aktuelles Programm informieren und unsere Bücher und E-Books bestellen.

Liebe Leserin, lieber Leser,

mit der Sony a6600 besitzen Sie ein Komplettpaket für Ihre Foto- und Filmaufnahmen, denn das neue APS-C-Topmodell ist mit umfangreichen Funktionen ausgestattet. Dazu gehören ein schneller Autofokus, Motiv-Tracking, ein 5-Achsen-Bildstabilisator und professionelle Filmfunktionen. Wie Sie Ihre Kamera in der Praxis bestmöglich einsetzen, erfahren Sie in diesem Buch.

Kyra und Christian Sänger haben die a6600 in verschiedenen Aufnahmesituationen getestet und geben ihre Erkenntnisse an Sie weiter. Sie lernen, wie Sie jedes Motiv optimal belichten, den Autofokus richtig nutzen, die Farben mit dem Weißabgleich steuern und wie Sie die Filmfunktionen voll ausreizen. Die Autoren erklären Ihnen außerdem spezielle Techniken wie Focus Stacking, Panorama- und HDR-Aufnahmen. Auch das passende Zubehör kommt nicht zu kurz: Sie erhalten Empfehlungen für Objektive, Blitzgeräte, Stative und vieles mehr. Dank der zahlreichen Schrittanleitungen und Praxistipps haben Sie Ihre neue Kamera schnell im Griff und sind bestens gerüstet für Ihre nächste Fototour oder Ihr Filmprojekt.

Ich wünsche Ihnen nun viel Freude mit diesem Buch und mit Ihrer a6600! Wenn Sie Fragen oder Anregungen haben, freue ich mich über Ihre Nachricht.

Ihre Juliane Neumann
Lektorat Rheinwerk Fotografie

juliane.neumann@rheinwerk-verlag.de
www.rheinwerk-verlag.de
Rheinwerk Verlag · Rheinwerkallee 4 · 53227 Bonn

Inhaltsverzeichnis

8   Filmen mit der Sony α6600

Kapitel 1
Die Sony α6600 kennenlernen

Die Sony α6600 ist ausgepackt, der Akku wurde geladen, und eine Speicherkarte ist ebenfalls eingelegt. Jetzt kann es eigentlich sofort mit dem Fotografieren losgehen. Wenn Sie zuvor jedoch noch keine spiegellose α-Kamera besessen haben, empfehlen wir Ihnen, sich die wichtigsten Bedienungselemente für die Einstellung der Kamerafunktionen kurz anzuschauen.

1.1 Die Bedienungselemente in der Übersicht

Zunächst einmal vermitteln die Übersichtsbilder die wichtigsten Begriffe rund um die Bedienungselemente der α6600. Anschließend stellen wir die Hauptsteuerungen genauer vor. Was hinter den vielfältigen Funktionen steckt, wird im Laufe dieses Buches an geeigneter Stelle noch ausführlich besprochen.

Abbildung 1.1 *Die Sony α6600 frontal ohne Objektiv*

❶ **Auslöser**: halb herunterdrücken zum Fokussieren, ganz durchdrücken für die Bildaufnahme

❷ **ON/OFF-Schalter**: schaltet die Kamera ein oder aus

❸ **AF-Hilfslicht**: leuchtet in dunkler Umgebung kurz auf, um den Autofokus zu unterstützen, alternativ als *Selbstauslöserlampe*, um die verstreichende Vorlaufzeit zu verdeutlichen

④ **Mikrofon (Stereo)**: für vertonte Filmaufnahmen

⑤ **Ansetzindex**: für die Anbringung des Objektivs

⑥ **Bildsensor**: enthält 24,2 Millionen lichtempfindliche Fotodioden zur Bildaufnahme im Seitenverhältnis 3:2

⑦ **Objektivkontakte**: zur Kommunikation zwischen Kamerabody und Objektiv

⑧ **Objektiventriegelungsknopf**: zum Abnehmen des Objektivs

⑨ **Wi-Fi-/Bluetooth-Antenne**: für die kabellose Verbindung zum Smartgerät oder Computer oder für die Übertragung von GPS-Daten auf Bilder und Filme

⑩ **Infrarot-Fernbedienungssensor**: für die Fernsteuerung mithilfe eines optionalen Fernauslösers

Abbildung 1.2 *α6600 mit dem Objektiv Sony E PZ 16–50 mm f/3,5–5,6 OSS*

❶ **Zoomhebel**: zum Einstellen der Brennweite über die elektronische Powerzoom-Steuerung

❷ **Zoom-/Fokussierring**: für die manuelle Einstellung der Brennweite und die manuelle Scharfstellung

❸ **Lautsprecher** (Mono)

❹ **C2-Taste**: belegt mit der Funktion **Fokusmodus** (**Einzelbild-AF** (**AF-S**), **Automatischer AF** (**AF-A**), **Nachführ-AF** (**AF-C**), **Direkt. Manuelf.** (**DMF**) oder **Manuellfokus** (**MF**)), kann aber individuell mit einer anderen Funktion verknüpft werden

❺ **C1-Taste**: belegt mit dem **Weißabgleich** zur Anpassung der Farben an die vorhandene Lichtquelle, kann aber individuell mit einer anderen Funktion verknüpft werden

❻ **Drehregler**: dient der schnellen Auswahl von Aufnahmeparametern, zum Beispiel der Blende in den Modi **A** und **M** (wird im Menü alternativ unter **Steuerregler** geführt)

7 **Moduswahlrad**: zum Einstellen des Foto- oder Filmaufnahmeprogramms

8 **Multi-Interface-Schuh** (hier mit abgenommener Schutzkappe): dient zum Anschließen von Zubehörteilen wie Blitzgeräten, Funkauslösern oder externen Mikrofonen

9 **Bildsensor-Positionsmarke** ⊖: verdeutlicht die Lage der Sensorebene

Abbildung 1.3 *Rückansicht der Sony α6600*

1 **Monitor**: Breitbild-TFT mit 7,5 cm Diagonale (Typ 3,0) und 921600 Bildpunkten, kann um etwa 180 Grad nach oben (*Selfie-Position*) und um circa 74 Grad nach unten geneigt werden

2 **Elektronischer Sucher**: zeigt das Motiv, das durch das Objektiv auf den Sensor projiziert wird, sowie zusätzliche Aufnahmeinformationen in Echtzeit und mit einer Auflösung von 2 359 296 Bildpunkten an

3 **Augensensor**: schaltet das Sucherbild automatisch ein, wenn er verdeckt wird, also zum Beispiel bei Annäherung mit dem Auge

4 **Dioptrien-Einstellrad**: passt die Sucherbildschärfe an Ihre Sehkraft an, sodass das Bild auch ohne Brille scharf zu sehen ist. Drehen Sie das Rad nach links oder rechts, bis Sie die Anzeige im Sucher scharf erkennen können.

5 **MENU-Taste**: Aufrufen des Kameramenüs

6 **C3-Taste**: damit lässt sich standardmäßig das **Fokusfeld** (**Breit**, **Feld**, **Mitte** etc.) auswählen, mit dem Anzahl und Position der Fokussierpunkte bestimmt werden; kann aber auch mit einer anderen Funktion belegt werden

7 **Schalthebel AF/MF/AEL mit Aktionsknopf**: Steht der Hebel auf **AF/MF**, wird der manuelle Fokus beim Drücken des Knopfes temporär aktiviert, ist der Hebel auf **AEL** positioniert, bewirkt der Knopfdruck eine temporäre Speicherung der Belichtungswerte. Bei der Wiedergabe dient die Taste ⊕ dem Vergrößern der Bildansicht.

8 **Fn-Taste**: öffnet das Quick-Navi-Menü, in dem häufig benötigte Belichtungseinstellungen geändert werden können. Im Wiedergabemodus dient die Taste ⤴ zum Senden des Bildes an ein Smartphone.

9 **DISP-Taste**: zum Umschalten der Monitoranzeige im Aufnahmemodus oder im Wiedergabemodus; dient auch als Pfeiltaste ▲

10 **Einstellrad**: zum Anpassen von Menüfunktionen, kann aber auch mit einer anderen Funktion belegt werden (wird im Menü alternativ auch als **Steuerrad** bezeichnet)

11 **ISO-Taste**: ermöglicht die direkte Auswahl des ISO-Werts, der die Lichtempfindlichkeit des Sensors definiert; dient auch als Pfeiltaste ▶

12 **Mitteltaste**: dient der Bestätigung einer veränderten Einstellung und ist von Beginn an mit der Funktion **Fokus-Standard** belegt

13 **Belichtungskorrekturtaste** 🔲: für das Anpassen der Bildhelligkeit, dient im Wiedergabemodus dem Aufrufen des **Bildindex** 🔲; dient auch als Pfeiltaste ▼

14 **C4-Taste**: ist standardmäßig noch mit keiner Funktion verknüpft, dient im Wiedergabemodus als Löschtaste zum Entfernen von Bildern oder Filmen

15 **Wiedergabetaste**: Anzeige der aufgenommenen Bilder und Filme

16 **Bildfolgemodus-Taste**: für die Auswahl der Betriebsarten **Einzelaufnahme**, **Serienaufnahme**, **Selbstausl.(Einzel)**, **Selbstaus(Serie)**, **Serienreihe**, **Einzelreihe**, **Weißabgleichreihe**, **DRO-Reihe**; dient auch als Pfeiltaste ◀

Abbildung 1.4 *Seitenansichten der Sony α6600*

1 **N-Zeichen**: markiert die Stelle, die mit einem NFC-tauglichen Smartphone berührt werden muss, um eine Verbindung mit der α6600 aufzubauen

② **MOVIE-Taste**: Per Tastendruck kann aus jedem Aufnahmeprogramm heraus eine Filmaufnahme gestartet werden.

③ **Multi/Micro-USB-Buchse**: zum Anbringen von Zusatzgeräten wie zum Beispiel dem mitgelieferten Ladegerät oder anderen Micro-USB-kompatiblen Geräten

④ **Ladekontrollleuchte (CHG)**: leuchtet durchgehend orange, solange der Akku geladen wird, und erlischt, wenn der Akku ganz aufgeladen ist

⑤ **HDMI-Micro-Buchse**: zur Übertragung der Bilder oder Filme mithilfe eines HDMI-Micro-Kabels auf den Computer, Fernseher oder externen Rekorder

⑥ **Mikrofonbuchse**: zum Anschließen externer Mikrofone (3,5-mm-Stereo-Minibuchse)

⑦ **Kopfhörerbuchse**: zum Anschließen eines Kopfhörers für die Tonkontrolle beim Filmen (3,5-mm-Stereo-Minibuchse)

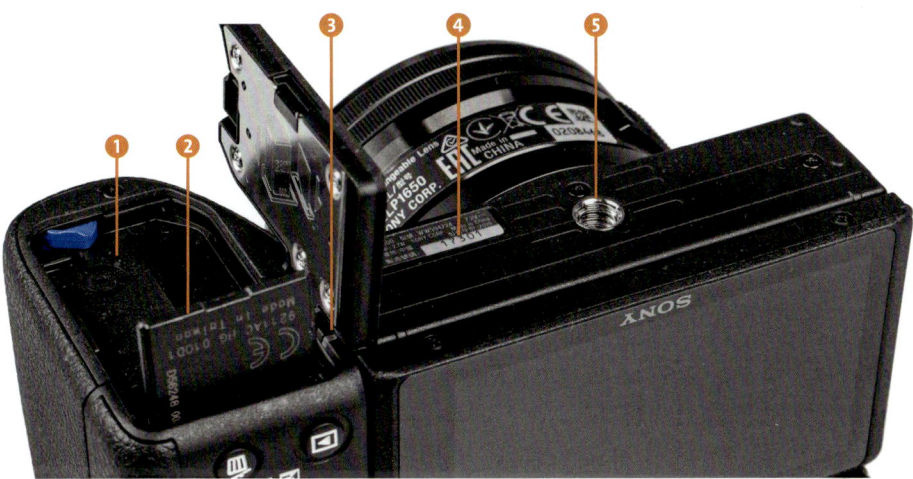

Abbildung 1.5 *Unterseite der Sony α6600 mit eingelegtem Akku und Speicherkarte*

① **Akku NP-FZ100**: zum Einsetzen den blauen Hebel zur Seite drücken, den Akku in das Akkufach hineindrücken, bis er einrastet; zum Entnehmen den blauen Hebel zur Seite schieben

② **Speicherkarte**: zum Einsetzen die Kartenkontakte in Richtung der Kamerarückseite ausrichten, Karte in den Speicherkartenschlitz hineinschieben, bis sie einrastet; zum Entnehmen auf die Karte drücken und diese herausziehen

③ **Zugriffslampe**: leuchtet, wenn die α6600 auf die Speicherkarte zugreift

④ **Seriennummer** der α6600

⑤ **Stativgewinde** (1/4 Zoll): zum Befestigen der α6600 direkt an einem Stativkopf oder zum Anbringen einer Stativplatte, die ihrerseits am Stativkopf befestigt wird. Die verwendete Schraube sollte nicht länger als 5,5 mm sein.

1.2   Bildkontrolle über Sucher und Monitor

Beim Einschalten der α6600 befinden Sie sich stets im Aufnahmemodus, und die Belichtungseinstellungen erscheinen auf dem Monitor oder im Sucher. Allerdings variieren die Anzeigeele-
mente je nach Aufnahmemodus und Situation, es sind also nicht immer alle Symbole zu sehen.
Änderungen an den Aufnahmeeinstellungen, beispielsweise bei der Korrektur der Bildhelligkeit, werden ebenfalls direkt dargestellt. Das Sucherdisplay zeigt den Bildausschnitt aufgrund
seiner höheren Auflösung außerdem noch detailgenauer an als der Monitor und ermöglicht es,
die Bildgestaltung selbst bei starkem Gegenlicht schnell und sicher zu beurteilen. Daher können wir Ihnen den Einsatz des Suchers guten Gewissens empfehlen. Im Folgenden erfahren Sie,
welche Informationen er Ihnen beim Fotografieren übersichtlich präsentiert.

Abbildung 1.6 *Im Sucher der α6600 werden alle wichtigen Aufnahmepa-rameter angezeigt.*

① **Aufnahmemodus**: wird mit dem Moduswahlrad eingestellt

② **Speicherkarte**: Wenn keine Speicherkarte eingelegt ist, erscheint der Hinweis **NO CARD**.

③ **Verfügbare Restbildzahl**: Anzahl möglicher Aufnahmen, die noch auf die Speicherkarte passen

④ **Fokusfeld**: leuchtet grün bei erfolgreicher Scharfstellung

⑤ **Seitenverhältnis** von Standbildern

⑥ **JPEG-Bildgröße** von Standbildern in Megapixel (hier **24 M**) oder bei Filmaufnahmen das **Dateiformat** (**AVCHD**, **XAVC S HD**, **XAVC S 4K**)

7 JPEG-Qualität (**STD**, **FINE**, **X.FINE**) und gegebenenfalls das **Dateiformat** (**RAW**); bei Filmaufnahmen die **Bildrate** und **Bitrate**

8 **Akku-Restladung**: wird als Symbol und als prozentualer Wert angegeben

9 **Fokusindikator**: leuchtet grün, wenn die Scharfstellung erfolgreich ist

10 **Belichtungszeit**: Dauer der Belichtung

11 **Blendenwert**: Je größer die Zahl ist, desto stärker wird die Blende im Objektiv geschlossen, und desto höher ist die Schärfentiefe.

12 **EV-Skala**: zeigt an, ob das Bild mit der Standardbelichtung (**0**), unter- (**–**) oder überbelichtet (**+**) aufgenommen wird. Belichtungskorrekturen sind in den Modi **P**, **A**, **S**, **M**, **MR1/2**, **Zeitlupe & Zeitraffer** und **Film** möglich.

13 **ISO**: Je höher der Wert ist, desto lichtempfindlicher ist der Sensor, bei **ISO AUTO** wird der Wert erst bei der Bildwiedergabe angezeigt.

Okularmuschel anbringen

Für eine bequemere Handhabe des Suchers lässt sich die im Lieferumfang der α6600 enthaltene **Okularmuschel** daran anbringen. Schieben Sie diese von oben in die Nut des Suchers, bis sie mit einem Klick einrastet. Die weiche Gummierung ist angenehmer am Auge, schirmt das Umgebungslicht etwas besser ab, und der Abstand zwischen Auge und Sucher erhöht sich, sodass die Nase auch weniger leicht am Monitor anstößt. Zum Entnehmen klappen Sie am besten den Monitor aus, setzen dann beide Daumen unten links und rechts an der Okularmuschel an und drücken sie kräftig nach oben, um sie wieder aus der Nut zu schieben. Auf diese Weise können auch andere kompatible Okularmuscheln angebracht werden, die beispielsweise eine größere Gummiabschirmfläche besitzen und Umgebungslicht noch besser vom Sucher fernhalten.

Abbildung 1.7 *Einsetzen und Abnehmen der Okularmuschel*

1.3 Informationsanzeigen umschalten

Die Darstellungsform der Monitor- und Sucheranzeige kann sehr individuell gesteuert werden. So können Sie stets entscheiden, wie viele Informationen zusätzlich zum Echtzeitbild präsentiert werden. Um die Anzeigeform zu wechseln, drücken Sie die DISP-Taste. Standardmäßig gelangen Sie damit in der Aufnahmeansicht am Monitor von der Darstellung **Alle Infos anz**. zur

Anzeige **Daten n. anz.** und weiter zu **Histogramm**, **Neigung** und **Für Sucher**. Durch mehrfaches Drücken der DISP-Taste springen Sie so von einer Anzeigeform zur nächsten und wieder zurück auf die erste, und das gilt gleichermaßen für die Sucheranzeige und die Bildanzeige im Wiedergabemodus.

Abbildung 1.8 *Die Ansicht* **Histogramm** *ist hilfreich, um die Belichtung stets im Blick zu haben.*

Abbildung 1.9 *Bei* **Neigung** *wird eine elektronische Wasserwaage eingeblendet, die bei der horizontalen Ausrichtung der Kamera hilfreich ist.*

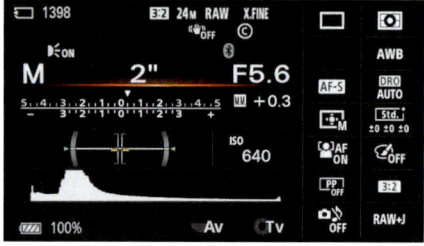

Abbildung 1.10 *Die Monitoransicht* **Für Sucher** *bietet die umfangreichsten Informationen. Mit der Fn-Taste können Sie zudem viele Optionen direkt ansteuern und ändern. Wer oft über den Sucher fotografiert, kann damit schnell alle wichtigen Aufnahmeparameter einstellen.*

Weitere Anzeigeformen

In der **Grafikanzeige** präsentiert Ihnen die α6600 die Werte der Belichtungszeit und Blende mit den jeweiligen Nachbarwerten anhand einer Grafik. Symbole an den Seiten weisen darauf hin, welche Effekte Sie durch die Anpassung der Werte erzielen können – etwa mit mehr oder weniger Bewegungsunschärfe (Belichtungszeit) und mehr oder weniger Schärfentiefe (Blendenwert). Mit der Anzeige **Monitor Aus** lässt sich die Monitoranzeige ganz ausschalten, um noch stromsparender arbeiten zu können.

Das Menü der α6600 ist generell auf sehr viel Individualität ausgelegt und gibt Ihnen auch hinsichtlich der Ansichtsoptionen die Freiheit, selbst festzulegen, welche Darstellungstypen Sie nutzen möchten und welche nicht (mehr darüber erfahren Sie in der folgenden Schritt-für-Schritt-Anleitung).

SCHRITT FÜR SCHRITT
Die Ansichtsoptionen aktivieren oder deaktivieren

1 **Das Menü aufrufen**

Drücken Sie die MENU-Taste, und navigieren Sie mit der Pfeiltaste ▲ des Einstellrads nach oben auf die Registerkarte für das Menü **Kamera-einstlg. 2**. Gehen Sie eine Ebene nach unten ▼, und wählen Sie mit ▶ das Register **Anzeige/Bildkontrolle1** aus. Navigieren Sie dann nach unten ▼ zum Eintrag **Taste DISP**. Drücken Sie die Mitteltaste. Steuern Sie im nächsten Menüfenster die Option **Monitor** oder **Sucher** an, um die Anzeigeformen für die Monitor- oder die Sucherdarstellung auszuwählen.

Abbildung 1.11 *Der Menüeintrag **Taste DISP**, über den Sie die Anzeigeformen in Monitor und Sucher steuern können*

2 **Anzeigeformen auswählen**

Im Menü **Monitor** oder **Sucher** können Sie nun mit den Pfeiltasten ▲▼◀▶ die einzelnen Darstellungstypen ansteuern und mit der Mitteltaste ein Häkchen setzen.

Abbildung 1.12 *Wählen Sie aus, welche Informationen Ihnen angezeigt werden sollen.*

3 **Auswahl speichern**

Nachdem alle gewünschten Optionen mit einem Häkchen versehen sind, gehen Sie zur Schaltfläche **Eingabe** und drücken die Mitteltaste. Damit wird die Auswahl gespeichert, und Sie gelangen automatisch zur Monitoransicht zurück.

Schieflage trotz Wasserwaage?

Es gibt keine Möglichkeit, die elektronische Wasserwaage des Ansichtsmodus **Neigung** zu kalibrieren. Sollten Sie den Eindruck haben, sie arbeite nicht exakt, können Sie zur Horizontausrichtung auch das **6x4 Raster** verwenden, das sich im Menü 📷2 > **Anzeige/Bildkontrolle1** bei **Gitterlinie** aktivieren lässt.

1.4 LCD-Anzeige im Wiedergabemodus

Neben dem Aufnahmemodus verfügt die α6600 auch über verschiedene Darstellungsformen bei der Wiedergabe von Bildern und Filmen. Dazu drücken Sie die Wiedergabetaste ▶ und wählen anschließend mit der DISP-Taste eine der drei verfügbaren Informationsanzeigen aus. So können Sie das Bild oder den Film mit einer Anzeige der grundlegenden Informationen betrachten, sich die Histogrammansicht auf den Monitor holen oder das Bild ganz ohne zusätzliche Informationen anschauen. Die umfangreichsten Informationen zum aufgenommenen Bild oder Film erhalten Sie in der Histogrammanzeige. Nutzen Sie diese Anzeigeform, wenn Sie über die grundlegenden Aufnahmeeinstellungen hinaus mehr über die Belichtung, die Objektivbrennweite oder weitere angewandte Funktionen erfahren möchten.

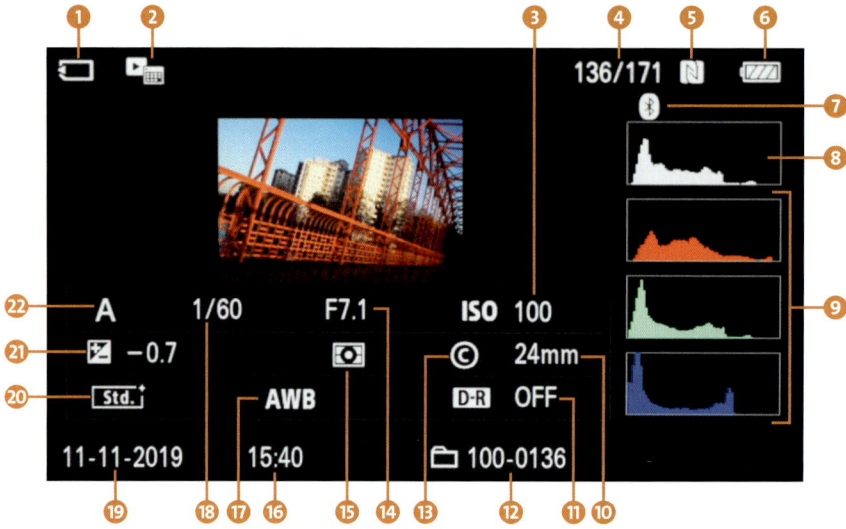

Abbildung 1.13 *Umfangreiche Informationen zum aufgenommenen Bild oder Film liefert die α6600 in der Histogrammansicht.*

① **Speicherkartensymbol**: zeigt an, dass sich das Bild auf der Speicherkarte befindet

② **Sortierung nach Datum** mit Angabe des Aufnahmedatums (Eine Sortierung nach Speicherkartenordner oder nach den Dateitypen AVCHD, XAVC S HD oder XAVC S 4K ist alternativ möglich.)

③ **ISO**: legt die Lichtempfindlichkeit des Sensors fest

④ **Bildnummer/Anzahl Bilder** auf der Speicherkarte

⑤ **N-Symbol**: Die Funktion zur Datenübertragung mit NFC-tauglichen Smartphones war bei der Aufnahme aktiviert.

⑥ **Akku-Restladung**

⑦ **Bluetooth-Symbol**: wird angezeigt, wenn die Bluetooth-Funktion der α6600 eingeschaltet ist, und leuchtet bei bestehender Verbindung zum Smartgerät weiß, ansonsten grau

⑧ Helligkeitshistogramm: Verteilung der Tonwerte aller Bildpixel von Schwarz (links) bis Weiß (rechts), dient der Beurteilung der Belichtung

⑨ Farbhistogramm: Verteilung der roten, grünen und blauen Tonwerte von Schwarz (links) bis Weiß (rechts), ermöglicht eine noch genauere Beurteilung der Belichtung

⑩ Objektivbrennweite: je geringer der Wert, desto weiter der Bildausschnitt

⑪ Dynamikbereichoptimierung: Status der Kontrastkorrektur

⑫ Ordner- und **Dateiname**

⑬ Copyright-Symbol: wird angezeigt, wenn das Bild oder der Film mit Urheberrechtsinfos versehen ist

⑭ Blendenwert: je höher der Wert, desto höher die Schärfentiefe und somit die Gesamtschärfe des Bildes

⑮ Messmodus: wird für das Festlegen der Belichtung durch die α6600 benötigt, verfügbar sind die Methoden **Multi** ⊞, **Mitte** ⊡, **Spot** ⊡, **GesBildsDschnitt** ▣ (Gesamtbilddurchschnitt) und **Highlight** ⊡

⑯ Aufnahmezeit

⑰ Weißabgleich: passt die Farben an die Farbtemperatur des Lichts an

⑱ Belichtungszeit: Dauer der Belichtung

⑲ Aufnahmedatum

⑳ Kreativmodus: bearbeitet die Bilder kameraintern hinsichtlich Sättigung, Kontrast und Konturenschärfe, wirkt sich nur auf JPEG-Aufnahmen und Filme aus

㉑ Belichtungskorrektur: Der Wert gibt an, wie stark die Bildhelligkeit von der Standardbelichtung abweicht.

㉒ Aufnahmemodus

Warnung

Wenn die Aufnahme nicht wie geplant erfolgt, weil die Kamera zum Beispiel einen Bildeffekt oder die HDR-Automatik nicht anwenden konnte, erscheint ein kleines Ausrufezeichen neben dem entsprechenden Symbol. Ändern Sie dann die Aufnahmeeinstellung, die sich mit dem gewählten Effekt nicht verträgt, indem Sie beispielsweise die Belichtungsdifferenz bei der HDR-Automatik verringern, und nehmen Sie das Bild erneut auf.

1.5 Die α6600 gekonnt bedienen

Die α6600 wartet trotz ihrer kompakten Abmessungen mit einer Funktionsvielfalt auf, bei der es zu Beginn wirklich nicht ganz einfach ist, die Übersicht zu behalten. Doch mit ein wenig Einarbeitung in das Bedienungskonzept der Kamera werden Sie das Leistungsspektrum Ihrer α6600 bestimmt schnell in den Griff bekommen.

Abbildung 1.14 *Das Bedienungskonzept der α6600 bietet oft verschiedene Wege zum Ziel. Hier haben wir die ISO-Taste genutzt, um mit erhöhter Lichtempfindlichkeit verwacklungsfrei fotografieren zu können.*

24 mm | ƒ/8 | 1/60 s | ISO 500 | +0,7 | Polfilter

Die α6600 bietet Ihnen generell sehr viel Freiheit hinsichtlich der Kamerabedienung. So können Sie stets selbst entscheiden, welches Prozedere Ihnen am ehesten liegt, und dieses zukünftig einsetzen. Prinzipiell gibt es drei Wege, über die Sie die wichtigsten Funktionen erreichen und anpassen können:

- Bedienungselemente (Tasten, Einstellräder) für den direkten Zugriff auf Funktionen
- Schnelleinstellungen über das Quick-Navi-Menü
- detaillierte und umfangreiche Bedienung über das Kameramenü

1.5.1   Tasten und Räder für den direkten Zugriff

Funktionen wie den **Bildfolgemodus**, den **Weißabgleich** oder die ISO-Steuerung können Sie besonders schnell erreichen. Dafür sind bestimmte Bedienungselemente der α6600 mit der jeweiligen Funktion verknüpft. Im Fall des ISO-Wertes drücken Sie einfach die ISO-Taste auf der Kamerarückseite. Sofort aktiviert die α6600 das Menü **ISO**. Mit dem Einstellrad oder den Tasten ▲▼ können Sie den Wert in 1/3-Schritten erhöhen oder verringern (ISO 100, 125, 160, 200 etc.). Sprünge in ganzen Stufen (ISO 100, 200, 400 etc.) sind mit dem Drehregler möglich. Das war's schon, die Funktionseinstellung wird sofort übernommen, und Sie können das Bild direkt aufnehmen.

Abbildung 1.15 *Die Lichtempfindlichkeit über die ISO-Taste und das Einstellrad anpassen*

Neben der ISO-Taste besitzt die α6600 noch weitere Bedienungselemente für die direkte Einstellung oder Aktivierung von Funktionen. In der folgenden Liste sehen Sie alle Funktionstasten in der Übersicht:

- **C1**-Taste für die Auswahl des Weißabgleichs

- **C2**-Taste zur Einstellung des Fokusmodus (**AF-S**, **AF-A**, **AF-C**, **DMF**, **MF**)

- **C3**-Taste für die Wahl des Fokusfeldes

- **C4**-Taste standardmäßig mit keiner Funktion belegt

- AF/MF/AEL-Schalthebel: Auf **AF/MF** eingestellt, aktiviert die AF/MF-Taste den manuellen Fokus, solange sie gedrückt wird; auf **AEL** eingestellt, speichert die AEL-Taste die Belichtung, solange sie gedrückt wird.

- Bildfolgemodus-Taste ⟳/⌷ (Linkstaste des Einstellrads) für die Wahl von Einzel-/Serienaufnahmen oder des Selbstauslösers

- Belichtungskorrekturtaste ⌸ (Unten-Taste des Einstellrads) für die Anpassung der Bildhelligkeit

- Mitteltaste (in der Mitte des Einstellrads): standardmäßig belegt mit dem **Fokus-Standard** zum Positionieren des Fokusfeldes mit den Tasten des Einstellrads (**Feld**, **Flexible Spot**, **Erweit. Flexible Spot**) oder zum Scharfstellen auf die Bildmitte (**Breit**, **Mitte**)

1.5.2   Schnelleinstellungen über das Quick-Navi-Menü

Das Quick-Navi-Menü der α6600 präsentiert Ihnen eine Auswahl an Funktionen, die häufig benötigt werden und daher schnell verfügbar sein sollten. Drücken Sie die Fn-Taste auf der Kamerarückseite, um das Menü aufzurufen. Daraufhin werden alle Einstellungsoptionen übersichtlich aufgelistet.

Mit den Pfeiltasten ▲▼◄► können Sie nun die gewünschte Funktion ansteuern, in unserem Beispiel das **Fokusfeld**. Durch Drehen am Einstellrad kann die gewünschte Option, hier **Flexible Spot**, direkt ausgewählt werden. Sollte die gewählte Funktion weitere Unterkategorien bieten, wie hier die Feldgrößen **S**, **M** oder **L**, verwenden Sie den Drehregler, um Ihre Auswahl zu treffen. Die benötigten Steuerelemente zur Navigation im Menü werden Ihnen übrigens am unteren Monitorrand stets mit angezeigt.

Abbildung 1.16 *Die aktuell gewählte Funktion im Quick-Navi-Menü ist orange unterlegt.*

Abbildung 1.17 *Auswahl des Fokusfeldes* **Flexible Spot: L**

Alternativ können Sie auch nach der Auswahl der Funktion die Mitteltaste drücken. Dann gelangen Sie in das Menü der jeweiligen Funktion, das Ihnen die Optionen übersichtlicher präsentiert und, je nach Funktion, mehr Einstellmöglichkeiten bietet. Mit den Pfeiltasten ▲▼◄► lassen sich alle verfügbaren Einstellungen auswählen. Im Anschluss tippen Sie einfach den Auslöser an, um zum Aufnahmebildschirm zurückzukehren. Die Funktionsänderung wird direkt übernommen. Anschließend können Sie das Bild mit der geänderten Funktion aufnehmen.

1.5.3 Das umfangreiche Kameramenü

Wirklich alle Optionen der α6600 stehen Ihnen erst im Kameramenü zur Verfügung, das Sie mit der MENU-Taste aufrufen. Um Ihnen die Suche nach den darin enthaltenen Funktionen etwas zu erleichtern, hat Sony die Einträge auf sechs übergeordnete *Registerkarten* verteilt (📷1, 📷2, 🌐, ▶, 🧳 und ★). Darunter befinden sich unterschiedlich viele *Menüseiten*, über die Sie die eigentlichen Funktionen beziehungsweise *Menüposten* aufrufen können. Deren aktuell aktivierte Option ist am rechten Rand zu sehen.

Abbildung 1.18 *Die Menüseite* **Qualität/Bildgröße1** *in der Registerkarte* 📷1

- 📷1 **Kamera-einstlg.1**: enthält alle Funktionen, die für die Aufnahme von Standbildern (Fotos) relevant sind

- 📷2 **Kamera-einstlg.2**: bietet Einstellungen für Filmaufnahmen; stellt unterstützende Aufnahme- und Kamerasteuerungsfunktionen zur Verfügung, auch diejenige, mit der sich die Tastenbelegung anpassen lässt

- 🌐 **Netzwerk**: enthält die Wi-Fi- und Bluetooth-Funktionen der α6600

- ▶ **Wiedergabe**: stellt Funktionen für die Bildbetrachtung, zum Schützen und zum Löschen zur Verfügung

- 🧰 **Einstellung**: beinhaltet Funktionen, mit denen die grundlegenden Kameraeinstellungen justiert werden, wie Datum und Uhrzeit, Signaltöne, Formatieren etc.
- ★ **Mein Menü**: enthält 30 freie Plätze, die Sie mit Ihren Lieblingsfunktionen belegen können, um schneller darauf zugreifen zu können

Zu Beginn mag das Menü etwas unübersichtlich erscheinen, aber im Laufe der Zeit werden Sie es bestimmt ganz intuitiv in Ihr Bedienungsrepertoire aufnehmen.

1.6 Datenbankdatei, Ordnersystem und Formatierung

Damit die Bilder und Filme korrekt und sicher auf der Speicherkarte landen, müssen alle benötigten Dateiordner des Sony-eigenen Ordnersystems angelegt werden. Dazu erscheint nach dem Einlegen einer neuen Speicherkarte der Hinweis **Vorbereitung der Bilddatenbankdatei. Bitte warten…**. Sollte nach dem Einschalten der α6600 die Fehlermeldung **Bilddatenbankdatei-Fehler** angezeigt werden, drücken Sie getrost mit der Mitteltaste auf die Schaltfläche **Eingabe**. Führen Sie anschließend am besten auch gleich noch eine Speicherkartenformatierung durch, die Sie im Menü 🧰 > **Einstellung5** bei **Formatieren** finden. Die frisch aufgesetzte Speicherkarte ist nun aufnahmebereit für all Ihre foto- und videografischen Unternehmungen.

Die Bilder und Filme werden in der *Bilddatenbank* auf der Speicherkarte anhand des folgenden Ordnersystems abgelegt: Standbilder landen im Ordner **DCIM** und den darin enthaltenen Unterordnern. Videos im AVCHD-Format sind im Ordner **PRIVATE** bei **AVCHD** zu finden und XAVC-S-Filme im Unterordner **M4ROOT**. Da sich die Dateien von AVCHD- und XAVC-S-Videos über mehrere Unterordner verteilen und damit bei der Übertragung keine Informationen verloren gehen, kopieren Sie die Filme am besten mit der Sony-Software *PlayMemories Home*, wie in Abschnitt 11.2, »Bildübertragung auf den Computer«, gezeigt.

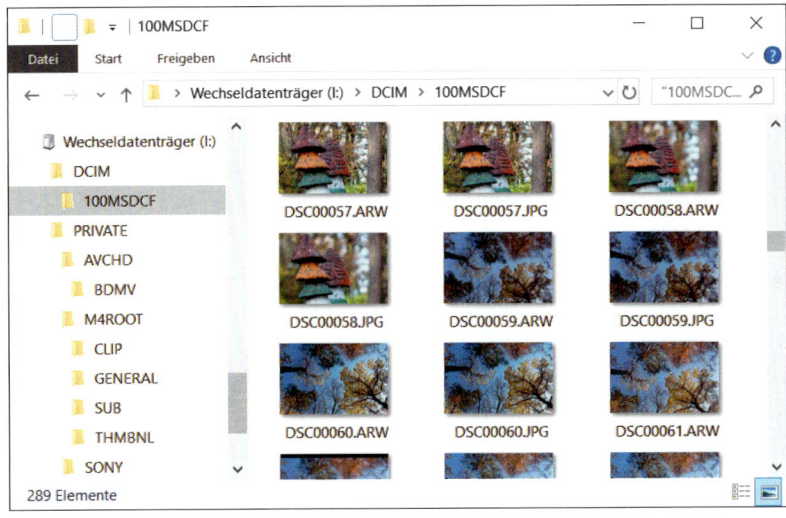

Abbildung 1.19 *Ordnersystem der α6600 auf der Speicherkarte*

EXKURS
Besondere Eigenschaften der Sony α6600

Mit der α6600 hat Sony dem Flaggschiff im Bereich der hauseigenen spiegellosen Wechselobjektivkameras mit APS-C-Sensor eine Frischzellenkur verpasst. So wartet das Nachfolgemodell der α6500 mit einigen Verbesserungen auf. Mit dafür verantwortlich ist das weiter verbesserte Autofokussystem, das vor allem auf die Verfolgung von Objekten in Bewegung hin optimiert wurde. Der dabei eingesetzte *Hybrid-AF*, der auch bei der α6600 die klangvolle Bezeichnung *4D FOCUS* trägt, kann für die Verfolgung bewegter Objekte das sogenannte *Echtzeit-Tracking* einsetzen. Dabei berechnet der Autofokus im Fokusmodus **AF-C** die nächste Bewegung des Objekts voraus, während das Fokusfeld im Modus **Tracking** erkannten Motivstrukturen folgt. Die eigentliche Scharfstellung erfolgt über eine Kombination aus 425 Phasenerkennungs- und 425 Kontrast-AF-Punkten, die nahezu die gesamte Sensorfläche abdecken (bei der α6500 waren es noch 169 Kontrast-AF-Punkte). In heller Umgebung dauert das Fokussieren laut Sony bestenfalls nur 0,02 s (vorher 0,05 s). Das ist wirklich flott, obgleich dieser Unterschied in der Praxis vermutlich kaum zu spüren ist bzw. bei schlechter Beleuchtung oft auch nicht erreicht wird, das verbesserte Tracking ist aber schon bemerkbar. Mit von der Partie ist die Möglichkeit, den Fokuspunkt durch Antippen des Touchscreen-Monitors setzen zu können (*Touch-Fokus, Touch-Tracking*), was sowohl bei Standbildern als auch beim Filmen eine sehr intuitive Scharfstellung ermöglicht. Darüber hinaus wurde der Augen-AF um die Möglichkeit erweitert, gezielt auf das linke oder das rechte Auge fokussieren zu können – perfekt für Porträts von Menschen. Bei Tieren können Sie den Augen-AF ebenfalls einsetzen, allerdings ohne Augenauswahloption. Auf den *Fast-Hybrid-AF* gehen wir übrigens im Exkurs »Wie die α6600 die Schärfe ermittelt« in Kapitel 4 näher ein.

Abbildung 1.20 *Ob in der Stadt oder in der Natur, für die Erstellung dieses Buches war die α6600 überall mit dabei.*

Apropos Porträts: Sony hat die Aufhängung des Monitors der α6600 so gestaltet, dass er sich nun um 180 Grad nach oben klappen lässt (*Selfie-Position*). Damit können Sie sich selbst noch besser aufnehmen – entweder im Bild oder auch im Film, beispielsweise für Vlogging-Projekte. Ansonsten lässt sich das Gehäuse jetzt ergonomischer in einer Hand halten, da der Handgriff stärker ausgeformt wurde. Darin hat praktischerweise auch gleich ein größerer Akku Platz, sodass die α6600 nun spürbar länger in Betrieb gehalten werden kann. Auf eine stabile Magnesiumlegierung und Dichtungen gegen Staub- und Spritzwasser müssen Sie beim Gehäuse ebenfalls nicht verzichten. Wir persönlich hätten uns allerdings einen besser positionierten Drehregler gewünscht, der mit dem rechten Daumen einfacher zu erreichen ist. Für möglichst verwacklungsfreie Aufnahmen und eine stabilere Kamerahaltung beim Filmen unterstützt Sie der gehäusebasierte Bildstabilisator (**SteadyShot**), der auch mit (Fremd-)Objektiven zusammenarbeitet, die keinen eigenen Stabilisator besitzen. Auch in weniger actionlastigen fotografischen Situationen – etwa der People-, Architektur- oder Makrofotografie – braucht sich die α6600 keineswegs zu verstecken. Dafür sorgt unter anderem der *EXMOR-CMOS-Sensor* in Kombination mit dem neuesten Bildprozessor BIONZ X. Standardmäßig ist die α6600 damit auf eine Lichtempfindlichkeit von bis zu ISO 32000 oder ISO 102400 im erweiterten Modus ausgelegt. Hinzu kommen schnelle Serienaufnahmen mit bis zu elf Bildern/s, umfangreiche Videofunktionen mit optionalen Zeitlupen- und Zeitraffereffekten und vieles mehr, das wir auf den folgenden Seiten dieses Buches noch thematisieren werden.

Abbildung 1.21 *Sensor der α6600 (Format APS-C, 23,5 × 15,6 mm, 24,2 Megapixel)*

Kapitel 2
Das richtige Fotoprogramm für Ihr Motiv

Mit den Aufnahmeprogrammen der α6600 sind Sie für alle Fotosituationen perfekt gerüstet. Egal, ob mit der unkomplizierten Vollautomatik mit Szenenerkennung, den Halbautomatiken oder mit dem manuellen Modus, bei dem Sie alle Aufnahmeparameter selbst bestimmen können, die α6600 lässt sich jederzeit Ihren Wünschen entsprechend anpassen. So sind Sie beim Fotografieren völlig frei, Ihren individuellen Vorstellungen mit viel Kreativität zu folgen oder, für einen Schnappschuss bei guten Lichtverhältnissen, ganz entspannt die Kamera auch einfach mal selbst entscheiden zu lassen.

2.1   Dateiformat, Bildgröße und Seitenverhältnis

Wenn Sie mit der α6600 Fotos aufnehmen, steht als Erstes die Wahl einer geeigneten Aufnahmequalität auf dem Plan. Diese entscheidet darüber, wie stark die Dateien bereits in der Kamera bearbeitet und komprimiert werden. Rufen Sie dafür den Eintrag **Dateiformat** aus dem Menü **📷 1 > Qualität/Bildgröße1** auf.

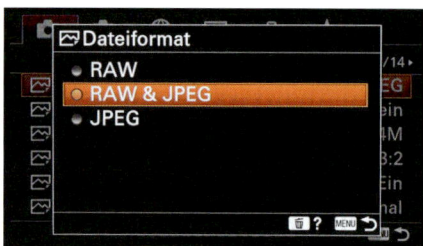

Abbildung 2.1 *Die beiden Dateiformate der α6600 für Fotoaufnahmen*

Ganz oben in der Hierarchie steht das *Rohdatenformat* **RAW**. Im RAW-Format werden die Bilder mit einem Sony-eigenen Speicherverfahren verarbeitet und tragen die spezifische Dateiendung **ARW** (*Alpha RAW*). RAW-Dateien bieten eine sehr gute Bildqualität, weil sie unter anderem unkomprimiert abgespeichert werden. Diese Dateien erfordern aber auch eine nachträgliche Bearbeitung am Computer, denn sie müssen, um etwa im Internet präsentiert werden zu können, erst in ein gängiges Bildformat wie JPEG oder TIFF umgewandelt werden (mehr über die RAW-Konvertierung erfahren Sie in Abschnitt 11.3, »RAW-Entwicklung«).

JPEG-Bilder hingegen werden bereits von der α6600 bearbeitet und können im Anschluss direkt für den Ausdruck oder die Internetpräsentation verwendet werden. Wenn Sie ausschließlich auf das JPEG-Dateiformat setzen, stellen Sie im Menü **📷 1 > Qualität/Bildgröße1** bei **JPEG-Qualität** am besten die Stufe **Extrafein** ein. Sie liefert die bestmögliche Auflösung und Schärfe und somit die höchste Bildqualität. **Fein** erzeugt stärker komprimierte Dateien mit etwa halb so großem Speichervolumen, erzielt aber immer noch gute Qualitäten. Damit passen mehr Bilder auf die Speicherkarte. Werden diese aber intensiver nachbearbeitet, kann es aufgrund der geringeren Informationsdichte eher einmal zu Bildfehlern wie Farbabrissen kommen. Ein vorher fein graduierter Helligkeitsverlauf im Himmel ohne sichtbare Übergänge in den Tonwerten weist dann zum Beispiel klar abgegrenzte Helligkeitsstufen auf, die unnatürlich wirken. Um die Fotos direkt zu verwenden, ist aber auch diese Qualität gut einsetzbar. Bei der Stufe **Standard** werden die Dateien noch stärker komprimiert, sodass Auflösung und Qualität zugunsten eines noch kleineren Speichervolumens deutlicher sinken. Diese Option kann beispielsweise sinnvoll sein, wenn Sie die Bilder direkt im Internet verwenden möchten.

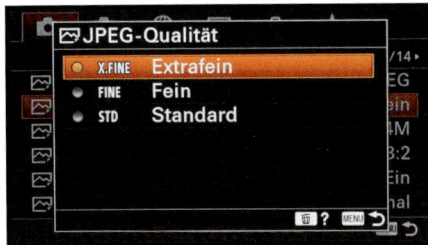

Abbildung 2.2 *Mit der Option **Extrafein** erhalten Sie die für das JPEG-Format bestmögliche Bildqualität.*

Die JPEG-Qualitäten haben aber zwei deutliche Einschränkungen: Aufnahmeeinstellungen wie Weißabgleich, Kreativmodus oder Bildeffekt können nicht oder nur sehr eingeschränkt geändert werden, und die Bildbearbeitung führt schneller zu qualitätsmindernden Artefakten. JPEG ist daher als »Out-of-the-Cam«-Qualität prima, für anspruchsvollere Fotografen aber nicht die erste Wahl. Wenn Sie flexibel bleiben möchten, verwenden Sie beide Dateitypen parallel, indem Sie bei **Dateiformat** die Vorgabe **RAW & JPEG** wählen.

Abbildung 2.3 *Das RAW-Format bot genug Reserven, um das helle Gefieder an der Wange der Kanadagans strukturiert abzubilden.*

200 mm | ƒ/2,8 | 1/1250 s | ISO 1600

Abbildung 2.4 *Durch den eingeschränkten Dynamikumfang des JPEG-Formats wird die Wangenpartie irreparabel überbelichtet, und es ist keine Durchzeichnung in den Federn mehr zu erkennen.*

200 mm | ƒ/2,8 | 1/1250 s | ISO 1600

Auf die Farbtiefe geschaut

Vielleicht ist Ihnen beim Lesen der technischen Daten zur α6600 die Angabe 14 Bit aufgefallen. Diese beschreibt die *Farbtiefe* eines Bildes, und diese wiederum definiert die Anzahl an unterschiedlichen Farbtönen, die ein einziges Pixel im digitalen Foto prinzipiell darstellen kann. Bei 8 Bit (Filme und JPEG-Bilder) stehen rein rechnerisch 16 777 216 Farbtöne zur Verfügung, bei 12 Bit sind es schon 68 719 476 736 und bei 14 Bit sage und schreibe 4 398 046 511 104. Die RAW-Dateien der α6600 verfügen somit über ein riesiges Spektrum an möglichen Farbwerten. Daher können sie auch aufwendig bearbeitet werden, ohne dass sichtbare Qualitätsverluste, zum Beispiel durch Farbabrisse, entstehen. Es gibt aber auch ein paar Situationen, in denen die α6600 für Aufnahmen im RAW-Format auf 12 Bit umschaltet. Das betrifft die Langzeit-Rauschminderung, die Langzeitbelichtung (**BULB**), geräuschlose Aufnahmen und Serienaufnahmen.

2.1.1   Die Bildgrößen der α6600

Während Bilder im RAW-Format immer mit der vollen Sensorauflösung aufgenommen werden, können Sie bei JPEG aus drei verschiedenen Größen wählen, die sich im Menü 📷 1 > **Qualität/ Bildgröße1** bei **JPEG-Bildgröße** einstellen lassen: **L: 24M** (*large*, groß), **M: 12M** (*medium*, mittelgroß) und **S: 6.0M** (*small*, klein). Die Angabe **M** steht für die gerundete Anzahl an Megapixeln.

Abbildung 2.5 *Die Bildgrößen im Verhältnis zueinander: L (6 000 × 4 000 Pixel, links), M (4 240 × 2 832 Pixel, rechts oben) und S (3 008 × 2 000 Pixel)*

2.1.2   Qualitäten und Bildgrößen in der Übersicht

Die α6600 stellt eine breite Palette möglicher Bildgrößen und Qualitätsstufen zur Verfügung. Damit Sie nicht die Übersicht verlieren, gibt Ihnen Tabelle 2.1 einen Überblick über die mögliche Anzahl an Bildern, die bei der jeweiligen Einstellung auf eine 32-Gigabyte-Speicherkarte passen, und der Druckgröße für Qualitätsdrucke mit einer Auflösung von 300 dpi.

Dateiformat/Qualität	Anzahl Aufnahmen auf 32-GB-Karte		
	Größe L	Größe M	Größe S
JPEG (Extrafein)	1711	2813	4409
JPEG (Fein)	3471	6118	8981
JPEG (Standard)	5658	8439	>9999
RAW	1259	–	–
RAW & JPEG (Extrafein)	725	870	979
RAW & JPEG (Fein)	924	1044	1104
RAW & JPEG (Standard)	1030	1096	1135
Auflösung in Pixeln	6000 × 4000	4240 × 2832	3008 × 2000
Druckgröße (300 dpi)	50,8 × 33,9 cm	35,9 × 23,9 cm	25,5 × 17,0 cm

Tabelle 2.1 *Übersicht der Dateiformate und Bildgrößen der α6600 (Anzahl an Aufnahmen, ermittelt bei ISO 100, Speicherkarte Sony SDHC UHS-I U1, 94 MB/s)*

2.1.3   Das Seitenverhältnis ändern

Standardmäßig erzeugt die α6600 Bilder im klassischen Seitenverhältnis von **3:2**. Dabei muss es aber nicht bleiben, denn Sie können Ihre Bilder im Menü 📷 **1** > **Qualität/Bildgröße1** bei **Seitenverhält.** auch in zwei weiteren Formaten aufnehmen.

Abbildung 2.6 *Das Seitenverhältnis für Fotoaufnahmen ändern*

Das Breitbildformat **16:9** eignet sich beispielsweise für die Präsentation am Flachbildfernseher oder in Kombination mit Filmmaterial, das standardmäßig auch in diesem Seitenverhältnis vorliegt. Mit der Vorgabe **1:1** erhalten Sie quadratische Bilder, die sich zum Beispiel bestens auf Instagram zeigen lassen. So reizvoll ein geändertes Seitenverhältnis allerdings auch sein mag, denken Sie daran, dass dort, wo nichts war, auch nichts hinzugerechnet werden kann. Die fehlenden Ränder können bei JPEG-Bildern nicht wieder hinzuaddiert werden. Behalten Sie das 3:2-Format daher lieber bei, und ändern Sie das Seitenverhältnis bei Bedarf nachträglich in der Bildbearbeitung. Der einzige Nachteil besteht dann darin, dass Sie sich beim Fotografieren den anderen Bildausschnitt vorstellen müssen, damit das Motiv wohlproportioniert präsentiert werden kann.

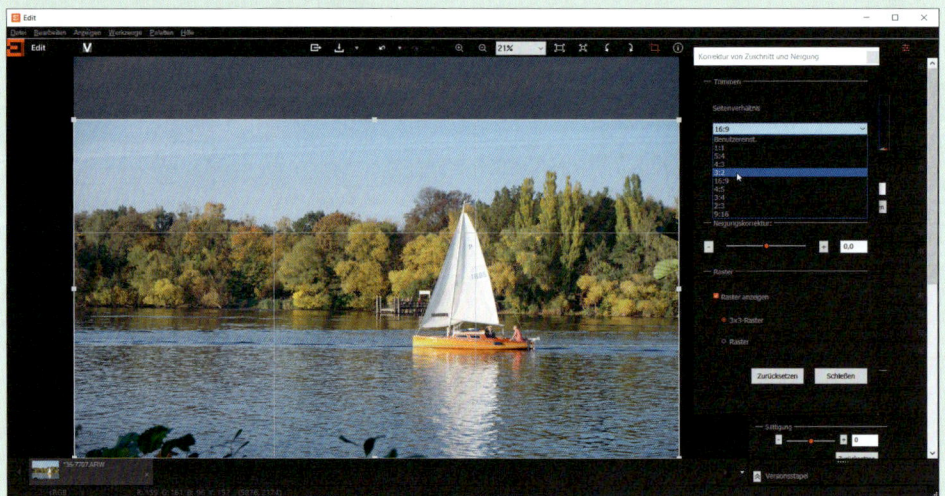

Abbildung 2.7 *Segelboot im Seitenverhältnis 16:9*
50 mm | ƒ/8 | 1/200 s | ISO 100 | +0,3

Seitenverhältnis im RAW-Format

Bei der α6600 wird trotz der Wahl eines anderen Seitenverhältnisses der gesamte Sensor belichtet. Die Ränder können Sie daher bei der RAW-Konvertierung wieder sichtbar machen. Wenn Sie dafür die kostenlos zur Kamera verfügbare Software *Imaging Edge Edit* verwenden, tippen Sie im Menüfenster oben rechts über dem großen Vorschaubild auf die Schaltfläche **Korrektur von Zuschnitt und Neigung** ⌗ und stellen das gewünschte Format dann bei **Seitenverhältnis** ein. Mehr zur RAW-Konvertierung mit *Imaging Edge Edit* erfahren Sie in Abschnitt 11.3, »RAW-Entwicklung«.

Abbildung 2.8 *Auswahl des Seitenverhältnisses im RAW-Konverter Imaging Edge Edit*

2.2   Sofort startklar mit der Vollautomatik

Die unkomplizierteste Art und Weise, wie Sie die α6600 dazu bringen können, Ihnen schöne Fotos zu liefern, besteht in der Wahl des Modus **Intelligente Automatik AUTO**. In diesem Aufnahmeprogramm analysiert die α6600 die Art des Motivs selbstständig und stellt Belichtung, Farbgebung und Schärfe entsprechend der Situation ein. So werden beispielsweise Porträts mit einer auf die Haut besonders abgestimmten Farbgebung und Landschaften mit einer hohen Schärfewirkung und kräftigen Farben abgebildet. So können Sie sich beim Fotografieren voll und ganz auf Ihr Motiv konzentrieren. Die eingebaute Szenenerkennung kann folgende Motivtypen automatisch identifizieren: **Landschaft** ▲▲, **Makro** 🌷, **Gegenlicht** 🏙, **Nachtszene** 🌙, **Spotlicht** ⬤, **Schwaches Licht** 🕯 und **Nachtszene mit Stativ** 🌄. Die Modi **Porträt** 👥, **Gegenlichtporträt** 👥, **Kleinkind** 🌸 und **Nachtaufnahme** 🌃 kommen hinzu, sobald die α6600 ein Gesicht im Bildausschnitt lokalisieren kann. Wird kein Szenentyp erkannt, erscheint das Symbol i📷 am Bildschirm.

Abbildung 2.9 *Goldener Medici-Löwe, mit der* **Intelligenten Automatik** *spontan, mit viel Detailschärfe und optimal belichtet eingefangen*
37 mm | ƒ/7,1 | 1/250 s | ISO 100

2.2.1 Weitere Einstellungen

Einige wichtige Aufnahmeparameter können Sie auch im Automatikmodus anpassen, entweder über das Quick-Navi-Menü oder die Einträge mit weißer Schrift in den anderen Menüs. Dort lassen sich zum Beispiel das **Dateiformat** oder das **Seitenverhältnis** ändern. Wenn Sie einen externen Blitz angebracht und eingeschaltet haben, kann dieser im Quick-Navi-Menü oder im Menü 📷 1 > **Blitz** über den **Blitzmodus** gesteuert werden (**Blitz Aus** ⚡, **Blitz-Automatik** ⚡AUTO, **Aufhellblitz** ⚡). Und um den Fokus an die gewünschte Stelle zu dirigieren, lässt sich der **Touch-Fokus** verwenden (siehe Abschnitt 4.4, »Scharfstellen mit dem Touchscreen«). Die α6600 merkt sich aber alle geänderten Funktionen. Denken Sie daran, die Einstellungen nach einer längeren Fotopause zu prüfen oder sie gleich wieder in den Ausgangszustand zurückzuversetzen.

Abbildung 2.10 *Mit dem Touch-Fokus (erkennbar an den vier schwarzen Eckmarkierungen auf dem Turm) ließ sich das Motiv im Modus* **Intelligente Automatik** *gezielt scharfstellen.*

Erwarten Sie insgesamt aber nicht zu viel von der Automatik. Der gestalterische Spielraum für die kreative Fotografie ist etwas enger, da Sie beispielsweise die Bildhelligkeit und die Lichtempfindlichkeit (ISO-Wert) nicht anpassen können. Daher eignet sich die Automatik vor allem für Schnappschüsse und Szenarien mit guten Lichtverhältnissen, aber diesen Job erledigt sie sehr zuverlässig.

2.2.2   Bildgestaltungshilfe Gitterlinie

Besonders harmonisch wirken viele Bilder, wenn die wichtigsten Motivelemente der Komposition eine ästhetisch ansprechende Position im Bildausschnitt erhalten. Für die Bildgestaltung kann Ihnen die α6600 mit Linienmustern unter die Arme greifen, die sich im Menü 📷 2 > Anzeige/Bildkontrolle1 bei **Gitterlinie** aufrufen lassen. Mit dem **3×3 Raster** wird der Bildausschnitt in Drittel eingeteilt. Positionieren Sie interessante Punkte des Motivs in etwa auf den Drittelschnittpunkten und den Horizont auf einer der horizontalen Linien. Das Bild wirkt dadurch sehr ausgeglichen. Die Gestaltung getreu dieser *Drittelregel* ähnelt dem klassischen Gestaltungsprinzip des *Goldenen Schnitts* aus der Kunstmalerei.

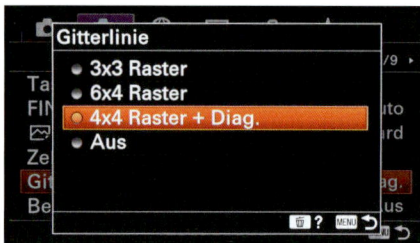

Abbildung 2.11 *Auswahl des Gitterlinientyps*

Das **4×4 Raster + Diag.** teilt das Bildfeld in 16 Rechtecke ein und verbindet die Schnittpunkte mit zwei Diagonalen, die sich in der Mitte treffen. Damit können Sie Ihre Bilder ebenfalls in etwa nach der *Drittelregel* gestalten, indem Sie das Hauptmotiv entlang einer der beiden Diagonalen platzieren. Die Gestaltungsregeln sind aber nicht in Stein gemeißelt. Auch ein mit Absicht schief gelegter Horizont kann seinen Reiz haben. Ausnahmen von den keinesfalls festgezurrten Regeln machen kreative Fotoeffekte ja oftmals erst möglich.

Abbildung 2.12 *4×4 Raster + Diag.: Hier haben wir den Turm an linken vertikalen und das untere Dach an der horizontalen Linie ausgerichtet. Die Diagonale verläuft von der linken Turmspitze bis zum Zaun unten rechts.*

2.3   Die SCN-Programme im Einsatz

Die Szenenprogramme **SCN** sind auf häufig vorkommende Fotosituationen ausgelegt. Im Unterschied zur Vollautomatik bestimmen Sie hier selbst, welche Szene Sie mit den dafür automatisch gesetzten Grundeinstellungen gerne fotografieren möchten. Um die Szenenprogramme zu verwenden, drehen Sie das Moduswahlrad auf **SCN**. Danach können Sie den Szenentyp im Quick-Navi-Menü unten rechts oder im Menü 📷 1 > **Aufnahme-Modus/Bildfolge1** bei **Szenenwahl** einstellen. Weitere Einstellungsmöglichkeiten für grundlegende Funktionen finden Sie anschließend in weißer Schrift ebenfalls im Quick-Navi-Menü oder im Kameramenü, wie zum Beispiel den **Bildfolgemodus** (Einzelbild, Selbstauslöser), den **Blitzmodus**, den **Fokusmodus** (Einzelautofokus oder manueller Fokus) oder das **Dateiformat** (RAW, JPEG oder beides).

Abbildung 2.13 *Auswahl des Szenentyps im Quick-Navi-Menü*

Gezielt fokussieren

In den Szenenprogrammen lassen sich die Fokusfelder nicht auswählen, sodass es schnell passiert, dass beispielsweise nicht die gewünschte Person scharfgestellt wird, sondern eine andere Person im Vordergrund. Mit dem **Touch-Fokus** können Sie jedoch durch Antippen des Monitors schnell und gezielt scharfstellen (siehe Abschnitt 4.4, »Scharfstellen mit dem Touchscreen«).

Folgende Szenenprogramme können Sie auswählen:

- Um im Modus **Porträt** 📷 Personen vor einem unscharfen Hintergrund optimal freizustellen, fotografieren Sie am besten mit einer Brennweite von 50 mm und mehr.

Abbildung 2.14 *Mit dem externen Blitz hebt sich die Person gut vom unruhigen Hintergrund ab, die Augen wirken lebhafter, und die Haare und Lippen erhalten ein wenig mehr Glanz.*

100 mm | ƒ/4 | 1/160 s | ISO 1600

Achten Sie bei der Aufnahme außerdem auf einen möglichst großen Abstand zwischen der zu porträtierenden Person und dem Hintergrund. Mit eingeschaltetem externen Blitzgerät (Modus **Aufhellblitz** ⚡) können Sie die Person auch in einer hellen Umgebung noch etwas prägnanter hervorheben.

- Für scharfe Abbildungen schnell bewegter Motive nutzt die α6600 im Szenenmodus **Sportaktion** 🏃 kurze Belichtungszeiten, die Serienaufnahme und den Nachführ-AF (AF-C). Drücken Sie den Auslöser länger herunter, und verfolgen Sie Ihr Motiv, um mehrere Bilder hintereinander aufzuzeichnen. Wenn die α6600 aufgrund einer schwächeren Umgebungshelligkeit keine kürzeren Belichtungszeiten als 1/250 s mehr ermöglicht, steigt die Gefahr von Bewegungsunschärfe stark an. Versuchen Sie dann, in einer helleren Umgebung zu fotografieren oder zusätzliche Lichtquellen einzusetzen. Mehr zum Fotografieren actionreicher Motive erfahren Sie in Abschnitt 4.7, »Actionmotive im Fokus halten«.

Abbildung 2.15 *Schnelle Bewegungen, und das nicht nur beim Sport, sondern auch in der Tierfotografie, lassen sich mit dem Modus **Sportaktion** scharf in Szene setzen.*

125 mm | ƒ/2,8 | 1/1250 s | ISO 100

- Beim Szenenmodus **Makro** 🌷 liegt der Schwerpunkt auf der vergrößerten Darstellung von Objekten vor einem unscharfen Hintergrund. Für eine gute Objektfreistellung fotografieren Sie am besten mit der Telebrennweite Ihres Zoomobjektivs oder verwenden ein spezielles Makroobjektiv. Nähern Sie sich dem Motiv so weit, dass der Autofokus gerade noch scharfstellen kann, oder fokussieren Sie manuell, um exakt den gewünschten Bildbereich scharf zu bekommen.

Abbildung 2.16 *Für schöne Freisteller im Nahbereich ist der Szenenmodus **Makro** die richtige Wahl.*

100 mm | ƒ/4 | 1/160 s | ISO 200

■   Landschaften oder Architekturmotive werden mit dem Szenenmodus **Landschaft** ▲▲ detailliert und mit einer durchgehenden Schärfe dargestellt, sofern die Helligkeit der Szenerie dies zulässt. Zudem stimmt die α6600 die Farbsättigung, den Kontrast und die Schärfe so ab, dass die Bilder einen frischen und knackig scharfen Eindruck erwecken. Dies können Sie durch Einsatz eines Polfilters noch weiter verstärken. Bei an sich schon sehr farbintensiven Motiven können die Farben aber auch ein wenig zu bunt werden. Dann bietet sich eine Reduzierung der Sättigung in der Nachbearbeitung an. Optional angebrachte Systemblitzgeräte lassen sich verwenden, wenn der Blitzmodus auf **Aufhellblitz** ⚡ steht.

Abbildung 2.17 *Kräftige Farben und eine hohe Schärfeausdehnung liefert der Modus* **Landschaft***.*

24 mm | ƒ/6,3 | 1/100 s | ISO 100

■   Die Rot-Orange-Töne bei Sonnenauf- und -untergängen werden im Szenenmodus **Sonnenuntergang** ⊜ besonders intensiv wiedergegeben. Um der oftmals eher dunklen Lichtsituation Rechnung zu tragen, wird die Blende geöffnet, sodass auch die Lichtempfindlichkeit nicht allzu sehr ansteigen muss. Das schont die Bildqualität. Bei Bedarf können Objekte im Vordergrund mit Blitzlicht aufgehellt werden.

Abbildung 2.18 *Der Modus* **Sonnenuntergang** *vermag es, Landschaften mit auf- oder untergehender Sonne farbintensiv und prägnant wiederzugeben.*

16 mm | ƒ/4 | 1/60 s | ISO 800

- Der Himmel nächtlicher Architektur- oder Naturmotive bleibt im Szenenmodus **Nacht-szene** ☾ kräftig dunkel, und die bunten Lichter überstrahlen weniger. Fotografieren Sie am besten vom Stativ aus, da die Belichtungszeit recht lang werden kann, und verwenden Sie geringe Objektivbrennweiten, wenn Sie mit viel Schärfentiefe von vorne bis hinten alles möglichst scharf abbilden möchten. Übrigens: Blitzen ist in diesem Modus komplett untersagt.

Abbildung 2.19 *Trotz des hohen Kontrasts landete der beleuchtete Berliner Dom im Modus **Nachtszene** gut durchzeichnet auf dem Sensor.*

25 mm | ƒ/4,5 | 1/10 s | ISO 6 400 | Stativ

- **Handgeh. bei Dämm.** ☾✋ ermöglicht scharfe Freihandaufnahmen in mehr oder weniger dunkler Umgebung ohne Stativ. Dabei nimmt die α6600 nach dem Auslösen automatisch mehrere Bilder auf und verrechnet diese zu einem einzigen Foto. Halten Sie die Kamera daher sehr ruhig. Von der Qualität her sind die Ergebnisse sogar rauschärmer als im Szenenmodus **Nachtszene**, obwohl das RAW-Format hier nicht verwendbar ist.

Abbildung 2.20 *Mit **Handgehal. bei Dämm.** sind qualitativ ordentliche Freihandaufnahmen in dunkler Umgebung möglich, obgleich der ISO-Wert stark ansteigen kann.*

40 mm | ƒ/5,6 | 1/80 s | ISO 12 800

Steigt der ISO-Wert allerdings über 6400 an, lässt die Detailschärfe deutlich nach, und die Aufnahme wird vor allem bei feinen Motivdetails stellenweise etwas zu matschig. Für eine brillante Detailauflösung bei schwacher Beleuchtung empfiehlt sich die **Manuelle Belichtung** (**M**) vom Stativ aus (siehe Abschnitt 2.7, »Besondere Situationen manuell meistern (M)«).

- Stimmungsvolle Bilder von Personen vor beleuchteten Gebäuden oder dem Dämmerungs-himmel stehen im Szenenmodus **Nachtaufnahme** 🌙 im Vordergrund. Da der Blitz vor der eigentlichen Aufnahme einen Messblitz aussendet und dies für die porträtierte Person ziem-lich irritierend sein kann, entstehen leicht Fotos mit geschlossenen Augen. Geben Sie Ihrem Model Bescheid, dass es schon vor der eigentlichen Aufnahme blitzen wird, die Aufnahme aber erst beginnt, wenn Sie »Jetzt!« sagen (geben Sie das Kommando, sobald die α6600 den Fokus gefunden hat). Die Person sollte aber weiterhin die Augen geöffnet halten, bis die Auf-nahme durch ein hörbares Klacken des Auslösers beendet ist. Fotografieren Sie am besten vom Stativ aus — es sind aber durchaus auch Aufnahmen aus der Hand möglich.

Abbildung 2.21 *Das Systemblitzgerät hellt das Gesicht harmonisch auf, und die Hintergrundbeleuchtung verleiht dem Bild ein stimmungsvolles Ambiente.*

70 mm | ƒ/2,8 | 1/40 s | ISO 1250

- Vom Prinzip her arbeitet der Szenenmodus **Anti-Beweg.-Unsch.** ((👤)) genauso wie **Handgeh. bei Dämm.**, denn auch hier wird die Bildqualität auf **JPEG** beschränkt, und die Kamera nimmt automatisch mehrere Bilder auf, die kameraintern zum fertigen Ergebnis verrechnet werden. Der Unterschied besteht darin, dass in diesem Modus kürzere Belichtungszeiten verwendet werden können. Gut belichtete Fotos von Innenräumen ohne Stativ oder stim-mungsvolle Personenfotos bei Kerzenlicht gehören damit zu den geeigneten Motiven. Aller-dings herrscht in diesem Programm auch absolutes Blitzverbot, was die Anwendungsmög-lichkeiten im Partybereich deutlich einschränkt.

Was Sie bei den Szenenprogrammen nicht steuern können

Die Szenenprogramme schränken den Einfluss, den Sie auf das Bild nehmen können, in zwei wichtigen Punk-ten stark ein: Sie können die Bildhelligkeit nicht verändern und die Lichtempfindlichkeit des Sensors (ISO-Wert) nicht beeinflussen, was Bildrauschen und eine geringe Detailauflösung zur Folge haben kann. Werfen

Sie daher am besten gleich einen Blick auf die Programme **P**, **A**, **S** und **M**, denn damit haben Sie Zugriff auf alle wichtigen Belichtungseinstellungen. Daher können Sie in diesen Modi noch kreativer werden und beispielsweise die Schärfentiefe flexibel gestalten oder die beste Bildqualität bei geringen ISO-Werten aus der α6600 herausholen. Die meisten der in diesem Buch beschriebenen Funktionen werden Ihnen auch nur in diesen Programmen zur freien Wahl präsentiert.

2.4   Spontan reagieren mit der Programmautomatik (P)

Die **Programmautomatik** (**P**) ist, genauso wie die **Intelligente Automatik**, bestens für Schnappschüsse geeignet. **P** hat aber den Vorteil, dass Sie den ISO-Wert, das Fokusfeld, die Bildhelligkeit und vieles mehr selbst bestimmen können. Somit bietet sich dieses Programm an, wenn Sie gerne spontan fotografieren und dabei zwar grundlegende Rahmenbedingungen selbst bestimmen möchten, in der Fotosituation aber nicht lange über Belichtungszeiten und Blendenwerte nachdenken wollen.

Nachdem Sie das Moduswahlrad auf **P** gestellt und die α6600 auf das Motiv ausgerichtet haben, werden Ihnen die Werte für die Belichtungszeit und die Blende am Bildschirm angezeigt. Stellen Sie alle weiteren Funktionen wunschgemäß ein. Für die gezeigten Aufnahmen haben wir zum Beispiel bei **ISO** den Wert **100** gewählt.

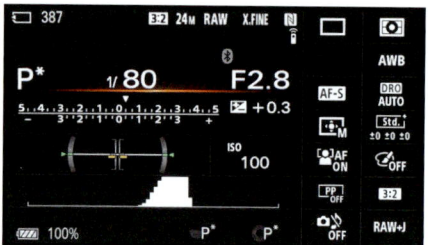

Abbildung 2.22 *Mit der Programmverschiebung konnten wir den Blendenwert zugunsten einer geringeren Schärfentiefe absenken.*

Wenn Sie anschließend am hinteren Einstellrad oder am Drehregler auf der Kameraoberseite drehen, können Sie die Kombination aus Belichtungszeit und Blende ändern. Diese *Programmverschiebung* ist am Symbol **P✻** zu erkennen. Drehen Sie das Rad nach rechts, werden die Belichtungszeit verkürzt (hier auf **1/80** in Abbildung 2.22) und der Blendenwert verringert (hier **F2,8**). Damit erzielen Sie eine geringere Schärfentiefe. Drehen Sie das Rad nach links, verlängert sich die Belichtungszeit, und der Blendenwert erhöht sich. Auf diese Weise vergrößern Sie die Schärfentiefe. Praktischerweise bleiben die angepassten Werte auch für Folgeaufnahmen erhalten. Die Speicherung wird erst aufgehoben, wenn Sie die α6600 ausschalten oder den Aufnahmemodus wechseln oder wenn die α6600 in den Stromsparmodus übergeht. Bei Blitzaufnahmen ist die *Programmverschiebung* hingegen gänzlich außer Kraft gesetzt.

Achten Sie zudem auf die Anzeige der Belichtungswerte. Sollten die Belichtungszeit, der Blendenwert und der Belichtungskorrekturwert anfangen zu blinken, riskieren Sie eine Fehlbelichtung. Ändern Sie in dem Fall die Einstellungen, bis das Blinken aufhört, indem Sie den ISO-Wert auf **AUTO** setzen oder die *Programmverschiebung* wieder zurückstellen.

Abbildung 2.23 *Mit einer Programmverschiebung wurde der geringste Blendenwert gewählt, um die Holzpilze vor einem unscharfen Hintergrund prägnant hervorzuheben.*

145 mm | f/2,8 | 1/80 s | ISO 100 | +0,3 | Stativ

Abbildung 2.24 *Hier wurde der Blendenwert angehoben, sodass die Aufnahme eine höhere Gesamtschärfe aufweist, wodurch die Aufnahme aber auch etwas unruhiger wirkt.*

145 mm | f/16 | 0,5 s | ISO 100 | +0,3 | Stativ

Schärfentiefe

Die *Schärfentiefe* eines Bildes wird über die *Blende* beeinflusst. Gemeint ist damit der Bildbereich, der sich von der Fokusebene ausgehend nach vorn und hinten ausdehnt und von unserem Auge im Bild noch als scharf wahrgenommen wird. Die Schärfentiefe ist beispielsweise der Schlüssel dafür, Motive vor einem unscharfen Hintergrund prägnant freizustellen. Dazu wird der Blendenwert verringert (*Aufblenden*, kleine Blendenzahl, Blendenöffnung im Objektiv groß). Für einen hohen Gesamtschärfeeindruck werden hohe Blendenwerte verwendet (*Abblenden*, große Blendenzahl, Blendenöffnung im Objektiv klein).

2.5 Bildgestaltung mit der Blendenpriorität (A)

Mit der **Blendenpriorität** (**A** = *Aperture Priority*) der α6600 haben Sie die *Schärfentiefe* Ihres Bildes fest im Griff, denn in diesem Programm können Sie den Blendenwert frei wählen. Da die Schärfentiefe einen enormen Einfluss auf die Bildwirkung ausübt, gehört dieses Aufnahmeprogramm für uns zu den wichtigsten, die wir routinemäßig im Porträt-, Landschafts- und Makrobereich nutzen.

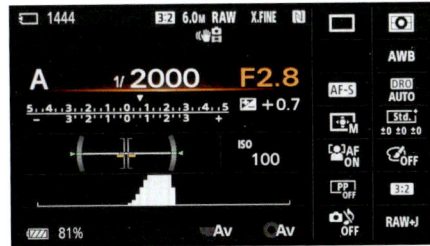

Abbildung 2.25 *Im Modus **A** lässt sich die Blende flexibel steuern, und die Belichtungszeit wird automatisch angepasst.*

Im Modus **A** konnten wir zum Beispiel den Kreidestein aus Abbildung 2.26 mit einem niedrigen Blendenwert prägnant vor der unscharf abgebildeten Küstenlandschaft herausstellen. Er zieht so den Blick des Betrachters unweigerlich auf sich und steht zweifellos im Mittelpunkt des Bildes. Mit Telebrennweiten sind solche Freisteller relativ einfach zu gestalten. Ansonsten hilft es, nah an das Objekt heranzugehen und es so zu positionieren, dass der Hintergrund möglichst weit entfernt ist.

Abbildung 2.26 *Durch die geringe Schärfentiefe hebt sich der Kreidestein im Vordergrund deutlich von der Küstenlandschaft im Hintergrund ab.*

100 mm | ƒ/2,8 | 1/2000 s | ISO 100 | +0,7

Das Schiff aus Abbildung 2.27 sollte hingegen vom Bug bis zum Heck möglichst scharf abgebildet werden. Daher haben wir mit einem höheren Blendenwert fotografiert. Beachten Sie: Je weiter Vordergrund und Hintergrund voneinander entfernt liegen, desto höher muss der Blendenwert gewählt werden, damit die Schärfentiefe ausreicht.

Abbildung 2.27 *Mit einem höheren Blendenwert und einem Weitwinkelobjektiv ließ sich eine größere Schärfentiefe erzielen, bei der das Schiff von vorne bis hinten scharf aussieht.*

18 mm | ƒ/8 | 1/400 s | ISO 100

Das spielt insbesondere dann eine Rolle, wenn die Distanzen sehr groß sind, weil sich das Vordergrundobjekt, etwa die Äste eines Baums, relativ dicht vor der α6600 befinden. Außerdem gilt, je weitwinkliger das Objektiv, desto höher fällt bei gleichem Aufnahmeabstand die Schärfentiefe aus. Sie ist dann bei mittleren Blendenwerten von ƒ/5,6 oder ƒ/8 oft schon hoch genug, um die gesamte Szene mit nahezu durchgehender Schärfe darstellen können.

Um mit der Blendenpriorität zu arbeiten, geben Sie im Modus **A** mit dem Einstellrad oder dem Drehregler einen Blendenwert vor (**F2.8** in Abbildung 2.25). Die notwendige Belichtungszeit (hier **1/2000**) bestimmt die Elektronik der α6600 dann automatisch. Mit einer Drehung im Uhrzeigersinn heben Sie den Blendenwert an, sodass Sie mit einer höheren Schärfentiefe fotografieren können. Im gleichen Maße verlängert sich dadurch die Belichtungszeit. Drehen Sie gegen den Uhrzeigersinn, verringern Sie den Blendenwert, und es entstehen Fotos mit geringer Schärfentiefe. Die Belichtungszeit wird in diesem Fall entsprechend verkürzt.

Abbildung 2.28 *Wenn der Auslöser auf den ersten Druckpunkt heruntergedrückt wird, können Sie die Blendenöffnung des aktuell gewählten Blendenwerts im Objektiv sehen.*

Sollte die Belichtungszeit auf 30 s stehen und blinken, riskieren Sie eine Unterbelichtung. Verringern Sie in dem Fall den Blendenwert, erhöhen Sie den ISO-Wert, oder setzen Sie einen externen Blitz als zusätzliche Lichtquelle ein. Blinkt die Belichtungszeit hingegen bei 1/4000 s, wird das Bild überbelichtet. Dagegen helfen ein höherer Blendenwert, ein niedrigerer ISO-Wert oder ein lichtschluckender Neutraldichtefilter.

Blendenvorschau

Praktischerweise kann die α6600 die zu erwartende Schärfentiefe im Livebild simulieren. Fokussieren Sie einmal auf ein Vordergrundobjekt, und verstellen Sie die Blende dann sehr deutlich. Beobachten Sie dabei die Veränderung der Hintergrundschärfe. Sollte diese automatische Schärfentiefensimulation nicht funktionieren, weil Sie zum Beispiel ein Fremdobjektiv an der Kamera adaptiert haben, können Sie die sogenannte **Blendenvorschau** per Tastendruck aktivieren. Belegen Sie dazu eine der benutzerdefinierten Tasten mit der gleichnamigen Funktion (Menü 📷 2 > **Benutzerdef. Bedienung1** > 📷 **BenutzerKey** oder 🎞 **BenutzerKey**). Wenn Sie nun vor der Aufnahme die programmierte Taste drücken, springt die Blende im Objektiv auf den eingestellten Wert, und der Sucher beziehungsweise LCD-Monitor präsentiert Ihnen die Szene mit der zu erwartenden Schärfentiefe.

Abbildung 2.29 *Kontrolle der Schärfentiefe durch Drücken der neu definierten Taste **Blendenvorschau***

2.5.1 Beugungsunschärfe bei zu hohen Blendenwerten

Wird der Blendenwert zu stark erhöht, nimmt die Schärfe des gesamten Bildes wieder ab, und das gilt nicht nur für Fotos, sondern auch für Filmaufnahmen. Das liegt an der sogenannten *Beugungsunschärfe*, die dadurch entsteht, dass ein Teil des Lichts an den Kanten der Blendenlamellen abgelenkt wird und unkontrolliert auf den Sensor trifft. Wer aber absolut kein Quäntchen Schärfe einbüßen möchte, merkt sich bei der α6600 am besten eine Obergrenze bei Blende ƒ/11 (maximal ƒ/16). Dieser Wert sollte generell nicht überschritten werden. »Viel hilft viel« ist eben nicht immer das zielführende Motto.

Abbildung 2.30 *Keine Beugungsunschärfe bei ƒ/11*

Abbildung 2.31 *Durch Beugung bei ƒ/32 hat der fokussierte Bereich deutlich an Schärfe eingebüßt.*

2.6 Mit der Zeitpriorität (S) zum kreativen Schärfeeffekt

Im Aufnahmemodus **Zeitpriorität** (**S** = *Shutter Priority*) legen Sie die Belichtungszeit fest, und die α6600 stellt automatisch eine dazu passende Blende ein. Die längste Belichtungszeit, die Sie wählen können, liegt bei 30 s. Sie verkürzt sich von da aus Schritt für Schritt bis zur kürzesten Zeit von 1/4000 s. Der Modus **S** eignet sich für alle Motive, bei denen Momentaufnahmen schneller Bewegungsabläufe scharf abgebildet werden sollen. Das sind beispielsweise Sportaufnahmen, Bilder von rennenden Menschen, fliegenden Vögeln, sprintenden Tieren oder spritzendem Wasser (mehr darüber erfahren Sie in Abschnitt 7.2, »Tipps für tolle Actionfotos«).

Abbildung 2.32 *Auf den linken Blütenstempel wurde fokussiert. Als die Biene ins Bild flog, konnten wir sie mit einer kurzen Belichtungszeit scharf abbilden.*

100 mm | f/2,8 | 1/2000 s | ISO 200

Mit dem Modus **S** können aber auch kreative Wischeffekte erzeugt werden, indem Sie die Belichtungszeit so wählen, dass alle Bewegungen im Bildausschnitt durch Unschärfe verdeutlicht werden. Fließendes Wasser, mit den Flügeln schlagende Vögel oder Autos und U-Bahnen lassen sich auf diese Weise sehr kreativ und dynamisch in Szene setzen.

Abbildung 2.33 *Das Drehen der α6600 während der relativ langen Belichtung erzeugte einen spannenden kreisförmigen Wischeffekt.*

70 mm | f/4,5 | 1/4 s | ISO 100 | –1

Um die Belichtungszeit anzupassen, drehen Sie einfach am Einstellrad oder Drehregler. Eine Drehung im Uhrzeigersinn bewirkt kürzere und eine Drehung gegen den Uhrzeigersinn längere Belichtungszeiten. Damit es weniger schnell zu Fehlbelichtungen kommt, die durch blinkende Blenden- und Belichtungskorrekturwerte (⧯) angedeutet werden, setzen Sie den ISO-Wert am besten auf **AUTO**. Damit lässt sich angenehm flexibel fotografieren. Sie können den ISO-Wert aber auch manuell erhöhen, um insbesondere bei kurzen Belichtungszeiten einen höheren Blendenwert nutzen zu können. Dann fällt die Schärfentiefe höher aus. Bei wenig Licht und niedrigem ISO-Wert würde die Blende im Modus **S** sonst auf den niedrigsten Wert fallen und die Schärfentiefe entsprechend gering sein.

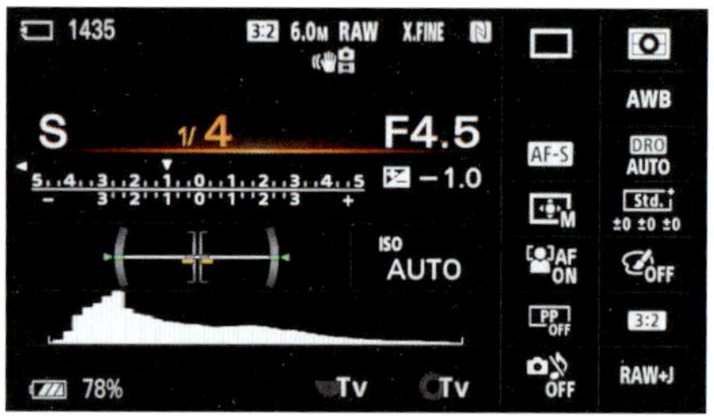

Abbildung 2.34 *Im Modus **S** lässt sich die Belichtungszeit flexibel steuern, die Blende und, bei aktiver ISO-Automatik, auch der ISO-Wert werden automatisch angepasst.*

Keine Verwacklungswarnung

Da die α6600 im Modus **S** leider keine **Verwacklungswarnung** ausgibt, müssen Sie bei Belichtungszeiten länger als etwa 1/100 s selbst abschätzen, ob Sie die Aufnahme unverwackelt aus der Hand fotografieren können oder doch besser ein Stativ einsetzen (siehe Abschnitt 3.1, »Verwacklungen vermeiden ohne und mit Bildstabilisator«).

2.7   Besondere Situationen manuell meistern (M)

Mit der **Manuellen Belichtung** (**M**) der α6600 lassen sich die allerschwierigsten Aufnahmesituationen in den Griff bekommen, denn in diesem Modus ist es möglich, alle Belichtungswerte unabhängig voneinander an die Situation anzupassen. Auf diese Weise gelingen Nachtaufnahmen vom Stativ, Lichtspuren, Feuerwerk und Co. besonders eindrucksvoll. Auch beim Fotografieren von Menschen im Studio mit Blitzgeräten ist die **Manuelle Belichtung** oft das Mittel der Wahl.

Abbildung 2.35 *Mit der **Manuellen Belichtung** ließ sich die beleuchtete St.-Hedwigs-Kathedrale mit hoher Schärfentiefe und einer guten Durchzeichnung der dunklen und hellen Bildpartien darstellen.*
24 mm | ƒ/10 | 13 s | ISO 100 | Stativ

Um mit der **Manuellen Belichtung** zu fotografieren, richten Sie am besten zuerst einmal den geplanten Bildausschnitt ein. Wählen Sie dann die Lichtempfindlichkeit über die ISO-Taste (**100** in Abbildung 2.36). Nehmen Sie statische Objekte vom Stativ aus auf, sind Werte zwischen 100 und 400 gut geeignet. Sie können aber auch die ISO-Automatik verwenden. Dann richtet die α6600 die Bildhelligkeit automatisch an der Standardbelichtung aus, das heißt, Sie bleiben trotz manueller Zeit- und Blendenwerte flexibel. Dies empfiehlt sich beispielsweise bei Makro-, Tier- oder Sportaufnahmen und bei Event- und Partymotiven, wenn sich die Abstände zum Motiv und die Lichtverhältnisse ständig ändern. Als Nächstes nehmen Sie die Einstellung der Blende mit dem Drehregler vor (hier **F10**). Verfolgen Sie Ihr Motiv nun genau, denn die α6600 präsentiert Ihnen die Änderung der Schärfentiefe direkt im Livebild. Zu guter Letzt wird die Belichtungszeit über das Einstellrad festgelegt (hier **13"**). Möglich ist natürlich auch die umgekehrte Reihenfolge, etwa wenn bei actionreichen Motiven die Belichtungszeit wichtiger ist als der Blendenwert.

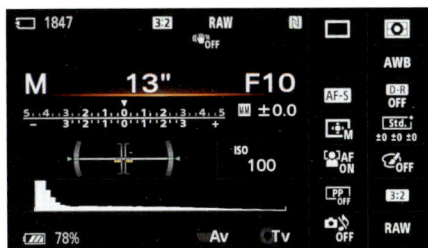

Abbildung 2.36 *Die für das gezeigte Bild manuell gewählten Belichtungswerte*

Werfen Sie spätestens beim Einstellen des dritten Parameters einen Blick auf den Belichtungskorrekturwert. Die Markierung der EV-Skala sollte zunächst in der Mitte liegen und der Belichtungskorrekturwert auf **±0** stehen. Dann liefern die aktuell eingestellten Werte eine laut kamerainternem Belichtungsmesser korrekte Belichtung.

Prüfen Sie die Belichtung durch Einblenden des Histogramms mit der DISP-Taste. Bei Blitzaufnahmen machen Sie am besten eine Probeaufnahme, da die α6600 die zu erwartende Bildhelligkeit in dem Fall nicht exakt simulieren kann. Sollte Ihnen das Bild zu hell vorkommen, verkürzen Sie die Belichtungszeit, erhöhen den Blendenwert oder verringern den ISO-Wert. Die EV-Skala zeigt dann negative Werte an, die Sie getrost ignorieren können. Bei einer zu dunklen Aufnahme verfahren Sie genau umgekehrt. Wenn Sie die ISO-Automatik verwenden, können Sie einem zu hellen oder zu dunklen Bild mit einer Belichtungskorrektur entgegensteuern (Taste ⊞). Stellen Sie Ihr Motiv anschließend scharf, je nach Situation auch manuell, und lösen Sie das Bild beziehungsweise die Bilderserie aus.

Abbildung 2.37 *EV-Skala mit Markierung der Standardbelichtung*

Gekoppelte Werte verschieben

Wenn Sie im Modus **M** alles fertig eingestellt haben, die Belichtungszeit oder Blende aber gerne noch etwas variieren möchten, ohne dabei die Bildhelligkeit zu verändern, können Sie beide Werte gekoppelt anpassen.

Damit das sinnvoll durchführbar ist, belegen Sie im Menü 📷 2 > **Benutzerdef. Bedienung1** bei 〰 **Benutzer-Key** die **Funkt. d. AEL-Taste** mit **AEL Umschalten**. Zurück im Aufnahmemodus stellen Sie den AF/MF/AEL-Schalthebel auf **AEL**. Nun können Sie die dazugehörige Taste drücken und wieder loslassen. Es erscheint ein Sternsymbol ✳ am Monitor oder Sucher, und die Belichtung ist gespeichert. Jetzt können Sie die Zeit-Blenden-Werte mit dem Einstellrad oder dem Drehregler gekoppelt anpassen.

Abbildung 2.38 *Umprogrammieren der AEL-Taste für ein dauerhaftes Speichern der Belichtungswerte*

2.8   Feuerwerksaufnahmen mit Langzeitbelichtung (BULB)

Die bunten Lichtspuren von Feuerwerk mit der α6600 effektvoll einzufangen ist ein Leichtes, wenn Sie die individuelle Belichtungsdauer **BULB** nutzen. Das Bild wird dann so lange belichtet, wie Sie den Auslöser herunterdrücken. Günstige Belichtungszeiten bei Feuerwerk bewegen sich im Bereich von 1 bis 10 s.

Richten Sie die α6600 auf einem Stativ grob auf die Szene aus, und schalten Sie den Bildstabilisator (**SteadyShot**) aus. Bei der Verwendung von OSS-Objektiven wird bei der Aktivierung von **BULB** der Bildstabilisator automatisch ausgeschaltet. Stellen Sie als Bildfolgemodus über die Taste ⏱/▱ die Option **Einzelbild** ☐ ein. Damit Sie zügig fotografieren können, schalten Sie am besten auch die Funktion **Langzeit-RM** im Menü 📷 1> **Qualität/Bildgröße1** aus. Sonst dauert es zu lange, bis die nächste Belichtung gestartet werden kann. Geben Sie nun im Modus **Manuelle Belichtung** (M) die Belichtungszeit **BULB** vor, das ist eine Stufe unterhalb von 30 s. Wählen Sie zudem ISO 100, wenn es noch dämmert, oder einen Wert zwischen ISO 200 und 800 bei sehr dunklem Himmel. Richten Sie nun den Blendenwert an den vorhandenen Bedingungen aus. Mit Werten von ƒ/2,8 bis ƒ/8 können kürzere Belichtungszeiten genutzt werden. Das bietet sich bei starkem Wind an, damit die Feuerwerksfontänen und vor allem der Rauch im Bild nicht so stark verwischen. Wenn viele helle Raketen hochgehen, sind Blendenwerte von ƒ/11 bis ƒ/16 besser, damit sich keine allzu heftigen Überstrahlungen an den Stellen der Zündfeuer im Bild zeigen.

⌐¬
∟⌐

Störende Funktionen

Es gibt ein paar Funktionen, die den **BULB**-Modus blockieren: **Geräuschlose Aufnahme**, **Auto HDR**, der Bildeffekt **Sattes Monochrom**, **Multiframe-RM** und die Bildfolgemodi **Serienaufnahme**, **Selbstaus(Serie)** oder **Serienreihe**. Die α6600 stellt die Belichtungszeit bei Verwendung einer dieser Funktionen auf 30 s ein.

Abbildung 2.39 *Mit der Belichtung **BULB** und einer Fernbedienung können Sie so lange warten, bis sich die Raketen entfaltet haben, und die Belichtung dann stoppen.*

24 mm | ƒ/5,6 | 7 s | ISO 250 | Stativ

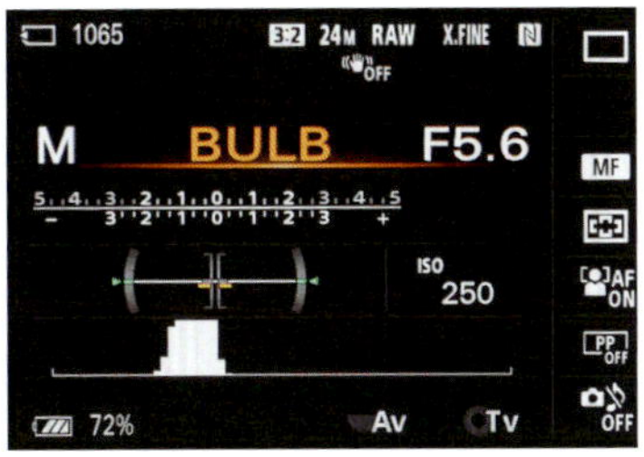

Abbildung 2.40 *Geeignete Basiseinstellungen für die Feuerwerksfotografie*

Da ein längeres Herunterdrücken des Auslösers selbst vom Stativ aus Verwacklungen hervorrufen würde, lösen Sie die α6600 besser mit dem Smartphone oder mit einer Fernbedienung aus. Wenn nun die erste Rakete hochgeht, bestimmen Sie den Bildausschnitt und fokussieren auf die Raketenlichter. Schalten Sie danach den Fokusmodus auf **Manuellfokus** (**MF**) um. Sobald die nächsten Raketen zünden, brauchen Sie nur noch per Fernbedienung auszulösen, die gewünschte Zeit abzuwarten und die Belichtung wieder zu beenden. So können Sie ganz individuell regeln, wie viele Raketenschweife in das Bild gelangen. Die Aufnahmedauer müssen Sie allerdings abschätzen oder anhand einer (Handy-)Uhr mit Sekundenangabe verfolgen, da die α6600 die verstreichende Zeit weder im Monitor noch im Sucher anzeigt.

Helle Überwachung

Bei Aufnahmesituationen in der Nacht, etwa wenn es um Sterne, Gewitter oder Polarlichter geht, ist es oft schwierig, am Livebild überhaupt noch etwas erkennen zu können. Die α6600 kann das Livebild aber auch heller anzeigen. Dazu muss eine der benutzerspezifischen Tasten mit der Funktion **Helle Überwachung** programmiert werden (Menü 📷2 > **Benutzerdef. Bedienung1** > 〰 **BenutzerKey**). Wenn Sie anschließend die entsprechende Taste drücken, erscheint das Symbol 🖾, und das Livebild wird heller. Sie können dann sogar die Sterne am Himmel erkennen. Die **Helle Überwachung** funktioniert aber nur in den Modi **P**, **A**, **S** und **M** und bei Verwendung des **Manuellfokus (MF)**. Außerdem müssen die Funktionen **MF-Unterstützung** und **Fokusvergrößerung** ausgeschaltet sein.

Abbildung 2.41 *Eine der benutzerdefinierten Tasten mit der Funktion **Helle Überwachung** belegen, um das Livebild im Dunkeln besser sehen zu können*

2.9 Bildvergrößerung mit dem Digitalzoom

Mit Zoomobjektiven fahren Sie beim Fotografieren und Filmen durch Drehen des Zoomrings oder Drücken der Powerzoom-Taste in die Teleeinstellung immer näher in die Szene hinein, ohne die Perspektive dabei zu ändern. Neben dieser optischen Zoommöglichkeit bietet die α6600 zusätzlich einen Digitalzoom an, mit dem Sie Ihrem Fotomotiv noch näher zu Leibe rücken können.

Abbildung 2.42 *Optischer Zoom bei 70 mm Brennweite*

70 mm | f/4 | 1/125 s | ISO 200

Abbildung 2.43 *70 mm Brennweite mit Klarbild-Zoom (×2,0)*

70 mm | f/4 | 1/125 s | ISO 250

Abbildung 2.44 *70 mm Brennweite mit Digitalzoom (×4,0)*

70 mm | f/4 | 1/125 s | ISO 250

Um den Digitalzoom einzusetzen, stellen Sie bei Fotos das Dateiformat JPEG ein und beim Filmen eine andere Bildrate als 100p/120p (bei Standardfilmen) oder 100 fps/120 fps bei Zeitlupenvideos. Wählen Sie dann im Menü 📷 2 > **Zoom** bei **Zoom-Einstellung** eine der drei folgenden Optionen:

- **Nur optischer Zoom** für Fotos: Mit dieser Einstellung ist der Digitalzoom nur in Kombination mit der JPEG-Bildgröße **M** oder **S** anwendbar. Es werden Bilder erzeugt, bei denen die bis zur Bildgröße **L** überzähligen Ränder nicht zu sehen sind. Das wäre so, als würden Sie bei einem Bild der Größe **L** so viel Randfläche abschneiden, bis Ausschnitte in der Bildgröße **M** oder **S** übrig bleiben. Da sich die Bildqualität dabei nicht verschlechtert, wird der verfügbare Zoombereich auch als **Smart-Zoom** ₛ🔍 bezeichnet.

- **Klarbild-Zoom** ꜀🔍 für Foto und Film: Diese Art von Digitalzoom basiert auf einer softwaregestützten Ausschnittsvergrößerung. Dabei wird im Prinzip nur ein Teil der Sensorfläche für die Bildaufnahme verwendet und anschließend auf die gewählte Bildgröße hochgerechnet. Dazu werden nicht vorhandene Bildpixel hinzugerechnet (*Interpolation*). Aufgrund des Rechenprozesses verschlechtert sich die Bildqualität leicht, was bei der Betrachtung der Fotos jedoch kaum auffällt.

- **Digitalzoom** ᴅ🔍 für Foto und Film: Dabei werden die Aufnahmen durch die Interpolation fehlender Pixel noch stärker vergrößert. Rechnen Sie daher mit mehr oder weniger stark sichtbaren Bildfehlern und verminderter Schärfe.

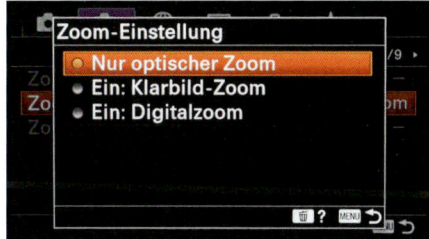

Abbildung 2.45 *Auswahl der* ***Zoom-Einstellung***

Einschränkungen

Werden der Smart-, Klarbild- oder Digitalzoom eingesetzt, steht der Messmodus fest auf **Multi**. Außerdem sind die Gesichtserkennung **Ges/AugPrio. bei AF** und die davon abhängige Gesichtspriorisierung bei der Belichtungsmessung (**GesPrior b. M-Mess.**) nicht nutzbar. Gleiches gilt für den **Nachführ-AF** (**AF-C**). Eine kontinuierliche Schärfeanpassung für das Aufnehmen bewegter Objekte ist somit nicht möglich.

Bei Objektiven ohne Powerzoom-Schalter lässt sich das Einstellen des Zoomfaktors durch Aufrufen der Funktion **Zoom** im Menü 📷 2 > **Zoom** erledigen. Wenn Sie diese Funktion häufiger benötigen, ist es empfehlenswert, sie auf eine der Kameratasten zu legen (mehr darüber erfahren Sie in Abschnitt 12.1, »Die Kamerabedienung anpassen«). Im Fall des Sony-Objektivs *E PZ 16–50mm F3,5–5,6 OSS* (*SELP1650*) und der anderen Powerzoom-Objektive lässt sich der Digitalzoom nur mit dem Zoomring oder dem seitlichen Zoomhebel des Objektivs einstellen, daher ist die Funktion **Zoom** im Menü ausgegraut. Nachdem Sie den **Zoom** über das Menü oder die Objektivbedienung aufgerufen haben, blendet die α6600 den verfügbaren Zoombereich unten rechts im Display ein. Mit den Tasten ◄► können Sie den Bildausschnitt in kleinen Schritten oder mit den Tasten ▲ ▼ in großen Schritten vom Weitwinkelformat (**W**) hin zur Teleeinstellung (**T**) verstellen oder umgekehrt. Dabei werden stets die Symbole für den Smart-Zoom $_S$⊕, den Klarbild-Zoom $_C$⊕ und den Digitalzoom $_D$⊕ sowie der Zoomfaktor (hier **×2,0**) eingeblendet.

Nach der Bestätigung des Zoomfaktors können Sie beim Smart-Zoom und beim Klarbild-Zoom wie gewohnt alle Fokusfelder einsetzen. Beim Digitalzoom wird hingegen ein gestricheltes Rechteck angezeigt, innerhalb dessen die α6600 automatisch nach fokussierbaren Motivelementen suchen wird, wobei der Schwerpunkt in der Bildmitte liegt.

Abbildung 2.46 *Digitalzoom mit maximaler Zoomstufe ×2,0 im* **Klarbild-Zoom**

Abbildung 2.47 *Autofokus bei Digitalzoom*

Wundern Sie sich auch nicht, dass das Bild bei starkem Zoomen auf dem Monitor oder im Sucher sehr schwammig aussieht, das bessert sich durch die kamerainterne Nachbearbeitung. In Tabelle 2.2 haben wir Ihnen die verschiedenen Zoombereiche übersichtlich aufgelistet.

Foto	Smart-Zoom	Klarbild-Zoom	Digitalzoom
JPEG L	–	×1,0–×2,0	×2,1–×4,0
JPEG M	×1,0–×1,4	×1,5–×2,8	×2,9–×5,7
JPEG S	×1,0–×2,0	×2,0–×3,9	×4,0–×8,0
Film	**Smart-Zoom**	**Klarbild-Zoom**	**Digitalzoom**
AVCHD/XAVC S HD	–	×1,0–×2,0	×2,1–×4,0
XAVC S 4K	–	×1,0–×1,5	×1,6–×4,0

Tabelle 2.2 *Die verschiedenen Zoombereiche in der Übersicht*

Powerzoom-Objektive

Bei Powerzoom-Objektiven werden der Smart-, Klarbild- und Digitalzoom durch Drehen am Zoomring oder Verschieben des Powerzoom-Schalters eingestellt. Im Menü 📷 2 > **Zoom** lässt sich bei dafür geeigneten Objektiven sogar die **Zoomring-Drehrichtung** ändern. Da hat Sony alle Eventualitäten mit einbezogen.

EXKURS
Menschen vor der Kamera

Im Urlaub, zu Hause, bei einer Feier oder für Präsentationen in der Firma: Es gibt viele Gelegenheiten, Menschen vor die Linse zu bitten. So unterschiedlich die Situationen sind, so vielseitig sollten Sie mit der α6600 darauf reagieren. Das hat aber wenig mit komplizierter Wissenschaft zu tun. Eigentlich müssen Sie nur ein paar Grundlagen beachten, dann steht der gekonnten People-Fotografie nichts mehr im Weg.

Die abgebildeten Personen stehen bei der People-Fotografie naturgemäß im Bildmittelpunkt. Das können Einzelpersonen oder Gruppen sein, und dementsprechend muss der Bildausschnitt enger oder weiter gestaltet werden. Daher müssen Sie zunächst das Objektiv und die Brennweite passend zur Situation wählen.

Abbildung 2.48 *Schöne Familienporträts lassen sich im Studio mit einem Standardzoomobjektiv prima in Szene setzen. Hier stammt das Licht ausschließlich aus einem Studioblitz von vorne oben, an dem eine große Oktagon-Softbox befestigt war. Dieser wurde mit einem Funkblitzauslöser gezündet, der im Zubehörschuh steckte.*
45 mm | ƒ/11 | 1/100 s | ISO 100 | Blitz mit Softbox

Mit Brennweiten im Bereich von 18 bis etwa 70 mm werden Sie kleinere bis größere Gruppen gut in Szene setzen können. In Innenräumen ist der Platz nach hinten meistens begrenzt, sodass für die Aufnahme ein etwas weiterer Bildwinkel notwendig ist. Achten Sie dann darauf, dass Sie nicht zu nahe an die Personen herangehen, um keine Verzerrung Ihrer Models zu bekommen. Für Einzelporträts sind Brennweiten von 40 bis 200 mm gut geeignet. Eine Auswahl empfehlenswerter Objektive für unterschiedliche Porträtsituationen finden Sie in Abschnitt 9.1.6, »Objektive für Porträt und Reportage«, Abschnitt 9.1.7, »Objektive für Makro und Porträt«, und Abschnitt 9.1.8, »Objektive für Sport- und Tieraufnahmen«.

Um Ihr Motiv möglichst prägnant hervorzuheben, fotografieren Sie am besten im Modus **Blendenpriorität** (**A**) oder **Manuelle Belichtung** (**M**) mit einer festgelegten Blende. Gute Kombinationen aus Brennweite und Blende sind zum Beispiel ƒ/1,2–ƒ/2 bei 50 mm, ƒ/1,2–ƒ/2,8 bei 85 mm oder ƒ/2,8–ƒ/5,6 bei 100 mm oder mehr. Wenn Gruppen in die Tiefe gestaffelt stehen und sich eventuell sogar bewegen, werden gegebenenfalls höhere Blendenwerte von ƒ/8 oder ƒ/11 benötigt, denn es sollen ja alle Personen von vorne bis hinten scharf dargestellt werden. Ist Bewegung im Spiel, können Sie im Modus **M** zusätzlich auch noch die Belichtungszeit kurz halten. Verwenden Sie dann am besten die ISO-Automatik, damit die α6600 die Bildhelligkeit an die jeweilige Lichtsituation anpassen kann. Bei Studioaufnahmen, die ausschließlich durch Blitzlicht beleuchtet werden, wie bei dem gezeigten Bild, eignen sich in der Regel die folgenden Werte: 1/125 s, ISO 100 und ein Blendenwert zwischen ƒ/2,8 und ƒ/11.

Liegen die Augen bei Kopfporträts relativ zur Kamera nicht auf einer Ebene, ist es für die Bildwirkung meist vorteilhaft, wenn das vordere Auge scharfgestellt wird. Das ist mit der α6600 aber kein Hexenwerk, denn mit dem **Augen-AF** können Sie den Fokus ganz präzise auf das zur α6600 nächstgelegene Auge lenken und das Auge bei Bedarf auch noch auswählen (mehr darüber erfahren Sie in Abschnitt 4.6, »Gesichter und Augen im Fokus«). Alternativ können Sie dazu auch die Schärfespeicherung verwenden, also zum Beispiel mit dem Fokusfeld **Mitte** ⟦ ⟧ oder **Flexible Spot** ⟨⁚⟩ auf das Auge fokussieren, bei gehaltenem Auslöser den Bildausschnitt einstellen und dann schnell auslösen.

Kapitel 3
Optimal belichten mit der Sony α6600

Um ein perfekt belichtetes Bild zu erhalten, ist es, je nachdem, wie sich die aktuellen Lichtverhältnisse gestalten, eine mehr oder weniger große Herausforderung, die passenden Kameraeinstellungen zu wählen. Dabei können Sie der α6600 die Arbeit ganz oder teilweise überlassen, aber auch alle Belichtungsparameter entsprechend Ihrer eigenen Vorstellung manuell vorgeben. In diesem Kapitel finden Sie Tipps zur Belichtung Ihrer Aufnahmen und Erläuterungen zu allen Funktionen rund um das Belichtungsmanagement.

3.1   Verwacklungen vermeiden ohne und mit Bildstabilisator

In den allermeisten Situationen sorgt die α6600 eigenständig dafür, dass alle wichtigen Belichtungsparameter wie die *Belichtungszeit*, die *Blende* und die *Lichtempfindlichkeit* des Sensors (ISO) optimal aufeinander abgestimmt werden und ein scharfes Bild mit korrekter Helligkeit entsteht. Dazu wählt sie in den Programmen mit automatischer Zeitanpassung bei ausreichend Helligkeit eine Belichtungszeit, die sich an der sogenannten *Kehrwertregel* orientiert. Damit wird die *Verwacklungsunschärfe* beim Fotografieren auch ohne zusätzliche Bildstabilisierung gering gehalten. Am zuverlässigsten funktioniert das mit eingeschalteter ISO-Automatik, da die α6600 dann bis zum Erreichen der maximalen Lichtempfindlichkeitsstufe den nötigen Spielraum für die Zeitanpassung hat.

Abbildung 3.1 *Durch Ausrichten der Belichtungszeit nach der Kehrwertregel lassen sich Fotos auch ohne Bildstabilisator mit hoher Wahrscheinlichkeit verwacklungsfrei aufnehmen.*
100 mm | f/4 | 1/160 s | ISO 500 | –1

Wenn der ISO-Wert allerdings bei schwachem Licht an der Obergrenze anschlägt, verlängert sich die Belichtungszeit. Daher kann es nicht schaden, ab und zu einen Blick darauf zu werfen, um Verwacklungen zu vermeiden.

Die Kehrwertregel lautet: *Belichtungszeit = 1/(Objektivbrennweite × Cropfaktor 1,5)*. Das bedeutet zum Beispiel, dass bei 100 mm Brennweite eine Belichtungszeit von 1/160 s mit hoher Wahrscheinlichkeit verwacklungsfreie Bilder liefert: 1/(100 × 1,5) = 0,066 ≈ 1/150 s (entspricht einstellbaren 1/160 s). Nutzen Sie die Regel bei Bedarf als Hilfestellung, um den Grenzwert auf die Schnelle einzuschätzen und herauszufinden, ab wann ohne weitere Bildstabilisation mit Verwacklungsunschärfe gerechnet werden muss. Das wäre zum Beispiel praktisch, wenn Sie in den Modi **S** oder **M** die Belichtungszeit selbst einstellen.

3.1.1   5-Achsen-Bildstabilisierung

Mit dem im Gehäuse verbauten Bildstabilisator (*IBIS, in body image stabilization*) hat die α6600 einen Joker gegen Verwacklungsunschärfe in petto, der die Bezeichnung *SteadyShot* trägt. Dieser richtet den beweglich gelagerten Sensor gegenläufig zur Verwacklungsrichtung aus und ermöglicht das Fotografieren mit längeren Belichtungszeiten, als sie laut Kehrwertregel zu erwarten wären. Bei Filmaufnahmen sorgt der SteadyShot für eine ruhigere Kamerahaltung, bei der das Filmbild weniger zittert. Sony spricht von einer möglichen Verlängerung der Belichtungszeit um fünf Stufen. Das hängt aber immer auch von der Aufnahmesituation ab. Ist Aufregung im Spiel, oder zittern die Hände in der Kälte? Bei unseren Tests konnten wir im Schnitt etwa um zwei bis drei ganze Lichtwertstufen länger belichten und erhielten dann gerade noch scharfe Bilder. Hilfreich ist auch, den elektronischen Sucher der α6600 zu verwenden und die Augenmuschel fest an die Augenbraue zu drücken, um die Kamera möglichst ruhig zu halten. Bei bewegten Objekten erübrigt sich der Stabilisationsvorteil allerdings, weil dann meist kürzere Belichtungszeiten notwendig sind, um *Bewegungsunschärfe* zu vermeiden.

Brennweite	Zeit ohne Bildstabilisation	Zeit mit Bildstabilisation
200 mm	1/320 s	1/80 s
100 mm	1/160 s	1/40 s
70 mm	1/100 s	1/25 s
50 mm	1/80 s	1/20 s
35 mm	1/50 s	1/13 s
28 mm	1/40 s	1/10 s
18 mm	1/30 s	1/8 s

Tabelle 3.1 *Anhaltspunkte für zuverlässig freihändig realisierbare Belichtungszeiten ohne beziehungsweise mit Bildstabilisator mit einem Gewinn von zwei ganzen Lichtwertstufen. Die Zeitangaben richten sich nach den bei der α6600 tatsächlich einstellbaren Werten.*

Praktischerweise wirkt sich der SteadyShot auch auf Objektive aus, die keinen Stabilisator besitzen. Er arbeitet aber auch sehr gut mit FE-Objektiven von Sony oder Sony/Zeiss zusammen, die einen eigenen Stabilisator eingebaut haben und im Objektivnamen das Kürzel OSS (*Optical SteadyShot*, optischer Bildstabilisator) tragen. Die Bildstabilisierung springt an, sobald Sie den Auslöser bis zum ersten Druckpunkt herunterdrücken oder eine Filmaufnahme starten.

Abbildung 3.2 *Scharfe Freihandaufnahme dank Bildstabilisierung in der α6600 (Steady Shot) und im Objektiv (Optical SteadyShot)*

50 mm | ƒ/16 | 1/5 s | ISO 100

Abbildung 3.3 *Hier hat der SteadyShot der α6600 ein adaptiertes Objektiv, das keinen Bildstabilisator besaß, gleichermaßen gut stabilisiert.*

50 mm | ƒ/14 | 1/5 s | ISO 100

Abbildung 3.4 *Deutliche Verwacklungsunschärfe bei ausgeschaltetem SteadyShot*

50 mm | ƒ/16 | 1/5 s | ISO 100

Wirkungsweise des SteadyShot

Grundlegend kann der gehäusebasierte SteadyShot das Bild in fünf Achsen austarieren, wobei Sony die Richtungen als eigene Achsen zählt. So werden Verschiebungen in Richtung der X- und Y-Achse ausgeglichen (*horizontale und vertikale Achse*, grüne Pfeile), die bei fast allen freihändig gehaltenen Aufnahmen vorkommen, aber besonders bei dichten Aufnahmeabständen in der Makrofotografie zu Unschärfe führen können. Ebenfalls ausgeglichen werden leichte Neigungsbewegungen um die X/Y-Achsen herum (*Neige- und Schwenksteuerung*, orangefarbene Pfeile), die bei schweren (Tele-)Objektiven häufig für Verwacklungsunschärfe im Bild mitverantwortlich sind. Die fünfte Stabilisationsachse betrifft das Rotieren um die Mittelachse der Kamera (*Rollkompensation*, blaue Pfeile), die unter anderem bei Videoaufnahmen für Unruhe in Aufnahmen aus der freien Hand sorgen. Allerdings kann der Bildstabilisator nicht das Wackeln beim Filmen aus dem Gehen heraus auffangen. Dafür wäre zum Beispiel ein Schwebestativ, auch *Steadycam* genannt, geeignet, das die Kamera bei Gehbewegungen ruhig hält (zum Beispiel *Neewer Handstabilisator*, *TARION S60T Schwebestativ* oder noch professionellere Lösungen mit Steadycam, Federarm und Weste wie *Walimex Pro StabyFlow Director System Set II*).

Abbildung 3.5 *Schema der 5-Achsen-Bildstabilisierung des Sensors der α6600*

SCHRITT FÜR SCHRITT
Bildstabilisator-Test

Möchten Sie selbst einmal prüfen, bei welchen Belichtungszeiten und Brennweiten Sie noch verwacklungsfrei fotografieren können? Dann können Sie die folgenden Schritte selbst einmal durchspielen.

1 Kamera vorbereiten

Stellen Sie die **Zeitpriorität** (**S**) und die ISO-Automatik ein. Verwenden Sie ein flaches, gut struktu-riertes Objekt als Testmotiv, etwa Geschenkpapier. Wählen Sie die gewünschte Brennweite, zum Beispiel 50 mm, und stellen Sie die Belichtungszeit getreu der Kehrwertregel ein, hier 1/80 s.

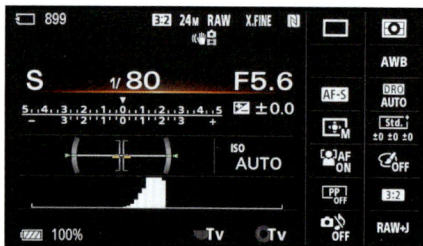

Abbildung 3.6 *Auswahl der Zeitpriorität (S) und der ersten zu testenden Belichtungszeit*

2 Belichtungszeit wählen

Fotografieren Sie Ihr Motiv mit und ohne Bildstabilisator und am besten auch mehrfach, um zu sehen, wie konstant die Ergebnisse ausfallen. Ein- und ausschalten lässt sich der **SteadyShot** im Menü 📷 **2** > **Verschluss/SteadyShot**. Sollte Ihr Objektiv einen manuellen Bildstabilisator-Schal-ter besitzen, der bei Sony die Bezeichnung **OSS** trägt, wird das Aktivieren/Deaktivieren sowohl des gehäuse- als auch des objektivbasierten Bildstabilisators darüber geregelt. Stellen Sie den Schalter somit auf **OFF**.

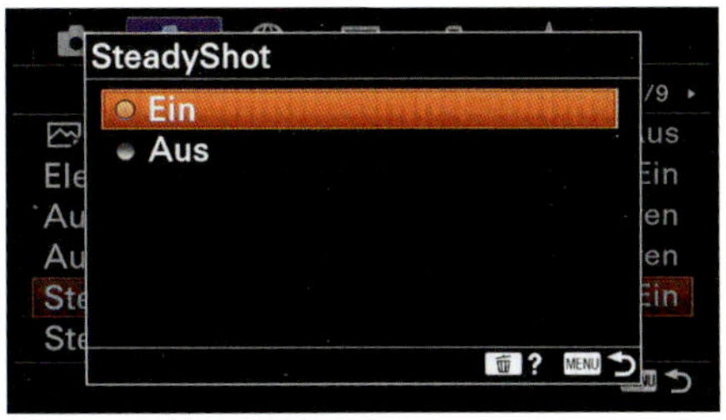

Abbildung 3.7 *SteadyShot im Menü ein- oder ausschalten*

Abbildung 3.8 *Optical SteadyShot-Schalter am Objektiv*

3   **Testbilder aufnehmen**

Verlängern Sie die Belichtungzeit um eine Lichtwertstufe, hier auf 1/25 s, und nehmen Sie die nächsten Bilder mit und ohne Bildstabilisator auf. Betrachten Sie die Fotos in der vergrößerten Wiedergabeansicht oder am Computer in der 100 %-Ansicht. Ab wann beginnen die Fotos durch Verwackeln unscharf zu werden?

Stativaufnahmen mit oder ohne SteadyShot?

Sony empfiehlt, den Stabilisator bei Stativaufnahmen auszuschalten. Aus unserer Erfahrung heraus ist das aber nur notwendig, wenn Langzeitbelichtungen von etwa 0,5 s oder länger auf dem Plan stehen. Allerdings schalten wir den SteadyShot auch dann einfach aus, wenn wir eine ganze Weile vom Stativ aus fotografieren, er also nicht ständig ein- und ausgeschaltet werden muss. Mit ausgeschaltetem SteadyShot verbraucht die α6600 immerhin auch etwas weniger Akkupower.

3.1.2   Objektivabhängige SteadyShot-Wirkung

Der gehäusebasierte SteadyShot der α6600 ist auf Informationen über die aktuell verwendete Objektivbrennweite und die Aufnahmedistanz angewiesen, um seine volle Leistungsfähigkeit ausspielen zu können. Daher verhält er sich objektivabhängig unterschiedlich:

- Bei E-Mount-Objektiven ohne Stabilisator übernimmt die α6600 die Stabilisation in allen fünf Achsen.

- Bei E-Mount-Objektiven mit eigenem Stabilisator (OSS) stabilisiert das Gehäuse die X/Y-Achse und die Rotation (Roll). Das Objektiv übernimmt die Stabilisation von Kippbewegungen (Pitch). Stellen Sie bei Objektiven mit OSS-Schalter diesen nicht auf **OFF**, sonst wird auch der Gehäusestabilisator deaktiviert.

- A-Mount-Objektive, die Distanzinfomationen (Automatic Distance Encoder) an die Kamera übermitteln können und über die Adapter *LA-EA3* oder *LA-EA4* an die α6600 angeschlossen sind, werden 5-achsig stabilisiert. A-Mount-Objektive, die keine Distanzinformationen übermitteln, werden nur 3-achsig stabilisiert, ohne die Verschiebungskompensation in X/Y-Richtung.

- Bei Fremdobjektiven, die mit einem Adapter angebracht sind, der Brennweiten- und Distanz-informationen übermittelt, stabilisiert die α6600 5-achsig, wenn das Objektiv keinen eige-nen Bildstabilisator besitzt. Ist ein Objektivstabilisator vorhanden, kann nur dieser genutzt werden. Der Eintrag **SteadyShot** im Menü der α6600 steht dann unveränderlich auf **Aus**. Wichtig ist es daher, den Objektivstabilisator einzuschalten, sonst findet gar keine Stabili-sierung statt.

- Werden Fremdobjektive mit Adaptern angebracht, die keine Brennweiten- und Distanzin-formationen übertragen, schalten Sie den eventuell vorhandenen Objektivstabilisator aus. Zudem müssen Sie der α6600 die Brennweite auf manuellem Wege mitteilen. Dazu navi-gieren Sie im Menü **📷 2 > Verschluss/SteadyShot** zur Rubrik **SteadyShot-Einstlg.** und wäh-len bei **SteadyShot-Anpass.** den Eintrag **Manuell**. Im Bereich **SteadyS.Brennweite** stellen Sie anschließend die passende Brennweite zwischen 8 und 1000 mm ein. Sony empfiehlt diese Vorgehensweise übrigens auch bei der Verwendung des Objektivs *SEL16F28* in Kombination mit einem Telekonverter.

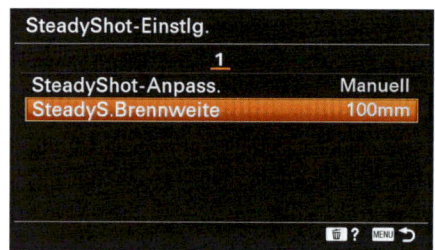

Abbildung 3.9 *Manuelle Anpassung des Bildstabilisators an die Objektivbrennweite adaptierter Objektive*

3.2   Bildqualität und Sensorempfindlichkeit

Der Sensor der α6600 ist in Sachen *Lichtempfindlichkeit* (*ISO-Wert*) sehr variabel aufgestellt. Mit niedrigen Empfindlichkeitsstufen von ISO 100 bis 800 erhalten Sie in heller Umgebung oder vom Stativ aus hervorragend aufgelöste und sehr scharfe Bilder.

Abbildung 3.10 *Das Seepferdchen konnte dank erhöhter Lichtempfindlichkeit mit ausreichend hoher Schärfentiefe und kur-zer Belichtungszeit im Modus* **A** *verwack-lungsfrei aufgenommen werden.*

100 mm | f/6,3 | 1/160 s | ISO 2500

Bei wenig Licht hilft eine erhöhte Lichtempfindlichkeit von ISO 1600 und mehr dabei, verwacklungsfrei aus der Hand fotografieren und filmen zu können – und das mit einer immer noch sehr ordentlichen Bildqualität. Erfahren Sie in diesem Abschnitt, wie Sie den ISO-Wert flexibel und sicher an die jeweilige Situation anpassen können.

3.2.1 Den ISO-Wert situationsbezogen einstellen

Um die Lichtempfindlichkeit des Sensors selbst zu bestimmen, stellen Sie eines der Fotoprogramme **P**, **A**, **S**, **M**, **Film** 🎬 oder **Zeitlupe & Zeitraffer** S&Q ein. Drücken Sie anschließend die ISO-Taste, und drehen Sie das Einstellrad nach rechts, um den ISO-Wert in Drittelstufen zu verstellen, zum Beispiel ISO 800 › 1000 › 1250 › 1600. Wenn Sie den Drehregler verwenden, können Sie die Lichtempfindlichkeit in ganzen Stufen ändern: ISO 100 › 200 › 400 › 800 › 1600 › 3200 › 6400 etc. Alternativ finden Sie die Rubrik **ISO** im Quick-Navi-Menü oder **ISO-Einstellung** im Menü 📷 1 › **Belichtung1**.

Abbildung 3.11 *Auswahl der Lichtempfindlichkeitsstufe über den ISO-Wert*

Der standardmäßige ISO-Bereich umfasst die Stufen von ISO 100 bis ISO 32000. Der Sensor der α6600 liefert in diesem Bereich insgesamt seine beste Performance, das heißt, der Dynamikumfang und die Wiedergabe der Details bleiben auch bei steigender Lichtempfindlichkeit auf einem guten Niveau. Für alle Arten von Standardsituationen bei Tageslicht verwenden Sie am besten ISO-Werte zwischen 100 und 800. Wenn Bewegungen im Schatten scharf eingefangen werden sollen oder es darum geht, in Innenräumen scharfe Aufnahmen aus der Hand zu erhalten, eignen sich ISO-Werte zwischen 400 und 12800. Die niedrigsten Stufen von ISO 50, 64 und 80 und die höchsten Stufen von ISO 40000 bis 102400 sind nur in den Fotomodi **P**, **A**, **S** und **M** verfügbar. Sie müssen nicht extra freigeschaltet werden, sind aber durch Linien an den ISO-Zahlen kenntlich gemacht. Wenn Sie die niedrigen Werte ISO 50 bis 80 verwenden, kann es vorkommen, dass der Sensor nicht seinen vollen Dynamikumfang liefern kann. Bei unseren Aufnahmen trat dies zwar sowohl bei JPEG als auch bei RAW nicht auf, das heißt, die Zeichnung in den Bildern sah bei ISO 50 und 100 vergleichbar aus. Aber achten Sie bei kontrastreichen Motiven vorsichtshalber etwas auf die Tiefen und Lichter, um nicht an wichtigen Stellen Zeichnung zu verlieren. Die niedrigsten Stufen eignen sich etwa, wenn Sie in heller Umgebung längere Belichtungszeiten benötigen, um zum Beispiel Wasser verwischt darzustellen. Bei den hohen ISO-Werten von ISO 40000 bis 102400 steigt das Bildrauschen hingegen überdeutlich an, bzw. Sie riskieren einen sehr starken Detailverlust durch die Rauschminderung. Sie empfehlen sich aus unserer Sicht nur, wenn es in dunkler Umgebung notwendig ist, mit möglichst kurzer Belichtungszeit zu fotografieren, etwa beim Hallensport. Erwarten Sie dann aber nicht zu viel an Qualität.

Eingeschränkter ISO-Bereich

Die Fotoprofile **PP7**, **PP8** und **PP9** schränken den ISO-Bereich ein, es können damit keine geringeren Werte als ISO 500 eingesetzt werden. Mehr über die Fotoprofile erfahren Sie im Exkurs, »Fotoprofile situationsbedingt einsetzen«, in Kapitel 8.

3.2.2   Praktische ISO-Automatik

Wenn Sie bei der ISO-Wahl den Wert **Auto** einstellen, wird die ISO-Automatik aktiviert. Damit passt die α6600 die Lichtempfindlichkeit vollautomatisch den Lichtverhältnissen an, und Sie können in wechselnden Lichtsituationen absolut flexibel agieren. Um in Abhängigkeit von der jeweiligen Aufnahmesituation die bestmögliche Bildqualität zu erzielen und stets möglichst rauscharme Ergebnisse zu erhalten, lässt sich zudem ein Minimal- und Maximalwert vorgeben.

Für die Einstellung des ISO-Bereichs drücken Sie nach Auswahl der ISO-Automatik (**Auto**) die Taste ▶ und wählen durch Drehen am Einstellrad oder mit den Tasten ▲▼ den gewünschten Wert für **ISO AUTO minimal** aus. Allerdings empfehlen wir Ihnen, diesen Wert standardmäßig auf **100** zu belassen. Dann kann die α6600 bei guten Lichtverhältnissen stets die bestmögliche Bildqualität liefern. Eine Erhöhung des Minimalwerts ist nur sinnvoll, wenn Sie etwa bei einem Sportevent oder Straßenumzug im Modus **Blendenpriorität** (**A**) mit einer bestimmten Blende fotografieren möchten und die Belichtungszeit mithilfe der ISO-Automatik kurz halten wollen, um Bewegungen scharf einzufangen. Springen Sie danach mit der Taste ▶ zu **ISO AUTO maximal**, und stellen Sie den gewünschten Wert ein. Tippen Sie den Auslöser an, um das Menü zu verlassen.

Abbildung 3.12 *Aktivieren der ISO-Automatik*

Abbildung 3.13 *Auswahl des Minimal- und Maximalwerts*

ISO-Automatik im Modus M

Auch im Modus **Manuelle Belichtung** (**M**) ist die ISO-Automatik verwendbar. In dem Fall stellt die α6600 die Bildhelligkeit so ein, dass die Standardbelichtung (± 0 EV) erreicht wird. Das kann bei actionreichen Szenen mit sich ändernden Lichtverhältnissen vorteilhaft sein. Wir nutzen diese Option zum Beispiel gerne bei Sport- und Tieraufnahmen.

3.2.3 Das Bildrauschen bei Fotoaufnahmen unterdrücken

Leider wird durch hohe ISO-Werte die Bildqualität beeinträchtigt, indem sich ein erhöhtes *Bildrauschen* in den Aufnahmen zeigt. Tausende kleiner Fehlpixel führen dazu, dass Helligkeit und Farbe nicht gleichmäßig wiedergegeben werden. Bei der α6600 sind solche Bildstörungen bei ISO 100 bis 400 allerdings noch so gut wie gar nicht und bei ISO 800 bis 1600 immer noch sehr gering ausgeprägt. Bei ISO 3200 bis 12800 tritt das Bildrauschen hingegen deutlicher hervor, und bei ISO 25600 bis ISO 102400 ist es nicht mehr zu übersehen. Um diese Bildstörungen zu unterdrücken, werden JPEG-Bilder in der α6600 standardmäßig mit der Funktion **Hohe ISO-RM** entrauscht.

Abbildung 3.14 *Ausschnitte aus RAW-Bildern, die ohne Rauschminderung entwickelt wurden und zeigen, wie viel Bildrauschen vom Sensor kommt (ISO 100 > 1600 > 3200 > 6400 > 12800 > 25600 > 51200 > 102400)*

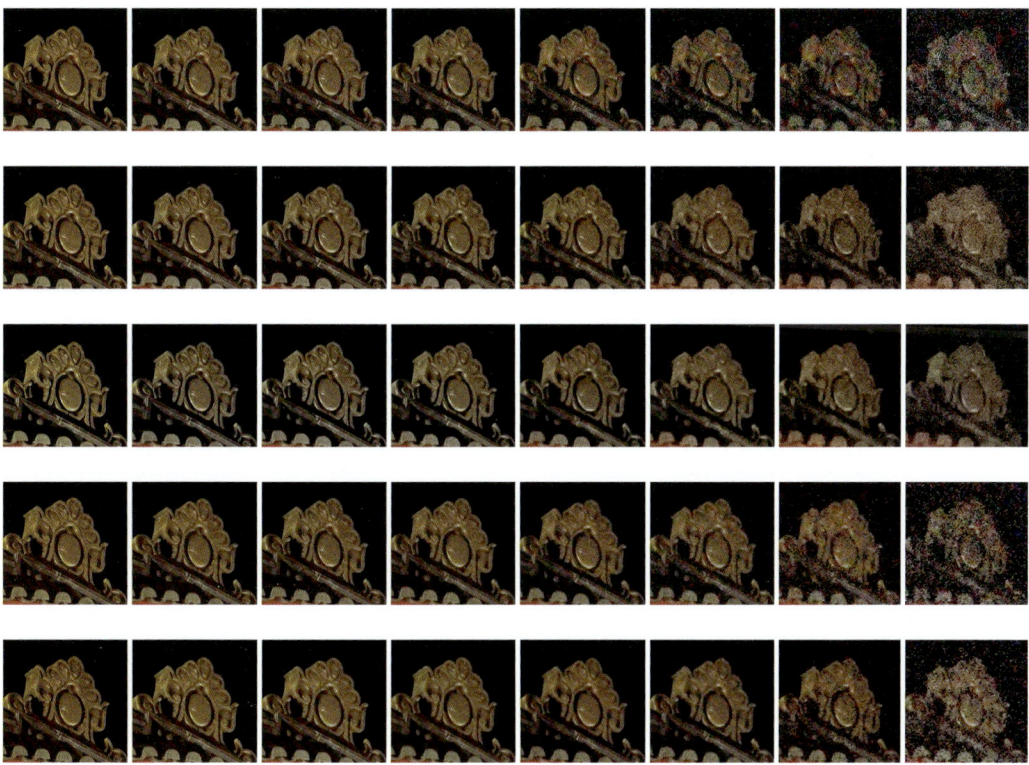

Abbildung 3.15 *Ausschnitte aus JPEG-Bildern: von oben nach unten* **Hohe ISO-RM > Aus, Hohe ISO-RM > Niedrig, Hohe ISO-RM > Normal, Multiframe-RM > Standard, Multiframe-RM > Hoch** *(jeweils ISO 100 > 1600 > 3200 > 6400 > 12800 > 25600 > 51200 > 102400)*

Abbildung 3.16 *Das Testmotiv mit dem gewählten Teilausschnitt für den ISO- und Rauschminderungsvergleich*

18 mm | f/8 | 1/60 s | ISO 12 800 | Stativ

Damit werden die Störpixel bereits kameraintern über den gesamten ISO-Bereich sehr gut unterdrückt, was Sie in den Ausschnittreihen sehen können. Ab ISO 12 800 lassen die Motivdetails dann aber in zunehmendem Maße an Schärfe und Auflösung nach. Die Farbunregelmäßigkeiten, die das Bild am meisten stören, werden bis dahin aber auch sehr gut kompensiert. Allerdings geht die Rauschunterdrückung bei höherer Lichtempfindlichkeit immer auch zu Lasten der *Detailauflösung*. So verschwimmen in den gezeigten Bildausschnitten die feinen Strukturen mit steigendem ISO-Wert zunehmend. Auch aus diesem Grund ist es von Vorteil, mit niedrigen ISO-Werten zu agieren und so die bestmögliche Performance aus dem Sensor zu holen.

RAW-Bilder von Bildrauschen befreien

Bei RAW-Bildern lässt sich die Rauschminderung ebenfalls anwenden, allerdings erst im Zuge der Entwicklung im RAW-Konverter, wie zum Beispiel mit *Imaging Edge Edit* (mehr darüber erfahren Sie in Abschnitt 11.3.7, »Bildrauschen reduzieren«.

3.2.4   Rauschminderung anpassen

Möchten Sie die Rauschminderungsstärke in Abhängigkeit von der ISO-Zahl wählen, rufen Sie im Menü 📷 1 > **Qualität/Bildgröße1** die Option **Hohe ISO-RM** auf. Hier können Sie zwei Stärken wählen: **Niedrig** und **Normal**.

Abbildung 3.17 *Als Standardeinstellung bei* **Hohe**
ISO-RM *eignet sich die Stärke* **Normal** *wirklich gut.*

Damit Ihnen die Entscheidung etwas leichter fällt, empfehlen wir Ihnen für die beiden Stärken die folgenden Kombinationen:

- **Niedrig** bei ISO 50 bis 800

- **Normal** bei ISO 1600 bis 51200, wobei ISO 3200 mit der Einstellung **Normal** aus unserer Sicht den besten Kompromiss aus hoher Lichtempfindlichkeit und geringem Bildrauschen bietet.

Die beste Rauschunterdrückung, auch in Bezug auf die Detailauflösung, liefert die sogenannte **Multiframe-RM**, die allerdings nur auf JPEG-Aufnahmen anwendbar ist, wie in der folgenden Schritt-für-Schritt-Anleitung »Fotografieren mit der Multiframe-RM« gezeigt. In der Einstellung **Standard** nimmt die α6600 bei jeder Aufnahme automatisch vier und bei **Hoch** sogar zwölf Bilder auf. Diese werden kameraintern zum fertigen Foto verschmolzen, weshalb die α6600 bei der Aufnahme möglichst ruhig gehalten werden sollte. Es dauert anschließend auch immer ein paar Sekunden, bis sie wieder aufnahmebereit ist. Die Funktion lässt sich mit jeder ganzen ISO-Stufe verbinden, also mit ISO 100, 200, 400, 800 etc. Da die **Multiframe-RM** aber einige andere Funktionen einschränkt und nicht für bewegte Motive geeignet ist, empfehlen wir Ihnen, sie bei statischen Motiven und erst ab ISO 6400 und höher einzusetzen.

Luminanz- und Farbrauschen

Beim ISO-bedingten Bildrauschen treffen zwei Phänomene aufeinander: das *Luminanz-* und das *Farbrauschen*. Ersteres beschreibt die ungleichmäßige Helligkeitsverteilung der Bildpunkte, daher wird es auch als *Helligkeitsrauschen* bezeichnet. Ungleichmäßig gefärbte Pixel treten hingegen beim Farbrauschen auf. Meist ist das Farbrauschen bei der Bildbetrachtung augenfälliger.

SCHRITT FÜR SCHRITT
Fotografieren mit der Multiframe-RM

1 **Grundeinstellungen festlegen**

Wählen Sie einen der Aufnahmemodi **P**, **A**, **S** oder **M** aus. Stellen Sie außerdem das **Dateiformat** im Quick-Navi-Menü oder Menü ◻1 > **Qualität/Bildgröße1** auf **JPEG** ein, da die **Multiframe-RM** bei RAW-Aufnahmen nicht anwendbar ist. Zudem müssen die Funktionen **Fotoprofil**, **Bildeffekt** und **Geräuschlose Auf.** deaktiviert sein. Alle anderen Funktionen, die nicht mit der **Multiframe-RM** kompatibel sind, werden in den Menüs ausgegraut. Es kann beispielsweise nicht geblitzt werden, und auch die Funktionen zur Dynamikbereichoptimierung (**DRO**) oder für HDR-Aufnahmen (**Auto HDR**) lassen sich nicht einsetzen.

2   Die Multiframe-RM aktivieren

Drücken Sie die ISO-Taste, und wählen Sie mit dem Einstellrad ganz oben im ISO-Menü das Symbol **ISO** aus. Alternativ finden Sie die **Multiframe-RM** auch im Menü 📷 1 > **Belichtung1** > **ISO-Einstellung** > **ISO**.

3   Den ISO-Wert wählen

Drücken Sie die Taste ▶, und wählen Sie durch Drehen am Einstellrad den gewünschten ISO-Wert aus (hier **ISO 12800**).

4   Rauschminderungsstärke wählen

Wechseln Sie nun mit der Taste ▶ zum Einstellungsfeld **RM-Effekt**, und wählen Sie durch erneutes Drehen des Einstellrads die Stärke **Standard** (vier Bilder) oder **Hoch** (zwölf Bilder) aus. Anschließend können Sie Ihr Foto gleich aufnehmen.

Abbildung 3.18 *Wählen Sie den ISO-Wert und die Stärke der Rauschminderung aus.*

5   Multiframe-RM schnell (de-)aktivieren

Um die **Multiframe-RM** wieder zu deaktivieren, drücken Sie die ISO-Taste erneut und wählen per Einstellrad **AUTO** oder einen anderen ISO-Wert aus dem Menü aus.

Multiframe-ISO-Automatik

Im Menü der **Multiframe-RM** können Sie auch den Auto-ISO-Wert **ISO AUTO** wählen. Die α6600 nutzt die gleichen ISO-Einstellungen wie die zuvor vorgestellte ISO-Automatik aus Abschnitt 3.2.2, »Praktische ISO-Automatik«. Sie fotografiert mit der **Multiframe-RM** aber jedes Mal mehrere Bilder, die für das finale Ergebnis miteinander verrechnet werden.

3.2.5   Rauschminderung bei Langzeitbelichtung

Bei der **Langzeit-RM** werden fehlerhafte helle Pixel aus Ihren Fotos herausgefiltert, die bei Belichtungszeiten von 1 s und länger auftreten können. Zu finden ist die Funktion, die Sie ruhig dauerhaft aktiviert lassen können, im Menü 📷 1 > **Qualität/Bildgröße1**. Sie sollten wissen, dass die Bearbeitungszeit direkt nach der Aufnahme bei einer Belichtung von 1 s oder länger genauso lange dauert wie die Belichtung selbst. Schalten Sie die α6600 daher nicht ab, bevor die Anzeige **Verarbeitung...** erlischt. Fotografieren Sie Feuerwerk oder Gewitter, kann es hingegen sinnvoll sein, die Funktion auszuschalten. Sonst dauert es eventuell zu lange, bis nach dem ersten Foto das nächste aufgenommen werden kann, und dadurch könnten zu viele Fotochancen verstreichen.

Abbildung 3.19 *Bei langen Belichtungszeiten hilft die **Langzeit-RM** dabei, eventuelle Fehlpixel zu entfernen, die sich besonders in dunklen Bildbereichen als störend bemerkbar machen können.*

31 mm | ƒ/8 | 3,2 s | ISO 100 | Stativ

Dunkelbildabzug

Hinter der **Langzeit-RM** verbirgt sich rein technisch gesehen ein sogenannter Dunkelbildabzug. Dabei wird nach der Aufnahme mit den gleichen Belichtungswerten ein Bild aufgenommen, bei dem kein Licht von außen auf den Sensor fällt. Das Dunkelbild enthält das Grundrauschen des Sensors, und dieses kann anschließend durch Überlagerung von der eigentlichen Aufnahme abgezogen werden.

3.3 Motivabhängige Belichtungsmessung

Damit Ihre Foto- und Filmaufnahmen stets optimal belichtet werden, hat die α6600 fünf Messmodi an Bord, mit denen sie das vorhandene Licht misst, um die Werte für die Belichtungszeit, die Blende und den ISO-Wert zu ermitteln: **Multi** ⊞ (Mehrfeldmessung), **Mitte** ⊡ (mittenbetonte Messung), **Spot** ⊡ (Spotmessung), **GesBildsDschnitt** ▬ (Gesamtbilddurchschnitt) und **Highlight** ⊡ (Lichterschutz). Die Hauptunterschiede bestehen darin, dass jede Methode einen unterschiedlich großen Sensorbereich für die Ermittlung der Belichtung verwendet und die Helligkeitsverteilung unterschiedlich interpretiert. Auswählen können Sie den **Messmodus** in den Aufnahmeprogrammen **P**, **A**, **S**, **M**, **Film** ▦ und **Zeitlupe & Zeitraffer** S&Q. Navigieren Sie dazu entweder im Quick-Navi-Menü oder im Menü 📷 1 > **Belichtung1** zur Rubrik **Messmodus**.

Abbildung 3.20 *Auswahl des gewünschten Messmodus über das Quick-Navi-Menü*

Ein paar Gedanken vorweg

Die Messmodi beeinflussen die Helligkeit des gesamten Bildes. Wenn eine Methode ein zu dunkles Bild liefert, können Sie durch Umschalten auf eine andere eventuell ein besseres Ergebnis erhalten. Es wird aber immer das gesamte Bild heller oder dunkler. Daher können Sie den gleichen Effekt auch erreichen, indem Sie eine Belichtungskorrektur durchführen (lesen Sie dazu auch Abschnitt 3.5, »Die Bildhelligkeit anpassen«). Es stehen also zwei Vorgehensweisen zur Auswahl: Entweder überlegen Sie, welcher Messmodus besser zu Ihrem Motiv passt, und stellen diesen ein, oder Sie stellen die Bildhelligkeit über eine Belichtungskorrektur ein. Uns geht Zweiteres meist schneller von der Hand. Im Laufe der Zeit werden Sie sicherlich feststellen, welche Vorgehensweise Ihnen besser liegt.

3.3.1 Multi, das Allround-Talent

Der Messmodus **Multi** ⊞ ist so etwas wie der Tausendsassa der Belichtungsmessung. Mit ihm analysiert die α6600 den gesamten Sensorbereich anhand von 1200 Zonen hinsichtlich Kontrastverteilung, Helligkeit, Motivfarben und anderer Parameter und errechnet daraus die optimale Belichtung. So meistert **Multi** viele gängige Fotosituationen spielend. Dazu gehören Porträts, Landschaften, typische Sightseeing-Motive oder auch Innenräume, wie zum Beispiel Kirchen oder Museen, genauso wie Sonnenauf- und -untergänge, Schnappschüsse und Situationen, in denen schnell gehandelt werden muss. Daher empfehlen wir diesen Messmodus uneingeschränkt als Standardeinstellung.

Abbildung 3.21 *Die Gesichtspriorisierung sorgt für eine hellere Darstellung des Gesichts.*

100 mm | ƒ/3,2 | 1/160 s | ISO 200

Abbildung 3.22 *Ohne Gesichtspriorisierung wurde die Szene um 0,7 EV knapper belichtet.*

100 mm | ƒ/3,2 | 1/160 s | ISO 125

Multi berücksichtigt sogar zusätzliche Informationen aus der Gesichtserkennung. Wenn Sie zum Beispiel eine Person vor einem hellen Hintergrund aufnehmen, wird das Gesicht mit **Multi** in der Regel besser belichtet als zum Beispiel mit den Messmodi **Mitte** oder **GesBildsDschnitt**. Allerdings muss dafür die Funktion **GesPrior b. M-Mess.** im Menü ⬛ 1 > **Belichtung1** eingeschaltet sein. Ist sie das nicht, fällt die Aufnahme auch mit **Multi** relativ dunkel aus, weil der helle Hintergrund die Messung beeinflusst.

Arbeitsweise des Belichtungsmessers

Um die Belichtungsmessung zu verstehen, ist es gut, wenn Sie wissen, wie der *Belichtungsmesser* arbeitet. Er ermittelt die Belichtung, indem er die Helligkeit des gemessenen Bildbereichs mit einem internen Standardwert vergleicht, der in etwa 18 %-Neutralgrau entspricht. Anschließend wird die Belichtung des Bildes so eingestellt, dass der gemessene Bereich in seiner Helligkeit diesem Standard entspricht. Für die meisten farbigen Tonwerte kommt eine passende Belichtung dabei heraus. Eine Wiese oder die menschliche Haut sind zum Beispiel ähnlich hell wie 18 %-Neutralgrau. Logisch ist aber auch, dass bei dieser Arbeitsweise ein weißes Motiv ebenso grau abgebildet wird wie ein schwarzes. Die α6600 kann ja nicht wissen, dass sie Weiß wie Weiß und Schwarz wie Schwarz darstellen soll. Denken Sie daher bei sehr hellen und sehr dunklen Motiven, die zum Beispiel in den Spotmesskreis der α6600 geraten, stets an eine eventuell notwendige Belichtungskorrektur.

3.3.2   Präzisionsarbeit mit der Spotmessung

Bei Aktivierung des Messmodus **Spot** ◉ sehen Sie in der Bildmitte eine Kreismarkierung. Die α6600 bestimmt die Belichtung nur über diese Bildfläche, wobei es zwei Größenvorgaben zur Auswahl gibt. Um zwischen diesen zu wählen, steuern Sie im Quick-Navi-Menü oder im Menü > **Belichtung1** die Rubrik **Messmodus** an und wählen mit dem Einstellrad die Vorgabe **Spot** aus. Stellen Sie anschließend mit dem Drehregler die Kreisfläche **Spot: Standard** oder **Spot: Groß** ein. Auf diese Weise lässt sich die Kreisfläche auf den zu messenden Bildausschnitt abstimmen und eine sehr genaue Belichtungsmessung durchführen.

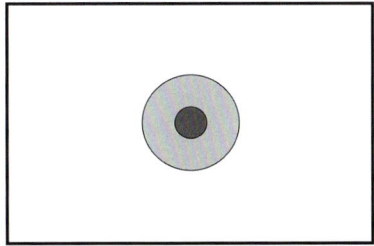 

Abbildung 3.23 *Spot misst die Belichtung über eine Kreisfläche in der Sensormitte, wobei zwei Größen wählbar sind – **Standard** und **Groß**.*

Da die weitere Motivumgebung völlig außer Acht gelassen wird, werden Sie das Messergebnis häufiger zwischenspeichern müssen, insbesondere wenn helle oder dunkle Motivbereiche in den Messkreis geraten. Das ist mit der Methode der **AE-Speicherung** aber unkompliziert möglich (mehr darüber erfahren Sie in der anschließenden Schritt-für-Schritt-Anleitung »Die Belichtung zwischenspeichern«).

Der Messmodus **Spot** eignet sich beispielsweise für kontrastreiche Motive und Szenen im Gegenlicht, bei denen Sie die Belichtung ganz exakt auf einen bestimmten Bildbereich abstimmen möchten. Auch bei einem Sonnenuntergang mit der Sonne im Bild leistet er gute Dienste, indem die Belichtung an einem Himmelsbereich neben der Sonne gemessen wird. Es ist ebenso möglich, dass Sie damit mehrere Bildstellen ausmessen (*Kontrastumfang*) und daraus einen Mittelwert errechnen, den Sie in die **Manuelle Belichtung** (**M**) übertragen. Das ist zum Beispiel dann sinnvoll, wenn eine ganze Bilderserie mit gleichbleibender Belichtung im Studio produziert werden soll. Ohne Belichtungsspeicherung kann die Spotmessung bei kontrastreichen Motiven allerdings auch extreme Ergebnisse liefern, vor allem, wenn Sie den kleineren Messkreis verwenden. Die Methode ist eben sehr präzise und erfordert daher ein Quäntchen Erfahrung und Mitdenken.

Abbildung 3.24 *Der im Verhältnis zum hellen Himmel dunkle Wald lag innerhalb des Spotmesskreises. Dadurch wurde das Bild etwas zu hell und der Himmel überstrahlt.*

24 mm | ƒ/7,1 | 1/160 s | ISO 100

Abbildung 3.25 *Mit der Spotmessung und einer Belichtungsspeicherung konnte so belichtet werden, dass der Himmel nicht mehr überstrahlte. Allerdings wurde der Vordergrund dadurch recht dunkel.*

24 mm | ƒ/7,1 | 1/160 s | ISO 100

Abbildung 3.26 *In der Nachbearbeitung wurde der Vordergrund aufgehellt, um den Kontrast ausgewogener zu gestalten.*

Bei Motiven, die stark in Bewegung sind, liefert die Spotmessung instabile Resultate, da mal helle, mal dunkle Motivbereiche in die kleinen Messkreise fallen. Wenn die Mehrfeldmessung **Multi** bei Ihrem Motiv auch nicht die gewünschten Resultate liefern sollte, schalten Sie die mittenbetonte Messung **Mitte** oder die Durchschnittsmessung **GesBildsDschnitt** ein.

Messen und Scharfstellen in einem Rutsch

Als weitere Alternative bietet die Spotmessung der α6600 die Möglichkeit, den Spotmesskreis mit dem aktiven Fokussierrahmen zu verknüpfen. Das bedeutet, Sie könnten mit dem Fokusfeld **Flexible Spot** ⊡/**Tracking: Flexible Spot** ⊡ oder **Erweit. Flexible Spot** ⊞/**Tracking: Erweit. Flexible Spot** ⊞ einen bestimmten Motivbereich scharfstellen und gleichzeitig die Belichtung per Spotmessung exakt darauf abstimmen. Die Vorgehensweise wäre beispielsweise eine gute Wahl, wenn Sie bei einem bildfüllenden Gesichtsporträt exakt auf ein Auge fokussieren möchten. Um die Spotmessung mit dem Fokuspunkt zu verknüpfen, wählen Sie im Menü 📷 1 > **Belichtung1** bei **Spot-Mess.punkt** die Vorgabe **Fokuspkt.-Verknüpf.**.

Abbildung 3.27 *So misst und fokussiert die α6600 den gewählten Bildausschnitt zur gleichen Zeit.*

SCHRITT FÜR SCHRITT
Die Belichtung zwischenspeichern

1 Aufnahmemodus wählen

Die Belichtungsspeicherung ist prinzipiell in allen Aufnahmeprogrammen der α6600 anwendbar. Wählen Sie daher Ihren bevorzugten Modus, zum Beispiel die **Blendenpriorität** (**A**). Richten Sie nun das Spotmessfeld auf einen Bildbereich aus, bei dem die besonders wichtigen Motivstellen eine ansprechende Helligkeit aufweisen. Hier haben wir das Messfeld **Spot: Groß** verwendet und mit dem Messkreis auf einen Übergangsbereich zwischen dem dunklen Wald und dem sehr hellen Himmel gezielt, sodass der Himmel hell, aber nicht mehr überstrahlt abgebildet wurde und der Vordergrund noch nicht so dunkel war, dass er in der Nachbearbeitung nicht aufgehellt werden kann. Bei einem Porträt könnten Sie die Belichtung mit dieser Methode zum Beispiel auch exakt auf die Stirn oder Wange abstimmen.

Abbildung 3.28 *Belichtungsspeicherung mit dem Messfeld* **Spot: Groß**

2   Die Belichtung zwischenspeichern

Stellen Sie den AF/MF/AEL-Hebel auf **AEL**. Drücken Sie dann die AEL-Taste, und halten Sie diese bis zum Auslösen des Bildes gedrückt, um die Belichtung zu speichern. Es erscheint ein Sternsymbol ✳ unten rechts am Monitor und im Sucher.

3   Belichtungswerte länger speichern (optional)

In der Standardeinstellung der α6600 wird die Belichtung nur gespeichert, solange Sie die AEL-Taste gedrückt halten, was etwas umständlich ist. Um dies zu ändern, öffnen Sie den Eintrag **Funkt. d. AEL-Taste** im Menü 📷2 > **Benutzerdef. Bedienung1** > 🔄 **BenutzerKey** oder 🎬 **BenutzerKey**. Stellen Sie die Vorgabe **AEL Umschalten** oder ⦿ **AEL Umschalt** ein. Im zweiten Fall misst die α6600 die Belichtung, indem sie dazu temporär den Messmodus **Spot** einsetzt. Damit ist eine präzise Belichtungsspeicherung also auch in den Messmodi **Multi**, **Mitte**, **GesBildsDschnitt** oder **Highlight** möglich. Nach einmaligem Drücken der AEL-Taste bleiben die Belichtungswerte gespeichert – und zwar so lange, bis Sie die Taste erneut drücken.

Abbildung 3.29 *Funkt. d. AEL-Taste anpassen*

4   Bildausschnitt wählen und auslösen

Richten Sie den Bildausschnitt mit den gespeicherten Werten wie gewünscht ein, und lösen Sie anschließend aus.

Blitzbelichtungsspeicherung FEL

Bei der FEL-Speicherung (*Flash Exposure Level*) können Sie die Blitzintensität im Voraus festlegen und speichern. Dazu ist es notwendig, über 🔄 **BenutzerKey** eine der Benutzertasten mit der Funktion **FEL-Verschl. wechs.** zu belegen. Diese Vorgehensweise eignet sich vor allem für Porträts, bei denen die Person nicht in der Bildmitte platziert ist. Richten Sie die α6600 dazu erst mit der Bildmitte auf die Person aus. Nachdem Sie die entsprechende Taste gedrückt haben, wird ein Messblitz ausgelöst und die Blitzbelichtung gespeichert. Richten Sie nun den Bildausschnitt ein, fokussieren Sie die Person, und lösen Sie aus. Das Blitzlicht kann auf diese Weise besser auf die Person an der Bildseite abgestimmt werden. Wenn Sie den FEL-Speicher aufheben möchten, drücken Sie erneut die Benutzertaste. Wenn Sie die Einstellung nur halten möchten, solange die Taste gedrückt ist, belegen Sie diese mit **FEL-Verschl. halten**. Weisen Sie einer Taste **FEL-Vers./AEL halten** oder **FEL-Ver.AEL-wechs.** zu, kann in Situationen, in denen FEL nicht unterstützt wird, diese Taste zur Zwischenspeicherung der Belichtung verwendet werden.

3.3.3   Mittenbetonte Messung und Durchschnittsmessung

Die Messmodi **Mitte** 🔘 (mittenbetonte Messung) und **GesBildsDschnitt** ■ (Gesamtbilddurchschnitt) beziehen die gesamte Sensorfläche in die Belichtungsmessung ein, **Mitte** gewichtet jedoch das Bildzentrum stärker als die Randbereiche, während **GesBildsDschnitt** lediglich die Durchschnittshelligkeit aller Bildbereiche ermittelt. Weder die Position des Hauptmotivs, die sich aus der Position des Fokussierrahmens ergibt, noch die Farben, Kontraste oder eventuell erkannte Gesichter werden dabei besonders berücksichtigt. Daher sind beide Modi in vielen Fällen der Allround-Methode **Multi** unterlegen.

Abbildung 3.30 *Der Messmodus **Mitte** gewichtet das Bildzentrum stärker als die Ränder.*

Abbildung 3.31 *__GesBildsDschnitt__ ermittelt die Belichtung anhand der durchschnittlichen Helligkeit des Bildausschnitts.*

Der einzige Vorteil der Option **Mitte**, der uns im Laufe der Zeit aufgefallen ist, bietet sich bei Motiven mit einem hellen Hauptobjekt im Zentrum und einem dunklen Hintergrund, etwa einer hellen Statue vor einer dunklen Hecke, oder mit einem dunklen Objekt vor einem hellen Hintergrund. Der jeweils im Kontrast zum Hauptmotiv stehende Hintergrund fließt weniger in die Messung ein, sodass das Hauptobjekt marginal besser belichtet wird. **GesBildsDschnitt** liefert häufig ähnliche Resultate wie **Mitte**. Der Vorteil liegt darin, dass es mit der Durchschnittsmessung weniger schnell zu Helligkeitsschwankungen innerhalb einer Serie von Bildern kommt, wenn die α6600 mit einem Objekt in Bewegung mitgeführt wird. Bei bewegungsreichen Sport- und Tieraufnahmen kann **GesBildsDschnitt** daher eine gute Wahl sein.

Abbildung 3.32 *Szenen, bei denen mehrere Bilder hintereinander aufgenommen werden, können von den Messmodi* **Mitte** *und* **GesBildsDschnitt** *profitieren, weil weniger Helligkeitsunterschiede zwischen den Aufnahmen zu erwarten sind.*

70 mm | ƒ/5 | 1/400 s | ISO 400

3.3.4   Spitzlichterschutz dank Highlight-Modus

Der Messmodus **Highlight** ⊡ wird dann interessant, wenn es um sehr helle Bildstellen im Motiv geht. Denn die Belichtung kann damit so abgestimmt werden, dass diese *Spitzlichter* oder die besonders hellen Flächen besser durchzeichnet dargestellt werden. Vergleichen Sie dazu einmal die beiden Landschaften mit der Sonne im Bild. Mit dem Messmodus **Multi** wurde die Szene zwar größtenteils optimal belichtet, aber der helle Sonnenstern und die Reflexionen auf der Wasseroberfläche überstrahlen stärker. Die Methode **Highlight** sorgte für eine deutlich knappere Belichtung, bei der die hellen Stellen strukturierter und weniger verwaschen wirken.

Motive mit größeren weißen Flächen können dadurch allerdings auch insgesamt sehr dunkel ausfallen. In solchen Fällen müssen Sie die schattigen Bereiche nachträglich aufhellen, um insgesamt zu einer frischen, stimmigen Bildhelligkeit zu kommen, was wir hier für das dritte Bild getan haben. Ohne die Korrektur wirkt Ihre Aufnahme möglicherweise ein wenig düster. Liegen Ihnen die Bilder im RAW-Format vor, lässt sich das meist unter Erhalt der Bildqualität umsetzen. Beim JPEG-Format oder bei Filmdateien kann es passieren, dass sich das Bildrauschen stärker bemerkbar macht oder Sie aus den dunklen Partien nicht mehr ausreichend Struktur zurückgewinnen können. Allerdings fällt das weniger auf als strukturlose helle Flecken. Achten Sie am besten darauf, dass die Aufnahme nicht zu sehr ins Dunkle absackt, und steuern Sie vor dem Auslösen gegebenenfalls mit einer Belichtungskorrektur etwas nach. Um den Kontrast bei JPEG-Aufnahmen noch weiter zu optimieren, ist es empfehlenswert, schon beim Aufnehmen des Bildes die Funktion **Dynamikbereichoptimierung (DRO)** auf höchster Stufe anzuwenden (mehr darüber erfahren Sie in Abschnitt 7.1.1, »Dynamikbereichoptimierung DRO für einen besseren Kontrast«).

Abbildung 3.33 *Mit **Multi** reißen die Lichter stärker aus.*

16 mm | ƒ/16 | 1/80 s | ISO 100

Abbildung 3.34 *Der Messmodus **Highlight** hat die hellen Bildstellen geschützt. Dadurch ist die Aufnahme aber auch deutlich dunkler geraten.*

16 mm | ƒ/16 | 1/400 s | ISO 100

Abbildung 3.35 *In der Nachbearbeitung, hier mit Adobe Lightroom, konnten die dunklen Partien des zweiten Bildes aufgehellt werden, sodass die Helligkeit der ersten Aufnahme ähnelt, die Durchzeichnung von Sonnenstern und Wasserreflexionen aber besser ist.*

3.4   Die Belichtung mit dem Histogramm kontrollieren

Die Belichtung am Monitor oder im Sucher zu beurteilen ist bei kontrastreichen Motiven oder in Situationen, in denen die Umgebung sehr hell ist, nicht immer einfach. Dann schlägt die Stunde des *Histogramms*. Dieses kann bereits vor der Aufnahme bei Fotos und Filmen eingeblendet werden. Das Histogramm oder, genauer, das *Helligkeitshistogramm* listet alle Bildpunkte nach ihrer Helligkeit in Form eines Diagramms auf, links beginnend bei Schwarz bis nach rechts zu Weiß. Die Höhe zeigt an, ob viele oder wenige Pixel mit dem entsprechenden Helligkeitswert vorliegen. Ist im linken Bereich des Diagramms ein Berg zu sehen, enthält das Bild viele dunkle Anteile. Liegt der Berg mittig oder weiter rechts, besitzt die Aufnahme vorwiegend helle Farbtöne. Zwei oder mehr getrennte Hügel weisen auf eine kontrastreiche Szene hin.

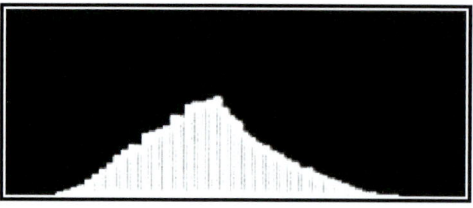

Abbildung 3.36 *Helligkeitshistogramm des in Abbildung 3.37 gezeigten Waldmotivs. Die Aufnahme ist ausgewogen belichtet und besitzt viele Bildpunkte im mittelhellen Tonwertbereich.*

Um die Histogramm-Anzeige aufzurufen, drücken Sie die DISP-Taste so oft, bis das Histogramm im Aufnahmemodus oder bei der Bildwiedergabe zu sehen ist. Bei Filmaufnahmen wird während der Wiedergabe kein Histogramm angezeigt, da Filme aus vielen aufeinanderfolgenden Einzelbildern bestehen, deren Histogramme sich alle unterscheiden. Aber vor und während der Filmaufnahme können Sie das Histogramm zur Belichtungskontrolle nutzen. Sollte es nicht aufrufbar sein, überprüfen Sie, ob im Menü **📷 2 > Anzeige/Bildkontrolle1 > Taste DISP** im Bereich **Monitor** oder **Sucher** die Anzeigeform **Histogramm** mit einem Häkchen versehen ist. Wenn nicht, holen Sie dies nach.

Abbildung 3.37 *Histogramm eines korrekt belichteten Bildes im Aufnahmemodus*

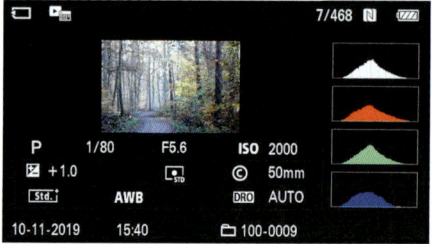

Abbildung 3.38 *Histogramm in der Wiedergabeansicht*

Kein RAW-Histogramm!

Das Histogramm der α6600 bezieht sich immer auf die JPEG-Variante Ihres Bildes, egal, ob Sie im Dateiformat **JPEG**, **RAW** oder **RAW & JPEG** fotografieren. Das liegt daran, dass in der RAW-Datei stets ein JPEG-Vorschaubild mitgespeichert wird, um das Motiv schnell und softwareunabhängig anzeigen zu können. Gleichzeitig erschwert dies die Interpretation der RAW-Belichtung. Aber Sie können davon ausgehen, dass Sie bei RAW noch Spielraum für etwa ±1,5 EV haben, wenn das JPEG-Histogramm am Rand anstößt.

3.4.1   Belichtungswarnung bei über- und unterbelichteten Bildern

Bei einer unterbelichteten Aufnahme verschieben sich die Histogrammberge nach links in Richtung der dunklen Helligkeitswerte. Wenn der Berg dabei an der linken Histogrammbegrenzung abgeschnitten wird, entstehen an den betroffenen Bildstellen schwarze, strukturlose Bildflächen. Praktischerweise werden Ihnen diese Stellen im Foto in der Wiedergabeansicht mit Histogramm von der *Belichtungswarnung* weiß blinkend angezeigt. Vermeiden Sie solche Histogramme nach Möglichkeit. Korrigieren Sie die Belichtung lieber gleich nach oben, und nehmen Sie das Bild erneut auf.

Verlagert sich der Pixelberg im Histogramm dagegen nach rechts außen, vielleicht sogar über die Begrenzung des Diagramms hinaus, enthält Ihr Foto überbelichtete Bereiche. Diese werden in der Wiedergabeansicht von der Belichtungswarnung durch schwarz blinkende Areale besonders hervorgehoben. Bei JPEG-Fotos und Filmen kann selbst die beste Bildbearbeitung keine Strukturen mehr in diese Bereiche hineinzaubern (lesen Sie dazu auch Abschnitt 2.1, »Dateiformat, Bildgröße und Seitenverhältnis«). Vermeiden Sie daher auf alle Fälle zu lange Belichtungen, bei denen das Histogramm rechts deutlich gekappt wird und die Belichtungswarnung große Flächen markiert. Steuern Sie gegen, und korrigieren Sie die Belichtung schrittweise nach unten, bis die Belichtungswarnung nur noch sehr kleinflächig blinkt.

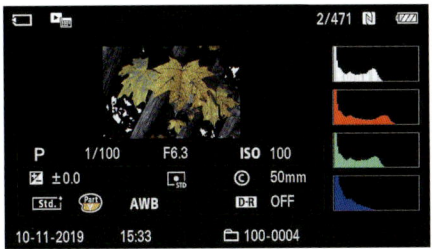

Abbildung 3.39 *Im linken unteren Bildbereich blinken einige Stellen weiß, was auf eine Unterbelichtung hindeutet.*

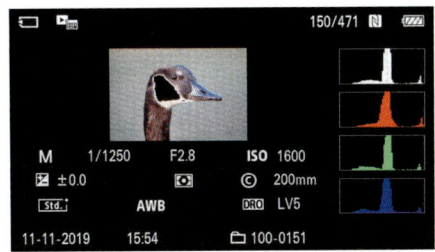

Abbildung 3.40 *Der schwarz blinkende Bereich auf der Wange der Kanadagans signalisiert eine Überbelichtung. Im Diagramm ist dies an der am rechten Rand befindlichen Pixelsäule zu erkennen.*

Der RAW-Belichtungsvorteil

Bei Bildern im RAW-Format können Überbelichtungen von bis zu +1,5 EV mit dem RAW-Konverter meist noch gut gerettet werden, das heißt, es kann Zeichnung in die hellen Stellen zurückgeholt werden. Es ist sogar ratsam, tendenziell eher so zu belichten, dass das Histogramm im rechten Bereich mit Pixeln gefüllt ist (*Expose to the right = ETTR*). Das Zurückfahren heller Bereiche ruft in der Regel weniger Bildstörungen hervor als das Aufhellen zu dunkler Areale, obgleich ein Aufhellen eines etwas zu dunkel geratenen Fotos im RAW-Format natürlich ebenfalls möglich ist. Auch JPEG-Fotos oder Filme können natürlich nachträglich in ihrer Helligkeit angepasst werden. Der Spielraum, mit dem Bildstörungen noch beseitigt und Strukturen wiederhergestellt werden können, ist dabei aufgrund der reduzierten Datenbasis jedoch geringer.

3.4.2 Bildanalyse mit dem Farbhistogramm

Mit dem Helligkeitshistogramm sind die Möglichkeiten der α6600 noch nicht erschöpft. Denn auch die einzelnen Farbkanäle Rot, Grün und Blau, aus denen sich jedes Bild zusammensetzt, können für Fotos als getrennte *Farbhistogramme* angezeigt werden. Diese sind hilfreich, um Farbtendenzen oder Farbüberstrahlungen zu erkennen. Farbverschiebungen äußern sich darin, dass die Histogrammhügel des roten und blauen Kanals mehr oder weniger stark gegeneinander verschoben sind. Der grüne Kanal entspricht übrigens in etwa dem weißen Helligkeitshistogramm und kann bei der Farbbeurteilung vernachlässigt werden.

An den hier gezeigten Bildern ist beispielsweise zu sehen, dass der automatische Weißabgleich das Motiv mit einer leichten Tendenz ins Gelbliche aufgenommen hat. Der blaue Kanal ist gegenüber dem roten nach links verschoben. Nach einem Wechsel zum manuellen Weißabgleich (mehr zu diesem Thema erfahren Sie in Abschnitt 5.2, »Situationen für den manuellen Weißabgleich«) wurde das Bild etwas neutraler und bläulicher interpretiert. Erkennbar ist dies im Vergleich zum ersten Bild an der Verschiebung des Rotkanals etwas weiter nach links und des Blaukanals ein Stück weiter nach rechts, sodass die beiden Kanäle stärker überlappen. Am Helligkeitshistogramm lassen sich diese Unterschiede nicht ablesen.

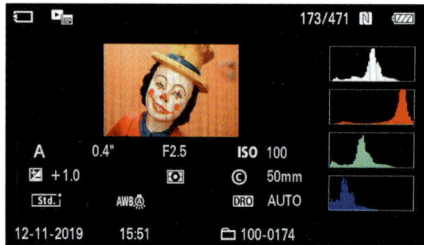
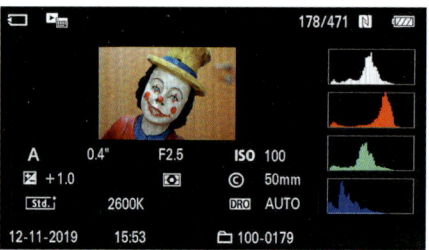

Abbildung 3.41 *Der automatische Weißabgleich hat den Clown mit einer Tendenz ins Gelbrötliche dargestellt.*

Abbildung 3.42 *Mit dem manuellen Weißabgleich werden die Farben neutraler wiedergegeben, hier erkennbar an einer deutlichen Linksverschiebung des Rotkanals und einer leichten Verschiebung des Blaukanals nach rechts.*

Was besser gefällt oder der realen Situation eher entspricht, steht auf einem anderen Blatt. Hier geht es einzig und allein darum, die farbliche Tendenz des Bildes in Richtung einer Gelb- oder Blautönung zu beurteilen.

Hilfreich kann das RGB-Histogramm auch dann sein, wenn Sie Motive mit leuchtenden Farben aufnehmen, etwa bei Auswahl der Kreativmodi **Lebhaft** Vivid, **Landschaft** Land. oder **Herbstlaub** Autm. Einzelne Farben wie Rot oder Blau können überstrahlen, ohne dass dies im Helligkeitshistogramm zu erkennen ist. Beim späteren Druck bereiten die zu kräftigen Farben dann Probleme, indem sie zeichnungslos und übertrieben intensiv wirken. Wechseln Sie dann zu einem weniger gesättigten Bildstil, etwa **Neutral** Ntrl, oder passen Sie die Sättigung des aktuellen Bildstils manuell an, wie in Abschnitt 5.3, »Kreativmodi für besondere Farbeffekte«, gezeigt.

Das Farbhistogramm ist zwar etwas aufwendiger zu interpretieren, liefert dafür aber noch genauere Informationen über die Belichtungssituation. Es wird daher von erfahreneren Fotografen gerne genutzt.

Kein Farbhistogramm für Filme

Bei Filmaufnahmen steht das RGB-Histogramm nicht zur Verfügung, aber auch hier gibt es die Möglichkeit, zu kräftige Farben mit einem angepassten Kreativmodus oder einem weniger farbintensiven Fotoprofil wie zum Beispiel **PP3** oder **PP5** zu mildern, um sie am Überstrahlen zu hindern.

3.5 Die Bildhelligkeit anpassen

In den meisten Fällen liefert die α6600 gut belichtete Bilder und Filme. Es gibt aber auch Szenarien, in denen Sie davon ausgehen können, dass eine Korrektur der Belichtung notwendig wird. So sind großflächig sehr helle Motive, etwa ein weißes Gebäude, weiße Blüten oder das Detail eines Brautkleids, im Bild häufig zu dunkel abgebildet. Dementsprechend müssen die Aufnahmen teilweise mit +1 bis +1,3 EV recht deutlich überbelichtet werden, damit die hellen Farben auch frisch aussehen und nicht schmutzig grau. Bei großflächig dunklen Motiven, wie etwa einer groß im Bild dargestellten schwarzen Katze, fallen die Farben mitunter etwas zu hell aus. Das kommt aber nicht ganz so häufig vor, und es sind meist auch nur leichte Korrekturen von −0,3 bis −0,7 EV notwendig.

Abbildung 3.43 *Ohne eine Belichtungskorrektur wirkt der weiße Wandteller zu grau.*

28 mm | ƒ/4,5 | 1/500 s | ISO 100

Abbildung 3.44 *Durch die Überbelichtung sieht das weiße Porzellan realistisch hell aus.*

28 mm | ƒ/4,5 | 1/320 s | ISO 100 | +0,7

Die Korrektur der Belichtung ist in den Programmen **P**, **A**, **S**, **Film** ▤ und **Zeitlupe & Zeitraffer** S&Q möglich. Im Modus **Manuelle Belichtung** (**M**) kann die Bildhelligkeit durch Ändern der Belichtungszeit, der Blende oder des ISO-Werts angepasst werden, oder Sie aktivieren die ISO-Automatik. Dann können Sie auch in diesem Modus mit einer Belichtungskorrektur arbeiten. Drücken Sie dazu einfach die Belichtungskorrekturtaste ⊡, und drehen Sie das Einstellrad anschließend in die gewünschte Richtung (hier **+0,7**). Mit dieser Art der Belichtungskorrektur können Sie die Bildhelligkeit in den Fotoaufnahmemodi um ±5 EV anpassen und bei Filmaufnahmen um ±2 EV. Im Sucher und auf dem Monitor der α6600 wird Ihnen der eingestellte Belichtungskorrekturwert anschließend neben dem Symbol ⊡ angezeigt.

Abbildung 3.45 *Belichtungskorrektur um +0,7 EV*

3.5.1 Die Lichtwertstufen

Bei Belichtungskorrekturen ist stets von Belichtungsstufen die Rede. Diese werden auch als *Lichtwertstufen* bezeichnet und mit **EV** (*Exposure Value*) abgekürzt. Standardmäßig verwendet die α6600 beim Anpassen der Belichtungszeit oder der Blende keine ganzen Stufen, sondern Drittelstufen, etwa $f/5{,}6$ > $f/6{,}3$ > $f/7{,}1$ > $f/8$. Eine volle Lichtwertstufe, $f/5{,}6$ > $f/8$, entspricht somit drei Drittelstufen. Wenn Sie mit einer größeren Abstufung arbeiten möchten, können Sie im Menü ◘1 > **Belichtung1** bei **Belicht.stufe** auf **0,5 EV** umstellen. Dann reichen zwei Schritte aus, um die Belichtungszeit oder die Blende um eine ganze Lichtwertstufe zu verstellen. Der ISO-Wert ist davon praktischerweise nicht betroffen, sodass Sie in Sachen Lichtempfindlichkeit wie gewohnt weiterhin alle Drittelstufen wählen können.

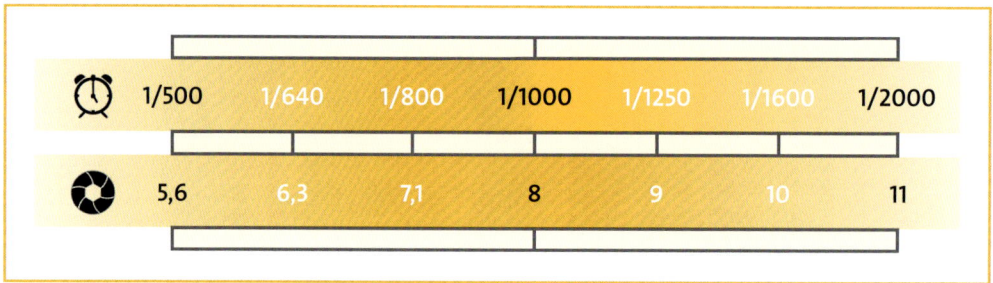

Abbildung 3.46 *Die Belichtungszeit (obere Reihe) oder der Blendenwert (untere Reihe) wird bei der α6600 standardmäßig in Stufen von 0,3 EV umgestellt. Drei Drittelstufen ergeben eine ganze Lichtwertstufe.*

3.6 Belichtungskontrolle mit dem Zebra

Die Zebra-Funktion der α6600 ist bei uns beim Fotografieren und Filmen permanent in Aktion, denn sie bietet in der Aufnahmesituation eine wertvolle Hilfestellung zur Beurteilung der Bildhelligkeit. Dazu werden alle Bildpixel, die einem bestimmten Helligkeitswert entsprechen, mit einem Streifenmuster markiert – deswegen auch die passende Bezeichnung *Zebra*. Einschalten können Sie die Funktion im Menü ◘2 > **Anzeige/Bildkontrolle1** bei **Zebra-Einstellung**. Setzen Sie darin die **Zebra-Anzeige** auf **Ein**, und wählen Sie bei **Zebra-Stufe** die Helligkeitsstufe, die mit dem sogenannten *IRE-Wert* angegeben wird. Alle Bildpixel, die im Livebild diesem Grenzwert entsprechen, werden mit dem Zebra-Muster markiert, alle helleren oder dunkleren sind nicht markiert.

Abbildung 3.47 *Zebra-Anzeige aktivieren und Zebra-Stufe motivabhängig wählen*

IRE-Wert, was ist das?

Die Einheit IRE, benannt nach der Organisation *International Radio Engineers*, stammt aus der analogen Videotechnik und wird heute noch für die Kalibrierung der Gradation von Bildschirmen verwendet. IRE definiert im Prinzip die Helligkeit der Bildpixel, angefangen bei dem Wert **0** (Schwarz) über heller werdende Graustufen bis hin zum Wert **100** (Weiß). Bunte Farben werden nach ihrer Helligkeit beurteilt und einer entsprechenden Graustufe zugeordnet. So sind Hauttöne beispielsweise in etwa so hell wie Grau mit dem IRE-Wert **70**.

3.6.1   Das Zebra als Überbelichtungswarnung

Wenn Sie die Stufe **100** wählen, markiert die α6600 alle Bildpixel mit dem Zebra-Muster, die in der Aufnahme weiß dargestellt werden, zum Beispiel die überbelichteten Stellen auf der hellgrauen Tasche im Beispielbild. Somit können Sie das **Zebra** prima als Überbelichtungswarnung verwenden. Steuern Sie großflächigen weißen Bereichen mit einer entsprechenden Unterbelichtung entgegen.

Abbildung 3.48 *An den Stellen mit dem Zebra-Muster, hier auf der hellgrauen Tasche, wird das Bild überbelichtet sein.*

3.6.2   Zebra-Stufe für Porträts

Um die Haut bei Porträtaufnahmen richtig zu belichten, verwenden Sie am besten eine individuelle Einstellung. Die α6600 bietet zwei Speicherplätze, die Sie mit Vorgaben für das Zebra belegen können. Wählen Sie dazu als **Zebra-Stufe** die Vorgabe **C1** (**Anpassung1**) oder **C2** (**Anpassung2**). Stellen Sie nun bei **Typ** die Vorgabe **Strd+Bereich** ein, und wählen Sie rechts daneben den Helligkeitswert. Im Falle eines mitteleuropäisch-hellen Hauttyps eignet sich der IRE-Wert **70**. Bestimmen Sie zu guter Letzt noch den Streuwert, hier **±3**. Alle Motivfarben, deren Helligkeit dem gewählten IRE-Wert entsprechen oder die innerhalb des Streubereichs liegen, werden dann im Bild markiert. Das Zebra dient hier also der Anzeige der korrekt belichteten Bereiche. Stellen Sie die Belichtung so ein, dass das Zebra-Muster auf den hellen Stellen der Haut zu sehen ist. Die Haut sollte nun korrekt belichtet sein.

Abbildung 3.49 *Individuelle Zebra-Einstellung für einwandfrei belichtete Porträtaufnahmen*

EXKURS

Betrachten, schützen und löschen

Um Ihre Fotos und Filme durchzusehen, haben Sie bei der α6600 unterschiedliche Wiedergabe-möglichkeiten. Zum Betrachten der Fotos und Filme auf der Speicherkarte reicht ein Druck auf die Wiedergabetaste. Über die Pfeiltasten ◄► oder durch Drehen am Einstellrad oder Drehregler können Sie anschließend in beide Richtungen von Bild zu Bild springen und alles in Augenschein nehmen. Die Aufnahmeinformationen oder die Histogramme lassen sich mit der DISP-Taste einblenden. Wenn Sie bei Serien- oder Intervallaufnahmen auf gruppierte Bilder stoßen, erkennbar an einem symbolisierten Bilderstapel, drücken Sie die Mitteltaste, um die Gruppe zu öffnen. Sie können dann einzeln betrachtet, bewertet, geschützt oder auch gelöscht werden. Zum Schließen der Gruppe drücken Sie die Mitteltaste erneut.

Abbildung 3.50 *Gruppierte Bilder bei Serien- und Intervallaufnahmen*

Wiedergabezoom | Um in das Foto hineinzuzoomen, drücken Sie die Vergrößerungstaste ⊕ einmal oder bis zu acht weitere Male, um den Zoomfaktor stärker zu erhöhen. Die erste Vergrößerungsstufe lässt sich alternativ auch durch zweimaliges Antippen des Monitors aufrufen. Die anfänglich vergrößerte Bildstelle ist entweder die fokussierte Position (Taste ⊕) oder die angetippte Stelle. Mit den Pfeiltasten ▲▼◄► oder durch Verschieben mit dem Finger lässt sich der vergrößerte Ausschnitt versetzen. Ein Bild vor oder zurück geht es mit dem Drehregler. Hinein- und herauszoomen können Sie durch Drehen des Einstellrads nach links oder nach rechts. Mit der Mitteltaste oder durch zweimaliges Tippen auf den Monitor gelangen Sie direkt zur Ausgangsgröße zurück.

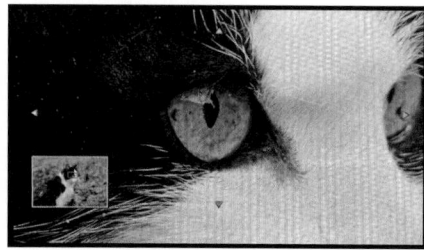

Abbildung 3.51 *Wiedergabezoom mit Ansicht der fokussierten Stelle nach Drücken der Vergrößerungstaste*

Übersicht im Bildindex | Eine Übersicht über den Bildbestand verschaffen Sie sich mit einem Raster aus zwölf verkleinerten Miniaturbildern, das sich per Bildindex-Taste ▦ aufrufen lässt. Im Menü **Wiedergabe 3** lässt sich unter dem Eintrag **Bildindex** alternativ auch die Darstellung eines Rasters von 30 Miniaturbildern einstellen. Mit den Pfeiltasten können einzelne Fotos ausgewählt und mit der Mitteltaste in Vollbildgröße angezeigt werden. Von Bildset zu Bildset springen Sie mit dem Drehregler.

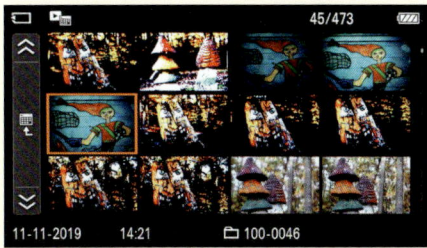

Abbildung 3.52 *Ansicht der Miniaturbilder nach Drücken der Bildindex-Taste. Der orangefarbene Rahmen markiert das ausgewählte Bild.*

Standardmäßig werden die Bilder nach Datum sortiert. Sie können aber auch gezielt nur Standbilder ☒ oder die Videoformate **AVCHD**, **XAVC S HD** oder **XAVC S 4K** aufrufen. Navigieren Sie dazu nach links auf den Seitenstreifen, und drücken Sie die Mitteltaste. Die α6600 ordnet die Bilder nun innerhalb einer Monatsansicht den jeweiligen Tagen zu, wobei sich der Monat mit dem Drehregler ändern lässt. Anschließend können Sie die Ansicht bei Bedarf ganz links auf einen der fünf Dateitypen einschränken. Wählen Sie schließlich einen Tag aus, und drücken Sie die Mitteltaste, um die Dateien des Tages aufzurufen.

Abbildung 3.53 *Datumsansicht aller Dateien, die im November aufgenommen wurden*

Schutz vor versehentlichem Löschen | Um einem Verlust Ihrer schönsten Fotos oder Videos vorzubeugen, können Sie die Schutzfunktion der α6600 verwenden. Öffnen Sie dazu das Menü ▶ > **Wiedergabe1 > Schützen**. Über den Eintrag **Mehrere Bilder** können Sie die gewünschten Dateien aufrufen und mit der Mitteltaste mit einem Häkchen versehen.

Abbildung 3.54 *Zum Schützen wird links das orangefarbene Häkchen gesetzt.*

Abbildung 3.55 *Nach dem Bestätigen ist die Bildansicht mit einem Schlüsselsymbol oben in der Mitte gekennzeichnet.*

Danach drücken Sie die MENU-Taste und bestätigen zweimal mit der Mitteltaste die Schaltfläche **OK**. Die geschützten Dateien tragen nun ein Schlüsselsymbol. Beachten Sie, dass beim Formatieren der Speicherkarte auch geschützte Bilder und Filme gelöscht werden. Soll der Schutz wieder aufgehoben werden, entfernen Sie die Häkchen oder heben den Schutz aller Bilder eines Datums auf (Menü ▶ > **Wiedergabe1** > **Schützen** > **Alle mit dies. Dat. aufh.**).

Löschfunktionen | Um Platz auf der Speicherkarte zu schaffen, ist es sinnvoll, die eindeutig misslungenen Aufnahmen gleich zu löschen. Rufen Sie sie dazu in der Wiedergabeansicht auf, und drücken Sie die Löschtaste 🗑. Wenn das Foto wirklich entfernt werden soll, bestätigen Sie die Schaltfläche **Löschen** mit der Mitteltaste. Um mehrere Bilder zu löschen, bietet das Menü ▶ > **Wiedergabe1** > **Löschen** den Eintrag **Mehrere Bilder**. Die Aufnahmen können dann mit einem Häkchen versehen und über die MENU-Taste gelöscht werden. Oder nutzen Sie die Vorgabe **Alle mit diesem Dat.**, um die Dateien eines ganzen Tages zu löschen.

Abbildung 3.56 *Ein Einzelbild löschen*

Kapitel 4
Wege zur perfekten Schärfe

Mit dem Scharfstellen legen Sie fest, welcher Bereich im fertigen Bild oder Film auf jeden Fall detailliert zu sehen sein soll. Diesen Bildbereich legen Sie auf die sogenannte *Schärfeebene*. Ihre Aufnahme wird unabhängig von der jeweiligen Blendeneinstellung genau an dieser fokussierten Stelle und allen Motivpunkten, die den gleichen Abstand zum Sensor haben, die höchste *Detailauflösung* besitzen. Lernen Sie in diesem Kapitel alle Funktionen der α6600 rund um das Fokussieren kennen.

4.1   Automatisch scharfstellen

In den meisten Fällen können Sie sich beim Scharfstellen auf den schnellen Autofokus der α6600 verlassen, der innerhalb von Bruchteilen einer Sekunde fokussiert, sobald der Auslöser bis zum ersten Druckpunkt heruntergedrückt wird. Für die Kontrolle der Scharfstellung gibt Ihnen die α6600 verschiedene Hilfestellungen. Dazu zählt der Signalton, der zu hören ist, sobald die Schärfe sitzt. Außerdem tauchen auf dem Monitor oder im Sucher grün leuchtende *Fokussierrahmen* beziehungsweise *AF-Felder* auf, die zeigen, welche Stellen scharfgestellt wurden. Als dritter Hinweis wird der *Fokusindikator* unten links eingeblendet, der durchgehend grün leuchtet, wenn die Scharfstellung erfolgreich war.

Abbildung 4.1 *Bei erfolgreicher Scharfstellung leuchten die aktiven Fokussierrahmen (hier ein einzelner auf dem linken Blatt) sowie der Fokusindikator (unten links) durchgehend grün, und es ist ein Signalton zu hören.*

Wie sich Fokusprobleme bemerkbar machen

Falls Sie keinen Signalton hören, die Fokusfelder nicht grün aufleuchten und der Fokusindikator blinkt, während Sie den Auslöser halb herunterdrücken, sind Sie entweder zu nah am Objekt, oder das Objekt ist zu kontrastarm (zum Beispiel eine einfarbige Fläche wie blauer Himmel). Im ersten Fall halten Sie die Kamera etwas weiter entfernt. Im zweiten Fall ändern Sie den Bildausschnitt ein wenig, um einen stärker strukturierten Motivbereich in Ihr Bild zu bekommen. Danach sollte das Scharfstellen wieder funktionieren.

4.2   Den Fokusmodus motivbezogen wählen

Die wichtigsten Einstellungen beim automatischen oder auch dem später noch vorgestellten manuellen Scharfstellen sind der **Fokusmodus** und das **Fokusfeld**. Der **Fokusmodus** bestimmt, wie die α6600 fokussiert. Er kann mit der C2-Taste, im Quick-Navi-Menü oder im Menü 📷1▸ **AF1** ausgewählt werden, wenn sich die α6600 in einem der Modi **P**, **A**, **S**, **M**, **Film** 🎬 oder **Zeitlupe & Zeitraffer** S&Q befindet. Fünf Optionen stehen zur Auswahl:

- **Einzelbild-AF** (**AF-S**, nur für Fotos): Die α6600 stellt scharf und behält die Schärfeebene bei, solange der Auslöser auf dem ersten Druckpunkt gehalten wird; als Allround-Einstellung zu empfehlen.

- **Nachführ-AF** (**AF-C**, für Foto und Film): Die Schärfe wird kontinuierlich an die Motive angepasst, was bei Sportaufnahmen oder anderen Actionmotiven gut geeignet ist.

Abbildung 4.2 *Auswahl des Fokusmodus, hier **AF-C** für den **Nachführ-AF** bei bewegten Objekten*

- **Automatischer AF** (**AF-A**, nur für Fotos): Wird der Auslöser auf dem ersten Druckpunkt gehalten, entscheidet die α6600 eigenständig, ob das Motiv statisch ist oder sich bewegt. Sie wendet dann automatisch den **AF-S** oder den **AF-C** an. Auch bei Serienaufnahmen wird ab dem zweiten Bild der **AF-C** benutzt. Da das Fokusverhalten des **Automatischen AF** nicht gut einzuschätzen ist, entscheiden Sie sich besser für den **AF-S** bei statischen oder den **AF-C** bei bewegten Motiven.

- **Direkt. Manuelf.** (**DMF**, nur für Fotos): Im Anschluss an die automatische Fokussierung kann die Scharfstellung durch Drehen am Fokussierring des Objektivs manuell nachgebessert werden, was bei Nah- und Makroaufnahmen eine tolle Option ist.

- **Manuellfokus** (**MF**, für Foto und Film): Hier erfolgt die Scharfstellung rein manuell über den Fokussierring am Objektiv, empfehlenswert beispielsweise für automatisch nur schwer fokussierbare Nacht- und Makroaufnahmen oder auch für Ausgangsbilder zum Focus Stacking.

4.3   Die Scharfstellung mit dem Fokusfeld lenken

Das Fokusfeld legt fest, welcher Bildbereich scharfgestellt werden soll. Die α6600 wählt dabei unterschiedlich viele Fokussierrahmen, die teilweise auch an bestimmten Bildstellen positioniert werden können. Auswählen können Sie das **Fokusfeld** mit der C3-Taste, im Quick-Navi-

Menü oder im Menü ⚪1 > **AF1**, allerdings nur in den Programmen **P**, **A**, **S**, **M**, **Film** 🎬 und **Zeit-lupe & Zeitraffer** S&Q.

- **Breit** ⟦⟧: gut geeignet für Schnappschüsse; die α6600 wählt die Fokussierrahmen zur Scharfstellung automatisch aus. Dabei kommen, je nach Motiv, größere [ ] oder kleinere ▫ Fokussierrahmen zum Einsatz. In der Regel landet die Schärfe damit auf Objekten im Vordergrund oder solchen mit besonders gut erkennbaren Strukturen. Werden Fremdobjektive adaptiert, sind auf dem Bildschirm vier kleine Rahmenecken zu erkennen, die den Bereich mit den Fokussierrahmen markieren.

Abbildung 4.3 *Livebild des Fokusfeldes* **Breit**

- **Feld** ⟦⟧: eine gute Option für plötzlich im Bildfeld auftauchende Motive, etwa bei Sportaufnahmen; fokussiert wird mit einer Gruppe aus neun Fokussierrahmen, die innerhalb des Bildausschnitts verschoben werden kann. Innerhalb der Zonengruppe wählt die α6600 die Fokussierrahmen ▫ oder [ ] eigenständig aus.

- **Mitte** [⬚]: Diese Methode empfiehlt sich für die Schärfespeicherung mit anschließendem Kameraschwenk, um schnell und gezielt einen Bildbereich zu fokussieren. Zur Scharfstellung wird nur der mittlere Fokussierrahmen [ ] verwendet.

Abbildung 4.4 *Die positionierbaren neun Fokussierrahmen des Fokusfeldes* **Feld**

Abbildung 4.5 *Wählen Sie das Fokusfeld* **Mitte**, *wenn Sie die Schärfe zwischenspeichern und anschließend den Bildausschnitt verändern möchten.*

- **Flexible Spot** ⬚: geeignet für präzises Fokussieren und wenn ausreichend Zeit für das Positionieren der Fokussierrahmen bleibt; es wird nur über einen Fokussierrahmen [ ] scharfgestellt, der im Bildausschnitt aber frei platzierbar ist. Sie können zwischen drei Größen wählen: **Small** ⬚ₛ, **Medium** ⬚ₘ und **Large** ⬚ₗ. Je kleiner die Fokussierrahmen, desto präziser der Fokus, desto höher aber auch die Gefahr einer fehlerhaften Scharfstellung, wenn der Rahmen zum Beispiel auf eine unstrukturierte Motivfläche trifft.

■ **Erweit. Flexible Spot** ⊞: ist hilfreich beim Scharfstellen kleiner Objekte vor einem unruhigen Hintergrund, zum Beispiel eines Marathonläufers; die Schärfe wird über einen frei platzierbaren kleinen Fokussierrahmen ermittelt. Kann die α6600 in diesem Bereich keinen Fokuspunkt finden, wird der Fokussierrahmen erweitert, erkennbar an bis zu acht grün leuchtenden Quadraten um den mittleren Rahmen herum.

Abbildung 4.6 *Der Fokussierrahmen im Fokusfeld* **Flexible Spot**, *hier in der Größe* **Medium**

Abbildung 4.7 *Findet die Kamera innerhalb des kleineren Fokussierrahmens keinen Schärfepunkt, weitet sie das Feld bei Einstellung von* **Erweit. Flexible Spot** *bis zum äußeren Rahmen aus.*

Bei den Vorgaben **Feld**, **Flexible Spot** und **Erweit. Flexible Spot** können die Fokussierrahmen im Bildausschnitt frei positioniert werden. Drücken Sie dazu die Mitteltaste, die dafür mit der Funktion **Fokus-Standard** belegt sein muss, was standardmäßig der Fall ist. Die Fokusfelder werden nun hell hervorgehoben und können mit den Tasten ▲▼◄► des Einstellrads in die vier Himmelsrichtungen verschoben oder mit der Papierkorbtaste 🗑 schnell in die Bildmitte versetzt werden. Stellen Sie anschließend mit dem Auslöser scharf, und lösen Sie aus. Danach können Sie die Position bei Bedarf wieder ändern. Ein erneutes Drücken der Mitteltaste fixiert die Fokussierrahmen wieder. Sie werden dann bis zum nächsten Drücken der Mitteltaste grau dargestellt.

Wenn Sie die Mitteltaste mit einer anderen Funktion belegen möchten, können Sie das Fokusfeld auch lösen, indem Sie das Fokusfeld-Menü öffnen und die gewünschte Vorgabe mit der Mitteltaste bestätigen. Noch einfacher lässt sich es sich aber durch Antippen des Touchscreens positionieren, wie Sie im nächsten Abschnitt sehen werden.

Fokus per Mitteltaste auf die Bildmitte

Wird die mit **Fokus-Standard** belegte Mitteltaste gedrückt und das Fokusfeld steht auf **Breit** oder **Mitte**, stellt die α6600 auf die Bildmitte scharf.

4.4   Scharfstellen mit dem Touchscreen

Der Monitor der α6600 bietet die Möglichkeit, die Fokussierrahmen per Fingertipp noch schneller an die gewünschte Stelle zu bringen als mit den Kameratasten. Bei laufender Filmaufnahme lassen sich auf diese Weise bequem Schärfeverlagerungen durchführen, zum Beispiel von einer Person im Vordergrund auf den Hintergrund und wieder zurück (*Pull-Fokus-Effekt*).

Abbildung 4.8 *Über den Touchscreen der α6600 ließ sich das Foto des permanent im Wasser schwankenden Boots schnell und gezielt scharfstellen und auslösen.*

170 mm | ƒ/4 | 1/640 s | ISO 100 | –1

Damit der Touchscreen der α6600 auch verwendbar ist, muss der **Berührungsmodus** im Menü 🧰 **> Einstellung2** eingeschaltet sein. Außerdem muss im Menü 🧰 **> Einstellung3** bei **Touchpanel/-pad** die Option **Touchpanel+Pad** oder **Nur Touchpanel** gewählt sein. Mit **Touchpanel** bezeichnet Sony die Touch-Funktion für Aufnahmen über den Monitor und mit **Touchpad** die Touch-Bedienbarkeit bei Sucheraufnahmen.

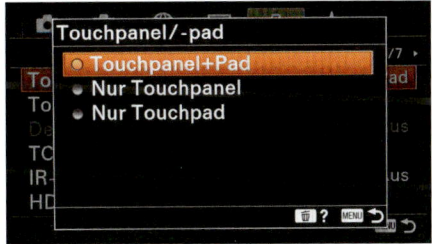

Abbildung 4.9 *Der Berührungsmodus aktiviert oder deaktiviert die Touchscreen-Funktion.*

Abbildung 4.10 *Touchscreen-Funktion für Sucheraufnahmen (**Touchpad**) und Monitoraufnahmen (**Touchpanel**) aktivieren*

Zum Scharfstellen haben Sie nun drei Möglichkeiten, die Sie im Menü 📷 **2 > Benutzerdef. Bedienung2** bei **BerührModus-Funkt.** auswählen können:

- **Touch-Fokus** (Foto und Film): Die Position des Fokussierrahmens wird durch Antippen des Monitors gesetzt. Im Falle der Fokusfelder **Breit**, **Feld** und **Mitte** entspricht der Fokussierrahmen der Größe von **Flexible Spot:M**. Bei **Flexible Spot** und **Erweit. Flexible Spot** ist er so groß wie in der gewählten Einstellung. Möchten Sie den **Touch-Fokus** bei Verwendung der Fokusfelder **Breit**, **Feld** oder **Mitte** abbrechen, um wieder den größeren oder mittleren Fokusbereich nutzen zu können, dann tippen Sie die eingeblendete Touch-Fläche ✋✕ (**Fokus abbrechen**) an oder drücken die Mitteltaste.

Abbildung 4.11 *Funktion des Touchscreen-Autofokus anpassen*

Abbildung 4.12 *Den Fokuspunkt mit dem **Touch-Fokus** setzen und per Auslöser das Bild aufnehmen*

- **Touch-Auslöser** (nur Fotos): Durch Antippen des Monitors wird fokussiert und sofort ein Bild ausgelöst. Das funktioniert aber nur mit den Fokusfeldern **Breit**, **Feld** und **Mitte**. Dazu blendet die α6600 eine Touch-Fläche mit dem Symbol ✋ ein. Tippen Sie dieses an, sodass der Streifen links neben dem Symbol orange wird. Damit ist der Touch-Auslöser aktiviert. Auch Serienaufnahmen lassen sich auslösen, wenn Sie den Finger länger auf dem Monitor halten. Das gilt für die Bildfolgemodi **Serienaufnahme** ⤴ und **Serienreihe** **BRK** C sowie für das Szenenprogramm **Sportaktion**. Durch erneutes Antippen der Touch-Fläche ✋ können Sie den Touch-Auslöser wieder deaktivieren. Dann arbeitet die α6600 allerdings leider nicht im Modus **Touch-Fokus** weiter, was wir praktisch gefunden hätten. Stattdessen ist der Touchscreen deaktiviert.

Abbildung 4.13 *Der Touch-Auslöser ist aktiviert, und das Boot wird durch Antippen fokussiert und aufgenommen.*

- **Touch-Tracking** (Foto und Film): Durch Antippen wird die Fokusposition gesetzt. Der Fokussierrahmen bleibt aber nicht starr an dieser Stelle, sondern folgt der erkannten Motivstruktur, wenn diese sich bewegt oder die α6600 bewegt wird. Das ist eine gute Hilfe zum schnellen Scharfstellen von Objekten in Bewegung. Allerdings dürfen diese nicht zu schnell sein, sonst kann der Fokussierrahmen nicht folgen. Um das Tracking zu beenden, tippen Sie die Touch-Fläche ▢≶✕ an oder drücken die Mitteltaste.

Abbildung 4.14 *Nach dem Antippen des Monitors wird der Fokussierrahmen die erkannte Motivstruktur verfolgen.*

Einschränkungen

Keine der Touch-Funktionen ist verwendbar, wenn der **Manuellfokus (MF)** oder der **Klarbild-** oder **Digitalzoom** eingeschaltet sind. Mit den Adaptern *LA-EA2* und *LA-EA4* lassen sich der **Touch-Fokus** und das **Touch-Tracking** nicht nutzen. Um mit dem **Touch-Auslöser** zu arbeiten, muss sich die α6600 in einem der Fotoprogramme befinden und ein anderes Fokusfeld als **Flexible Spot/Tracking: Flexible Spot** oder **Erweit. Flexible Spot/Tracking: Erweit. Flexible Spot** eingestellt sein. Das **Touch-Tracking** lässt sich in den Szenenmodi **Handgeh. bei Dämm.** und **Anti-Beweg.-Unsch.** nicht nutzen. Das Gleiche gilt für das Filmen mit den hohen Bildraten 100p/120p. Außerdem darf die **Motiverkennung** im Menü 📷 1 > **Ges./AugenAF-Einst** nicht auf **Tier** stehen.

4.4.1   Touch-Bedienung bei Sucheraufnahmen

Der **Touch-Fokus** und das **Touch-Tracking** können auch bei Sucheraufnahmen verwendet werden, wenn im Menü 🧰 > Einstellung3 bei **Touchpanel/-pad** die Einstellung **Touchpanel+Pad** oder **Nur Touchpad** gewählt ist. Der Fokussierrahmen folgt dem Finger, und sobald Sie diesen vom Monitor nehmen, können Sie per Auslöser scharfstellen und auslösen. Allerdings ist dafür nur die rechte Monitorhälfte freigeschaltet. Wenn Sie einen anderen Monitorabschnitt bevorzugen, lässt sich dies im Menü 🧰 > Einstellung3 > **Touchpad-Einstlg.** > **Bedienungsbereich** anpassen.

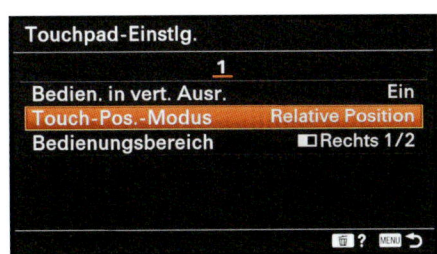

Abbildung 4.15 *Unsere Einstellungen für die Touch-Bedienung bei Sucheraufnahmen*

Außerdem kann bei **Touch-Pos.-Modus** bestimmt werden, ob der Touch-Fokus genau an der Stelle platziert werden soll, an der Ihr Finger den Monitor berührt (**Absolute Position**). Diese Einstellung ist für statische Motive gut geeignet. Bei actionreicheren Objekten nehmen Sie besser **Relative Position**. Dann ist es egal, an welcher Monitorstelle Sie den Finger ansetzen, der Fokussierrahmen wird ausgehend von der aktuellen Position lediglich in die Richtung verschoben, in die Sie mit dem Finger über den Monitor streichen. Damit der Touch-Fokus bei Sucheraufnahmen auch im Hochformat verwendet werden kann, sollte der Eintrag **Bedien. in vert. Ausr.** eingeschaltet sein. Probieren Sie das alles einfach einmal aus. Die Touchpad-Steuerung ist zu Beginn vielleicht etwas gewöhnungsbedürftig. Aber es ist gut zu wissen, dass es diese Option gibt, um bei Fokusproblemen schnell nachjustieren zu können, ohne das Motiv aus dem Sucher zu verlieren.

Abbildung 4.16 *Verschieben des Fokussierrahmens durch Ziehen des Fingers über den Monitor, hier mit der Einstellung* **Absolute Position** *…*

Abbildung 4.17 *… und hier mit der Einstellung* **Relative Position**

4.5   Statische Motive zuverlässig scharfstellen

Statische Motive stellen für die α6600 unter normal hellen Umständen keine Schwierigkeit dar. Wenn Sie den Fokusmodus **Einzelbild-AF** (**AF-S**) mit den Fokusfeldern **Breit** oder **Feld** kombinieren, findet die α6600 ohne große Mühe sehr schnell einen fokussierbaren Motivbereich.

Abbildung 4.18 *Statische Motive sind die des Fokusmodus* **Einzelfeld-AF (AF-S)**.

100 mm | ƒ/11 | 0,6 s | ISO 50

Dabei sollten Sie wissen, dass die Schärfe bei diesen Einstellungen in der Regel auf dem Motivbereich liegen wird, der den kürzesten Abstand zur Kamera hat oder der besonders gut erkennbare Strukturen aufweist. Es ist also schwierig, weiter hinten liegende Objekte zu fokussieren, wenn sich gleichzeitig fokussierbare Motivelemente im Vordergrund befinden – es sei denn, Sie verwenden die im vorangegangenen Abschnitt vorgestellte Touch-Bedienung. Für Schnappschüsse oder in Situationen, in denen schnell gehandelt werden muss, ist diese Vorgehensweise aber wirklich gut geeignet. Auch wenn das Licht schwindet, etwa bei Partymotiven oder Nachtaufnahmen schlecht beleuchteter Gebäude, arbeiten die Fokusfelder **Breit** oder **Feld** schneller als die anderen Fokusfelder.

Auslösepriorität

Es kann vorkommen, dass die α6600 bei Auswahl des **Einzelbild-AF (AF-S)** auch dann auslöst, wenn die Schärfe noch nicht exakt gefunden wurde, was zu unscharfen Bildern führen kann. Es gibt jedoch eine Möglichkeit, diese *Auslösepriorität* auf *Fokuspriorität* umzustellen. Setzen Sie dazu im Menü 📷 1 > AF1 > PriorEinstlg bei **AF-S** die Vorgabe von **Ausgew. Gewicht.** auf **AF**. Dies bewirkt, dass die α6600 nur nach erfolgreicher Scharfstellung auslöst – eine aus unserer Sicht empfehlenswerte Standardeinstellung.

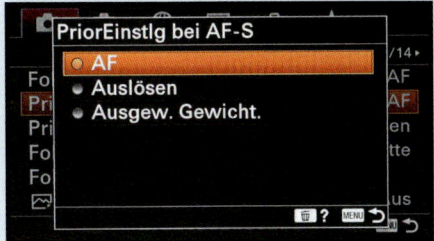

Abbildung 4.19 *Die α6600 auf Schärfepriorität umstellen*

4.5.1 Gezielt fokussieren mit Flexible Spot

Wenn es darum geht, auf einen ganz bestimmten Motivbereich scharfzustellen, ist es besser, den Autofokus in einem einzelnen Fokussierrahmen arbeiten zu lassen. Das ist vor allem dann wichtig, wenn Sie den Blick des Betrachters durch die Wahl einer geringen Schärfentiefe gezielt auf die bildwichtige Stelle leiten möchten. Liegt die Schärfe nicht exakt auf dem wichtigen Punkt, leidet der gesamte Bildeindruck.

Abbildung 4.20 *Kombiniert mit dem Fokusfeld **Flexible Spot** eignet sich der **AF-S**, um bei einem gestaffelten Bildaufbau weiter hinten gelegene Details scharfzustellen.*
200 mm | f/2,8 | 1/100 s | ISO 100

Am besten kombinieren Sie den **Einzelbild-AF (AF-S)** mit dem Fokusfeld **Flexible Spot** ⊡. Das gibt Ihnen die Möglichkeit, einerseits die Schärfe genau auf die gewünschte Stelle zu legen, ohne den Bildausschnitt dafür ändern zu müssen (Mitteltaste drücken, Fokusfeld verschieben ▲▼◄►). Andererseits können Sie über die Größe des Fokussierrahmens festlegen, ob es Ihnen mehr auf Präzision in der Scharfstellung ankommt oder ob es wichtiger ist, dass die α6600 in dem gewählten Bildbereich möglichst schnell scharfstellt. Für ein Höchstmaß an Präzision wählen Sie das Fokusfeld **Flexible Spot: S** und für eine zuverlässige Scharfstellung unter ungünstigen Lichtbedingungen oder wenn der Motivbereich wenige Strukturen aufweist, den Typ **Flexible Spot: L**. Die mittlere Größe **Flexible Spot: M** eignet sich prima als Standardeinstellung, da sie in vielen Situationen einen guten Kompromiss aus Präzision und Schnelligkeit bietet. Verwenden Sie für die Größeneinstellung im Menü **Fokusfeld** nach Auswahl von **Flexible Spot** den Drehregler.

4.5.2   Schärfekontrolle mit der Fokusvergrößerung

Um die Scharfstellung beim Fotografieren und Filmen noch genauer zu kontrollieren, lässt sich der Fokusbereich vergrößert darstellen. Dazu gibt es zwei Möglichkeiten: Entweder Sie rufen die Funktion **Fokusvergröß** im Menü 📷 1 > **Fokus-Hilfe** auf, oder Sie belegen eine der Kameratasten mit der Funktion **Fokusvergröß** (Menü 📷 2 > **Benutzerdef. Bedienung1** > 🎛 **Benutzer-Key** oder 🎬 **BenutzerKey**). Das Bild wird nach dem Aufrufen der **Fokusvergröß** nun zuerst unvergrößert, aber mit einem orangefarbenen Rahmen darin dargestellt. Diesen können Sie mit den Pfeiltasten ▲▼◄► oder durch Verschieben mit dem Finger auf dem Touchscreen an die gewünschte Position bringen. Mit der Mitteltaste lässt sich der Fokusbereich anschließend bei Fotos um die Faktoren **5.9** und **11.7** und bei Filmaufnahmen um den Faktor **4.0** vergrößern. Aus dieser vergrößerten Ansicht heraus können Sie Ihr Motiv scharfstellen und auslösen, sofern die Funktion **AF bei Fokusvergr** im Menü 📷 1 > **Fokus-Hilfe** eingeschaltet ist.

Abbildung 4.21 *Zu vergrößernden Bereich auswählen*

Abbildung 4.22 *Über den vergrößerten Fokusbereich präzise scharfstellen*

Die Performance verbessern

Möchten Sie nach dem Öffnen der Fokusvergrößerung gleich die vergrößerte Lupenansicht sehen? Dann setzen Sie im Menü 📷 1 > **Fokus-Hilfe** die **Anf.Fokusvergr.** auf **×5,9**. Und damit die vergrößerte Ansicht sich nicht bereits nach zwei Sekunden wieder deaktiviert, lässt sich im gleichen Menü die **Fokusvergröß.zeit** auf **Unbegrenzt** umstellen.

4.5.3   Die Schärfe zwischenspeichern

Wer häufig Motive außerhalb der Bildmitte positioniert, empfindet es vielleicht so wie wir als etwas umständlich, den Fokussierrahmen ständig über diverse Tastendrücke hin- und herschieben zu müssen. Ein kurzes Zwischenspeichern der Schärfe wäre praktischer und ist beim Fotografieren mit der α6600 auch ohne Weiteres möglich. Dazu wählen Sie den Fokusmodus **Einzelbild-AF (AF-S)** und zum Beispiel das Fokusfeld **Mitte** 〔 〕, wobei die anderen Fokusfelder auch möglich wären. Peilen Sie den Motivbereich Ihrer Wahl mit dem Fokussierrahmen an, und stellen Sie mit dem Auslöser auf dem ersten Druckpunkt scharf. Die Fokusstelle ist nun gespeichert, solange Sie den Auslöser auf dieser Position halten (*AFL = Auto Focus Lock*, Autofokussperre). Richten Sie den Bildausschnitt ein, und nehmen Sie das Bild auf. Das Hauptmotiv lässt sich so schnell und einfach außerhalb der Mitte positionieren, ohne den Fokus zu verlieren. Die Methode eignet sich aber nur für leichte Verschiebungen des Bildausschnitts oder wenn das Motiv im Weitwinkel mit einer hohen Schärfentiefe aufgenommen wird. Der Abstand zwischen der fokussierten Ebene und der α6600 sollte sich so wenig wie möglich ändern, weil die Scharfstellung sonst nicht mehr stimmt. Ein flinkes Handeln ist daher auch von Vorteil.

Abbildung 4.23 *Mit dem Fokusfeld **Flexible Spot: S** wurde die Eidechse fokussiert. Dann wurde mit gehaltenem Auslöser der Bildausschnitt minimal verschoben und das Foto ausgelöst.*
100 mm | ƒ/4 | 1/160 s | ISO 160

Auf die Belichtung achten

Die α6600 fixiert beim Speichern der Schärfe standardmäßig auch die Belichtungswerte. Achten Sie daher darauf, dass der Bildausschnitt beim Fokussieren nicht wesentlich heller oder dunkler ist als der Bildausschnitt nach dem Kameraschwenk, sonst kann es zu Fehlbelichtungen kommen. Sie können Ihre α6600 aber auch dazu bringen, die Belichtungswerte während der Schärfespeicherung an den neuen Motivausschnitt anzupassen. Dazu stellen Sie die Funktion **AEL mit Auslöser** im Menü 📷 1 > **Belichtung2** auf **Aus** (*AEL = Auto Exposure Lock*, Belichtungsautomatik-Sperre).

4.5.4   AF-Hilfslicht als Fokushilfe in dunkler Umgebung

Wenn Sie bei wenig Licht fotografieren, schaltet die α6600 zur Unterstützung des Autofokus automatisch das **AF-Hilfslicht** ein. Es hellt den Bildbereich auf und hilft bei der Schärfefindung.

Achten Sie daher darauf, dass Sie die AF-Lampe nicht mit der Hand verdecken. Außerdem muss die entsprechende Funktion im Menü 📷 1 > **AF2** mit dem Eintrag **Auto** aktiviert sein. Das helle Hilfslicht kann aber auch störend sein. Bei Konzerten, bei denen das Motiv ohnehin weiter entfernt ist, können Sie die Funktion beispielsweise sinnvollerweise deaktivieren. Auch wenn Sie eine Porträtaufnahme machen, sollten Sie das Hilfslicht nach Möglichkeit ausschalten. Es blendet sehr, was der porträtierten Person schnell die Lust am Shooting nehmen kann. In den Aufnahmeprogrammen **Landschaft**, **Sportaktion**, **Nachtszene**, bei Filmaufnahmen, in den Fokusmodi **AF-C** und **AF-A** sowie bei aktiver Fokusvergrößerung oder der Verwendung eines Mount-Adapters lässt sich das AF-Hilfslicht nicht nutzen.

Abbildung 4.24 *AF-Hilfslicht in Aktion*

Beschleunigt der Vor-Autofokus die Scharfstellung?

Damit Sie beim Einrichten des Bildausschnitts stets ein detailliertes Bild sehen, stellt die α6600 die Schärfe mit dem jeweiligen Fokusfeld automatisch auf das Motiv ein, auch wenn Sie nicht auf den Auslöser drücken. Erwarten Sie von dem sogenannten *Vor-AF* aber keine deutliche Beschleunigung des Scharfstellungsvorgangs. Die α6600 startet beim Drücken des Auslösers den Fokussiervorgang stets neu. Außerdem erhöht die Funktion **Vor-AF** den Stromverbrauch, daher schalten wir sie im Menü 📷 1 > **AF2** standardmäßig aus. Ein gewisser Geschwindigkeitsvorteil ist nur spürbar, wenn Sie zum Beispiel mit einem Makroobjektiv oder einem Teleobjektiv von einem nahen auf ein fernes Objekt schwenken und die α6600 dabei genug Zeit hat, die Schärfe mit dem **Vor-AF** neu einzustellen. Die Objektivlinsen sind dann bereits auf die Schärfeebene voreingestellt, sodass zeitraubende Verstellwege entfallen.

4.6   Gesichter und Augen im Fokus

Stehen Fotos von der Familie oder Freunden auf dem Programm oder möchten Sie sich selbst für die sozialen Medien in Szene setzen, bekommt die intelligente Gesichtserkennung der α6600 ihren großen Auftritt. Damit können Gesichter beim Fotografieren und Filmen automatisch fokussiert werden, wenn sie sich nicht allzu schnell im Bildausschnitt bewegen. Aktivieren Sie die Gesichtserkennung im Menü 📷 1 > **AF2** > **Ges./AugenAF-Einst**, indem Sie den Eintrag **Ges/AugPrio. bei AF** einschalten (👤ON) und bei **Motiverkennung** die Vorgabe **Mensch** wählen.

Als Fokusfeld können Sie die Vorgabe **Breit** verwenden, dann arbeitet die Gesichtserkennung ganz unbeeinflusst.

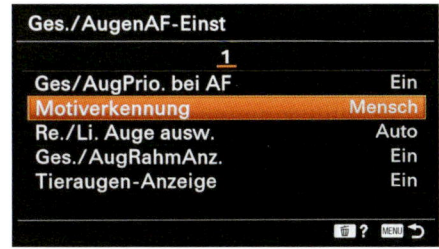

Abbildung 4.25 *Gesichtserkennung aktivieren und die **Motiverkennung** auf **Mensch** einstellen*

Bis zu acht Gesichter kann die α6600 im Bildausschnitt identifizieren. Und wenn Sie im gleichen Menü noch die Option **Ges/AugRahmAnz.** aktivieren, werden die erkannten Gesichter auch schon mit Rahmen markiert, bevor Sie den Auslöser zum Scharfstellen herunterdrücken. Das von der α6600 priorisierte Gesicht, das beim Fokussieren scharfgestellt wird, erhält einen weißen Rahmen.

Bei Foto- und Filmaufnahmen, in denen die abgebildeten Personen ausreichend groß sind, schafft es die α6600 sogar, sehr exakt auf die Ebene der Augen zu fokussieren. Kombiniert mit dem Nachführ-AF (**AF-C**) lässt sich das Auge damit sogar permanent im Fokus halten. Erkennen können Sie den Augen-AF an einem kleinen quadratischen Fokussierrahmen über dem Auge. Dabei ist die α6600 sogar so schlau, das zur Kamera nächstgelegene Auge zu finden. Sollte das einmal nicht klappen, können Sie selbst eines der beiden Augen präferieren, indem Sie im Menü ◘1 > AF2 > **Ges./AugenAF-Einst** bei **Re./Li. Auge ausw.** Ihre Wahl treffen. Beachten Sie, dass mit der Option **Linkes Auge** das linke Auge des Models gemeint ist, im Bildausschnitt der α6600 also auf das rechte Auge fokussiert wird – und umgekehrt.

Abbildung 4.26 *Mit einem weißen Rahmen macht die α6600 das erkannte Gesicht kenntlich. Bei mehreren Personen im Bild tauchen weitere graue Rahmen auf.*

Abbildung 4.27 *Bei erfolgreicher Scharfstellung leuchtet entweder der Gesichtsrahmen oder der kleinere Rahmen des Augen-AF grün.*

Trotz all der Automatiken können Sie auch selbst beeinflussen, welches Gesicht primär scharfgestellt werden soll. Dazu haben Sie die Möglichkeit, das Fokusfeld **Flexible Spot** oder **Erweit. Flexible Spot** auf dem bevorzugten Gesicht zu platzieren. Alternativ tippen Sie einfach mit dem

Finger auf das jeweilige Gesicht, um die Gesichtserkennung auf die von Ihnen bevorzugte Person zu dirigieren. Stellen Sie nun mit dem Auslöser scharf. Der aktive Fokussierrahmen auf dem Gesicht oder Auge leuchtet grün. Befinden sich mehrere Gesichter im gleichen Fokusabstand, tauchen mehrere grüne Rahmen auf.

Übrigens, nur bei aktiver Gesichtserkennung passt der Messmodus **Multi** die Belichtung so an, dass das Gesicht hell und gut erkennbar abgebildet wird. Dazu steht die Funktion **GesPrior b. M-Mess.** auf **Ein**, was auch für die Modi **AUTO**, ⚘, ⚘, ⚘, ⚘, ⚘ und ⚘ gilt.

> **Die Bedienung optimieren**
>
> Kommt die Gesichtserkennung oft zum Einsatz, kann es hilfreich sein, die Bedienung der α6600 daraufhin anzupassen. Legen Sie zum Beispiel die Funktion **Augen-AF** auf eine der benutzerdefinierten Tasten (mehr darüber erfahren Sie in Abschnitt 12.1, »Die Kamerabedienung anpassen«). Dann können Sie per Tastendruck auf das Auge fokussieren oder es bei gehaltener Taste mit dem Nachführ-AF (**AF-C**) permanent verfolgen. Auch die Auswahl des rechten oder linken Auges kann per Tastendruck erfolgen. Belegen Sie dazu eine der Kameratasten mit der Funktion **Re./Li. Auge wechs.**, und stellen Sie die Funktion **Re./Li. Auge ausw.** im Menü ⬛ 1 > AF2 > Ges./AugenAF-Einst. am besten auf **Auto**, denn dann können Sie die Augenauswahl mit der programmierten Taste vornehmen oder sie mit der Mitteltaste aufheben, um wieder die automatische Augenauswahl zu nutzen.

4.6.1   Gesichter registrieren und priorisiert fokussieren

Sobald mehrere Menschen im Bildausschnitt auftauchen, kann es mit der Standardgesichtserkennung schwierig werden, gezielt auf eine bestimmte Person scharfzustellen. Ein wenig Abhilfe schafft hier die **Gesichtsregistrierung** 🔳 der α6600. Damit können Sie die Gesichter von bis zu acht Personen speichern und anschließend auswählen, welches Gesicht mit höchster Priorität fokussiert werden soll. Dieses gelangt dann mit höherer Sicherheit in den weißen Hauptrahmen. Wählen Sie dazu im Menü ⬛ 1 > **Aufnahme-Hilfe** bei **Gesichtsregistr.** den Eintrag **Neuregistrierung** aus, und fotografieren Sie das Gesicht innerhalb des hervorgehobenen Rahmens. Bestätigen Sie anschließend mit der Schaltfläche **Eingabe** und das nächste Menüfenster mit der Mitteltaste.

Abbildung 4.28 *Neuregistrierung einer Person in der α6600*

Abbildung 4.29 *Priorisieren eines Gesichts durch Anpassen der Reihenfolge*

Um eine registrierte Person zukünftig priorisiert scharfzustellen, wählen Sie im Menü **Gesichts-registr.** den Eintrag **Änderung der Reihenf.** aus. Markieren Sie das zu priorisierende Gesicht mit der Mitteltaste, sodass es orange unterlegt wird, und verschieben Sie es mit der Pfeiltaste ◄ auf eine Position vor den anderen Gesichtern. Bestätigen Sie die neue Position mit der Mittel-taste. Aktivieren Sie anschließend im Menü 📷1 > **Aufnahme-Hilfe** den Eintrag **Reg. Gesichter-Prior.** Wenn Sie die α6600 jetzt auf die Motivszene ausrichten, erhält das registrierte Gesicht, das in der Datenbank an erster Stelle steht, den weißen Hauptrahmen. Alle anderen registrier-ten Gesichter werden pinkfarben umrahmt, und nicht registrierte Gesichter erhalten graue Rahmen. Frischen Sie die Gesichtsregistrierung kurz vor dem Shooting am besten auch noch einmal auf. Je ähnlicher sich die Bilder einer Person in der Datenbank und in der aktuellen Auf-nahmesituation sind, desto besser wird die Wiedererkennung eines registrierten Gesichts sein.

Abbildung 4.30 *Scharfstellen registrierter Gesichter*

Einschränkungen der Gesichtserkennung

Die Gesichtserkennung der α6600 ist nicht unfehlbar. Sie kann zum Beispiel Probleme bekommen, wenn das Gesicht im Bild zu klein dargestellt ist, stark abgeschattet ist, am Bildrand fast abgeschnitten wird, die Person nicht frontal in die Kamera schaut oder eine dunkle Sonnenbrille trägt. Auch im Getümmel einer Hochzeits-gesellschaft wird es schwierig, immer das gewünschte Gesicht zu erwischen. Verwenden Sie dann besser das Fokusfeld **Erweit. Flexible Spot**, gegebenenfalls kombiniert mit der Schärfespeicherung, wie in Abschnitt 4.5.3, »Die Schärfe zwischenspeichern«, beschrieben. Umgekehrt kann die Gesichtserkennung auch Statuen oder Karnevalsmasken erkennen – lassen Sie sich überraschen. Nicht verfügbar ist die Gesichtserkennung, wenn fol-gende Funktionen verwendet werden: **Klarbild-** oder **Digitalzoom**, Bildeffekt **Posterisation** (Pos), Programm **Landschaft**, **Nachtszene**, **Sonnenuntergang** und **Fokusvergrößerung**. Sie steht ebenfalls nicht zur Verfügung, wenn mit den Bildraten 100p oder 120p gefilmt wird oder 4K-Filme gleichzeitig in der Kamera und in einem per HDMI-Kabel angeschlossenen Rekorder aufgezeichnet werden sollen (Menü 🧰 > **Einstellung4** > 🎞 **4K-Ausg.Auswahl > Speicherkarte+HDMI**).

4.6.2   Schöne Selbstauslöserfotos

Der Selbstauslöser der α6600 kann die Zeit zwischen dem Drücken des Auslösers und der Auf-nahme des Bildes um zwei, fünf oder zehn Sekunden verzögern. Das reicht aus, um sich auch einmal selbst vor der Kamera in Position zu bringen. Am einfachsten funktionieren solche Fotos mit mindestens einer weiteren Person im Foto. Dann können Sie die Bildschärfe bequem per Autofokus auf die zweite Person einstellen. Nach dem Auslösen macht die α6600 das Ablaufen der Wartezeit durch Blinken der Selbstauslöserlampe und ein Tonsignal kenntlich. Um den Selbstauslöser zu aktivieren, drücken Sie die Bildfolgemodus-Taste ⟳/�️. Mit dem Einstellrad können Sie nun den klassischen **Selbstausl.(Einzel)** ⟳ auswählen und mit dem Drehregler die Vorlaufzeit von zwei, fünf oder zehn Sekunden Dauer aktivieren. Nach dem Fokussieren wartet die α6600 die entsprechende Zeit und löst dann ein einziges Bild aus. Mit den Vorgaben bei **Selbstaus(Serie)** ⟳C3/2s werden nach Wartezeiten von zwei, fünf oder zehn Sekunden jeweils drei oder fünf Bilder mit hoher Seriengeschwindigkeit aufgezeichnet, und das auch mit gegebenenfalls eingeschaltetem Systemblitz, wenn dieser schnell genug zünden kann. Die Chance auf ein Foto, bei dem alle Personen im Bild die Augen geöffnet haben, erhöht sich dadurch. Allerdings ist die Selbstauslöserserie nur in den Programmen **AUTO**, **P**, **A**, **S** und **M** verwendbar.

Abbildung 4.31 *Ein solches Actionbild lässt sich am besten mit der Funktion* **Selbstaus(Serie)** *realisieren.*
25 mm | ƒ/6,3 | 1/2000 s | ISO 1600 | +0,7

Selfies mit und ohne Auslöseverzögerung

Für aus der Hand aufgenommene *Selfies* können Sie den Monitor der α6600 ganz nach oben klappen und sich selbst per Gesichtserkennung in den Fokus nehmen. Nach dem Auslösen wartet die α6600 automatisch drei Sekunden, bis sie das Bild aufnimmt. Das kann ganz praktisch sein, weil das Auslösen aus der verkehrt herum gehaltenen Kamera meist mit einigem Gewackel verbunden ist. Wichtig ist nur, den Abstand innerhalb der Wartezeit möglichst nicht mehr zu ändern, da die Fokussierung sonst nicht mehr stimmt und das Bild unscharf werden kann. Sollte die Auslöseverzögerung stören, können Sie sie über das Menü 📷 **1 > Aufnahme-Hilfe > Selbstportr./-auslös.** deaktivieren.

4.6.3 Tieraugenerkennung

Wer häufiger Tiere vor der Kamera hat, wird je nach Spezies den Tieraugen-AF zu schätzen wissen. Damit sucht die α6600 nach Tieraugen im Bildausschnitt und versieht diese mit einem Fokussierrahmen. Die Schärfe landet dann nicht auf der Nasenspitze, die bei frontal fotografierten Hunden und einigen anderen Tieren doch recht weit von der Ebene der Augen entfernt ist, sondern auf der für die Bildwirkung wichtigeren Augenpartie.

Abbildung 4.32 *Bei dem seitlichen Katzenporträt fokussierte der Tieraugen-AF das vordere Auge in mehreren Bildern zuverlässig.*

100 mm | ƒ/2,8 | 1/200 s | ISO 400

Allerdings benötigt die Erkennungsautomatik recht eindeutig abgegrenzte, nicht zu kleine Augen, eignet sich also vor allem für den frontalen Blick des Tiers in die Kamera, obgleich es bei dem Katzenporträt auch bei seitlicher Kopfhaltung klappte. Vogelaufnahmen sind nicht die Stärke der Tieraugenerkennung, weil entweder nur ein Auge zu sehen ist oder die Augen bei frontaler Gesichtsausrichtung meist recht schmal aussehen. Auch bei Wildschweinen funktionierte der Tieraugen-AF bei uns nicht, vermutlich weil die Augen recht klein sind und sich farblich und strukturell auch nicht gut vom Fell unterscheiden. Der Tieraugen-AF ist sicherlich vor allem auf Bilder von Hunden und Katzen ausgelegt. Um ihn zu aktivieren, öffnen Sie das Menü ⬛ 1 > **AF2** > **Ges./AugenAF-Einst** und stellen bei **Motiverkennung** die Vorgabe **Tier** ein. Sollte die α6600 ein Tierauge erkennen, legt sie einen weißen Fokussierrahmen darauf, der dann grün wird, sobald Sie per Auslöser scharfstellen. Damit der weiße Rahmen auch tatsächlich eingeblendet wird, setzen Sie den Menüeintrag **Tieraugen-Anzeige** auf **Ein**. Bei Filmaufnahmen aller Art ist der Tieraugen-AF nicht nutzbar.

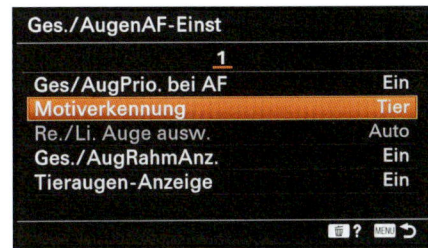

Abbildung 4.33 *Motiverkennung **Tier** und **Tieraugen-Anzeige** einschalten*

Abbildung 4.34 *Tieraugen-AF in Aktion*

4.7   Actionmotive im Fokus halten

Ob Autorennen, Sportaction, spielende Kinder oder ein Pferd im Galopp, es gibt viele Situationen, in denen bewegte Motive vor die Linse kommen und das Scharfstellen ganz schön kompliziert werden kann. Der **Nachführ-AF** (**AF-C**) kommt da gerade recht. Er hält den Autofokus ständig auf Trab, solange Sie den Auslöser auf dem ersten Druckpunkt halten oder eine Filmaufnahme läuft. Aktivieren Sie diesen **Fokusmodus** entweder über die C2-Taste, das Quick-Navi-Menü oder das Menü 📷 1 > **AF1**. Bei Filmaufnahmen wird der nachführende Autofokus automatisch eingeschaltet. Zum Einfangen von Bewegungen empfiehlt sich die Kombination mit dem Aufnahmemodus **Zeitpriorität** (**S**) und einer an die Bewegungsgeschwindigkeit angepassten Belichtungszeit. Bei dem Fisch reichten 1/160 s aus, noch schnellere Aktionen können Sie mit 1/400 s oder kürzer in scharfen Momentaufnahmen einfangen. Für eine flüssige Darstellung von Bewegungen im Film eignen sich Belichtungszeiten im Bereich zwischen 1/50 und 1/250 s.

Abbildung 4.35 *Mit dem **Nachführ-AF** (**AF-C**) werden Motive in Bewegung kontinuierlich im Fokus gehalten – sowohl bei Foto- als auch bei Filmaufnahmen.*
200 mm | ƒ/2,8 | 1/400 s | ISO 2000

Im Falle von Fotoaufnahmen zielen Sie auf das Objekt und stellen es scharf. Halten Sie den Auslöser aber weiterhin auf dem ersten Druckpunkt. Der permanent aktive Autofokus wird versuchen, das Motiv kontinuierlich im Fokus zu halten. Dabei weisen keine Signaltöne darauf hin, dass die Kamera erfolgreich scharfgestellt hat. Sie können die Schärfefindung aber anhand des Fokusindikators nachvollziehen:

- ◉: Die Scharfstellung war erfolgreich, und der **Nachführ-AF** (**AF-C**) folgt dem Motiv.
- (): Die Schärfesuche läuft gerade.
- ● blinkt: Aktuell ist keine Scharfstellung möglich, oder der Schärfepunkt ist verloren gegangen.

Beim Filmen wird die Schärfe kontinuierlich nachgeführt, auch ohne dass Sie den Auslöser halten müssen. Mit dem **Nachführ-AF** (**AF-C**) werden die Stromreserven der α6600 allerdings deutlich stärker belastet. Nehmen Sie einen Ersatzakku mit, wenn Sie vorhaben, ihn häufiger einzusetzen.

Verfolgen, Auslösen, Weiterverfolgen

Nach der Aufnahme können Sie den Auslöser, anstatt ihn ganz loszulassen, wieder auf dem ersten Druckpunkt halten, indem Sie den Zeigefinger nur ein wenig anheben. Der Fokus bleibt dann auf Ihrem Motiv. Lösen Sie wieder aus, wenn der geeignete Zeitpunkt da ist, und gehen Sie wieder auf die halbe Auslöserstufe. Das können Sie beliebig fortführen. Eine solch kontinuierliche Weiterverfolgung ist aber nur gut machbar, wenn Sie die **Bildkontrolle** im Menü 📷2 > **Anzeige/Bildkontrolle2** ausschalten. Sonst präsentiert Ihnen die α6600 stets das soeben aufgenommene Bild, und die Schärfenachführung wird unterbrochen. Um unscharfe Aufnahmen möglichst zu vermeiden, können Sie den AF-C zudem auf Fokuspriorität setzen (Menü 📷1 > **AF1** > **Prior-Einstlg bei AF-C > AF**). Die α6600 löst dann nur bei erfolgreicher Scharfstellung ◉ aus.

4.7.1 Tracking: das Fokusfeld dem Motiv folgen lassen

Da das Verfolgen bewegter Objekte keine leichte Übung ist, unterstützt Sie die α6600 im **Nachführ-AF** (**AF-C**) beim Fotografieren mit einer weiteren technischen Finesse: der Motivverfolgung (*Tracking*). Wählen Sie dazu mit der C3-Taste, im Quick-Navi-Menü oder im Menü 📷1 > **AF1** einfach ein **Fokusfeld** aus dem Bereich **Tracking** aus. Die Vorgaben entsprechen denen der zuvor beschriebenen Fokusfelder. Der Unterschied besteht lediglich darin, dass mit dem Beginn des Scharfstellens nur ein Fokussierrahmen erscheint und dieser nicht an Ort und Stelle bleibt, sondern der erkannten Motivstruktur kreuz und quer über den Bildausschnitt folgt.

Abbildung 4.36 *Auswahl des Fokusfeldes*
Tracking: Flexible Spot M

Bei dem Wildschwein haben wir beispielsweise das Fokusfeld **Tracking: Flexible Spot** ⊞ verwendet. Die Größe **M** passte bei dem Motiv am besten, weil der Rahmen dann gut auf dem Tier lag und nicht auf den Hintergrund traf. Bei noch filigraneren Motiven wäre **S** geeignet, wobei es dann schwieriger sein kann, die gewünschte Motivstruktur gut zu treffen, vor allem bei schnelleren Bewegungen. **L** können Sie für größere Motive verwenden oder wenn der zu fokussierende Bereich nicht so viele gut erkennbare Strukturen aufweist. Für die Aufnahme platzierten wir das AF-Feld in etwa in der Bildmitte. Dann haben wir auf den Kopf gezielt und den Auslöser auf dem ersten Druckpunkt gehalten. So folgte der Fokussierrahmen den Strukturen des Wildschweins. Gleichzeitig passte der **Nachführ-AF** (**AF-C**) den Fokusabstand an. Wir mussten nur noch den Bildausschnitt einrichten und im geeigneten Moment auslösen. Auch mit dem Fokusmodus **Tracking: Erweit. Flexible Spot** ⊞ können Sie die Startposition der Motivverfolgung im Bildausschnitt selbst wählen. Mit **Tracking: Mitte** ⊡ beginnt die Verfolgung in der Bildmitte.

Abbildung 4.37 *Verfolgung des Wildschweins mit dem beweglichen Fokussierrahmen*

Die genannten einzelnen Fokusfelder sind immer dann sinnvoll, wenn Sie das Objekt zu Beginn der Aufnahme sicher mit dem jeweiligen Fokussierrahmen scharfstellen können. Das wäre zum Beispiel auch bei langsamen oder geradlinigen Bewegungen sinnvoll, etwa einem Marathonläufer, oder wenn Sie die Kamera gut mit dem Objekt mitziehen können, wie zum Beispiel bei einem vorbeifahrenden Auto. Wichtig ist, dass das Fokusfeld zu dem Zeitpunkt, wenn Sie die Motivverfolgung mit dem Auslöser starten, auf der richtigen Motivstruktur liegt. Erst dann merkt sich der Fokussierrahmen die Struktur, die er anschließend verfolgen wird.

Touch-Tracking

Denken Sie daran, dass Sie die Motivverfolgung auch mit dem **Touch-Tracking** starten können, wie bereits in Abschnitt 4.4, »Scharfstellen mit dem Touchscreen«, gezeigt.

Die Vorgaben **Tracking: Breit** 🔲 oder **Tracking: Feld** ⬚ spielen ihre Stärken aus, wenn das Objekt nur schwer innerhalb eines einzelnen Fokussierrahmens verfolgt werden kann. Das kann der Fall sein, wenn sich Ihr Motiv sehr schnell durch das Bild bewegt (etwa Rennwagen), ständig seine Richtung wechselt (etwa Kinder) oder ganz plötzlich an zuvor nicht bestimmbarer Stelle im Bildausschnitt auftaucht (etwa Trickskispringer). Die α6600 sucht sich bei dieser Einstellung innerhalb der aktiven Fokusfläche selbst einen Fokuspunkt. Dazu muss sich das Hauptmotiv gut von seinem Hintergrund abheben, beispielsweise vom blauen Himmel, von einer einfarbigen Wand oder einem durch eine lange Brennweite unscharf abgebildeten Hintergrund.

Abbildung 4.38 *Schnell im Bildausschnitt auftauchende Motive lassen sich gut mit den Fokusfeldern **Tracking: Breit** oder **Tracking: Feld** einfangen.*

50 mm | f/7,1 | 1/1000 s | ISO 200 | +0,7

Da die α6600 keine Möglichkeit besitzt, die Tracking-Funktion dazu zu zwingen, möglichst lange am Motiv haften zu bleiben, sind Sie der Erkennungsautomatik für Strukturen, Farben und Formen der α6600 etwas ausgeliefert. Die macht ihren Job zwar gut, aber in unruhigen Umgebungen werden die Grenzen der Verfolgungsgenauigkeit deutlich spürbar. Da hilft auch der schnelle Autofokus nicht weiter. Sollte das Fokusfeld zu oft auf ungewollte Motivstrukturen umspringen, können Sie auch eines der Standardfokusfelder (ohne Tracking) verwenden und mit dem **Nachführ-AF** (**AF-C**) arbeiten. Das AF-Feld bleibt dann an Ort und Stelle, und es wird nur noch die Fokusentfernung kontinuierlich angepasst.

Tracking per Tastendruck aktivieren

Die Tracking-Funktion kann bei Fotoaufnahmen auch durch Drücken einer der benutzerdefinierten Tasten aktiviert werden. Belegen Sie dazu die gewünschte Taste mit der Funktion **Tracking Ein** (Menü 📷 2 > **Benutzerdef. Bedienung1** > 🖼 **BenutzerKey**). Halten Sie nun den Auslöser auf dem ersten Druckpunkt, und drücken Sie die programmierte Taste, um das Tracking zu starten. Es müssen also zwei Tasten gleichzeitig gedrückt werden, weshalb sich die C3-Taste oder die AF/MF-Taste für diese Funktionsbelegung besonders eignen.

4.7.2 Filme optimal scharfstellen

Die Aufnahme bewegter Bilder erfordert einen Autofokus, der das anvisierte Motiv zuverlässig und kontinuierlich scharfstellt. Aus diesem Grund aktiviert die α6600 in den Modi **Film** 🎬 und **Zeitlupe & Zeitraffer** S&Q automatisch den **Nachführ-AF** (**AF-C**). Um das Motiv im Fokus zu halten, können Sie alle Fokusfelder außer den Tracking-Vorgaben verwenden. Wählen Sie am besten kein zu kleines Fokusfeld, denn sonst kann es bei dunklen oder strukturschwachen Motiven schneller einmal zu Fokusproblemen kommen und die Bildschärfe im Film zu schwanken beginnen. **Feld** oder **Erweit. Flexible Spot** sind oft eine gute Wahl.

Mit der Funktion **AF Speed** aus dem Menü 📷 2 > **Film2** lässt sich außerdem die Fokussiergeschwindigkeit bestimmen, also die Schnelligkeit, mit der der Autofokus von einem Vorder- auf ein Hintergrundobjekt oder umgekehrt umschaltet. Das wirkt sich sowohl auf Fokusverlagerungen aus, die zum Beispiel per **Touch-Fokus** gesetzt werden, als auch auf die Anpassung der Schärfe beim Schwenken der Kamera auf einen neuen Motivbereich.

Abbildung 4.39 *Per Touchscreen wurde bei laufender Filmaufnahme vom Vorder- auf den Hintergrund fokussiert. Die Funktion **AF Speed** regelt die Geschwindigkeit der Fokusumstellung.*

50 mm | ƒ/5,6 | 1/30 s | ISO 1000 | +1 | Stativ

Die Vorgabe **Schnell** eignet sich vor allem für das Verfolgen actionreicher Szenen, etwa im Sport, während die Einstellung **Langsam** ruhige Schärfeübergänge liefert, die je nach Motiv auch präziser und ohne Fokusschwankungen ablaufen.

Die Stringenz, mit der die Objekte im Fokus gehalten werden, lässt sich zudem im Menü 📷 2 > **Film2** mit der **AF-Verfolg.empf.** beeinflussen. Mit der Vorgabe **Reaktionsfähig** schaltet die α6600 schneller um, wenn sich der Bildausschnitt im Fokusbereich ändert. Das ist zum Beispiel hilfreich für unvorhersehbar im Bildausschnitt auftauchende Motive wie Trickskispringer oder Motocrosser. Wenn es hingegen darum geht, ein Motiv möglichst konstant im Fokus zu halten, auch wenn es zwischenzeitlich kurz von Objekten im Vordergrund verdeckt wird, ist die Einstellung **Standard** besser geeignet. Der Autofokus springt dann weniger flink auf andere Motivstrukturen um. Wenn das Motiv aufgrund zu geringer Helligkeit oder zu wenig Struktur für die α6600 schwer zu fokussieren ist, kann es allerdings vorkommen, dass die Geschwindigkeits- und Reaktionsunterschiede geringer ausfallen.

Abbildung 4.40 *Während der laufenden Filmaufnahme wurde die α6600 kurz nach rechts und wieder zurückgedreht, sodass das Fokusfeld zwischenzeitlich auf den Hintergrund traf. Bei Einstellung der* **AF-Verfolgungsempf.** *auf* **Standard** *blieb der Fokus auf dem Schlumpf liegen (obere Reihe), bei* **Reaktionsfähig** *wurde er sofort auf den Hintergrund umgeleitet (untere Reihe).*

50 mm | ƒ/5,6 | 1/30 s | ISO 1000 | +1 | Stativ

4.8   Scharfstellen mit registriertem Fokusfeld

Wer häufig Motive außerhalb der Bildmitte fokussiert, beispielsweise Tiere oder Menschen, die mal nach links, mal nach rechts blicken und dann im Bild jeweils auf der rechten oder linken Bildseite positioniert werden sollen, kann sich das ständige Verschieben des Fokussierrahmens sparen. Registrieren Sie für Ihre Fotoaufnahmen ein Fokusfeld, und rufen Sie dieses per Tastendruck auf. Die α6600 kann sich sowohl die Position als auch die Art des Fokusfeldes merken. Um dies zu tun, aktivieren Sie als Erstes die Funktion **AF-Feld-Registr.** im Menü 📷 1 > **AF2**. Bestätigen Sie das Menüfenster mit dem Erläuterungstext mit der Mitteltaste. Wählen Sie dann ein Fokusfeld aus: **Flexible Spot** oder **Erweit. Flexible Spot** eignen sich für das gezielte Scharfstellen an einer bestimmten Position am besten. Die anderen Fokusfeldtypen lassen sich aber auch registrieren. Halten Sie anschließend die Fn-Taste so lange gedrückt, bis der Schriftzug **Fokusfeld wurde registriert.** erscheint.

Abbildung 4.41 *Registrieren des Fokusfeldes (zur besseren Erkennung weiß markiert), hier auf dem Schwan links im Bild*

Um mit dem registrierten Fokusfeld scharfstellen zu können, müssen Sie eine Kamerataste umprogrammieren. Rufen Sie dazu das Menü ▣ 2 > **Benutzerdef. Bedienung1** > 🔲 **BenutzerKey** auf, und wählen Sie die gewünschte Taste aus, zum Beispiel die AF/MF-Taste. Wenn Sie die Taste mit der Funktion **AF-F. registr. Halten** belegen, wird das registrierte Fokusfeld aktiviert, sobald Sie die gewählte Taste drücken. Scharfgestellt und ausgelöst wird mit dem Auslöser. Sie müssen also die Taste halten und gleichzeitig den Auslöser drücken. Wir finden, dass die Bedienung mit der Einstellung **Reg. AF-Feld Umsch.** besser ist, denn das registrierte Feld wird dann per Tastendruck dauerhaft aktiviert. Ein weiterer Tastendruck, und Sie können das andere AF-Feld wieder nutzen. Die Einstellung **Reg. AF-Feld + AF-Ein** bietet noch die Möglichkeit, durch Halten der programmierten Taste gleich mit dem registrierten AF-Feld scharfzustellen. Das Bild muss aber bei gehaltener Taste ausgelöst werden. Probieren Sie aus, welche Option Ihnen am besten von der Hand geht. Das registrierte AF-Feld kann natürlich durch Neuprogrammieren mit der Fn-Taste an anderer Stelle registriert oder auch wieder gelöscht werden. Dazu dient die Funktion **Reg. AF-Feld lö.** im Menü ▣ 1 > **AF3**.

Abbildung 4.42 *Das registrierte Fokusfeld blinkt links, und das aktuell aktive liegt rechts auf dem Schwan. Bei der Option **Reg. AF-Feld Umsch.** können Sie schnell zwischen beiden umschalten.*

Einschränkungen

Das Registrieren eines AF-Feldes ist nur in den Fotoprogrammen **P**, **A**, **S** und **M** möglich. Der **Touch-Fokus**, das **Touch-Tracking**, die Fokusfelder mit Tracking-Funktion oder der **Digitalzoom** hebeln die Verwendung eines registrierten AF-Feldes aus.

4.9   Geräuschlose Aufnahme

Durch Einschalten der **Geräuschlosen Aufnahme** im Menü 📷 **2 > Verschluss/SteadyShot** können Sie Bilder ohne klackende Auslösegeräusche aufnehmen. Das Auslösen ist allerdings nicht völlig lautlos, denn der Autofokusmotor und die Blende im Objektiv erzeugen noch schwache Betriebsgeräusche. Insgesamt läuft die Aufnahme aber fast unmerklich ab. Wir nutzen das gerne in der Wildtierfotografie oder in Kirchenräumen, um die anderen Besucher nicht zu stören.

Abbildung 4.43 *Um Vögel an der Futterstelle möglichst unbemerkt zu fotografieren, nutzen wir gerne die **Geräuschlose Aufnahme**.*

500 mm | ƒ/5,6 | 1/60 s | ISO 800 | 1,4× Telekonverter | Stativ

Mit der **Geräuschlosen Aufnahme** können Sie in den Modi **P**, **A**, **S** und **M** fotografieren und sogar Serienaufnahmen anfertigen. Bei flackernden Lichtquellen und Belichtungszeiten von etwa 1/100 s und kürzer kann allerdings eine ungleichmäßige Belichtung entstehen (*Banding-Effekt*), und bei schnell und dicht an der α6600 vorbeiziehenden Objekten können Verzerrungen auftreten (*Rolling-Shutter-Effekt*). Verwenden Sie die Funktion am besten nur bei guter Beleuchtung und nicht allzu rasanten Bewegungen des Objekts. Hinzu kommt, dass einige Funktionen nicht verfügbar sind: Blitzaufnahmen, **Auto HDR**, Langzeitbelichtungen (**BULB**), **Bildeffekt**, **Fotoprofil**, 〰 **Langzeit-RM**, **Elekt. 1.Verschl.vorh.** und **Multiframe-RM**. Außerdem dauert es etwa 0,5 Sekunden länger, bis die α6600 nach dem Einschalten aufnahmebereit ist.

Signaltöne ausschalten

Um sich die geräuschlose Aufnahme nicht durch Pieptöne der Kamera durchkreuzen zu lassen, schalten Sie die Signaltöne im Menü 📷 **2 > Benutzerdef. Bedienung2** aus.

4.10   Die Kunst des manuellen Fokussierens

Die manuelle Fokussierung ist immer dann das Mittel der Wahl, wenn die Fokusfelder nicht den Motivbereich scharfstellen, den Sie gerne im Fokus hätten. Bei Filmaufnahmen kann das zu unerwünschten Schärfeschwankungen führen (*Pumpen*). Entsprechende Probleme können bei besonders strukturarmen Motiven wie Nebel, einfarbigen Flächen oder bei schwacher Beleuchtung vorkommen. In seltenen Fällen können sich wiederholende Strukturen oder Spiegelungen auf Fenstern oder Autolack den Autofokus ins Schwitzen bringen.

Abbildung 4.44 *Um die gewünschte Fokusebene manuell scharfzustellen, hier die Eiskristalle, können Sie sich langsam mit der Kamera annähern und im richtigen Moment schnell auslösen.*

100 mm | ƒ/8 | 1/100 s | ISO 640 | +0,7

In der Makrofotografie kommt es hingegen häufig vor, dass zwei Objekte, die unterschiedlich weit vom Objektiv entfernt sind, innerhalb eines Fokussierrahmens liegen. Die α6600 bekommt dann Probleme, weil sie nicht »weiß«, auf welche Entfernung sie scharfstellen soll. Oder denken Sie an ganz sanfte Schärfeverlagerungen beim Filmen über ein Makromotiv oder ein Produktdetail hinweg (*Pull-Fokus-Effekt*). Mit dem manuellen Fokus können Sie die Geschwindigkeit selbst bestimmen. Die Aktivierung des **Manuellfokus** kann bei der α6600 auf zwei Weisen erfolgen:

- Bei Objektiven ohne Fokusmodus-Schalter wählen Sie den Eintrag **Manuellfokus** (**MF**) im Menü **Fokusmodus** aus, entweder über die Taste C2, das Quick-Navi-Menü oder das Menü 📷 1 > AF1.

- Bei Objektiven mit Fokusmodus-Schalter stellen Sie diesen einfach von **AF** auf **MF** um.

Die Schärfe lässt sich anschließend nur noch mit dem Fokussierring des Objektivs anpassen: Naheinstellung ♣ durch Rechtsdrehung, Linksdrehung für die Ferneinstellung ▲▲. Allerdings wird das Livebild dabei standardmäßig um den Faktor 5,9 vergrößert, und zwar entweder in der Bildmitte (Fokusfeld [‡], [ ]) oder an der Stelle des Fokussierrahmens (▤, ⟐, ▦). Mit den Pfeiltasten ▲▼◀▶ können Sie den Ausschnitt verschieben, aber bei Aufnahmen aus der freien Hand wird es dann schwer, die Orientierung nicht zu verlieren. Wenn Sie die *Lupenansicht* eher stört, schalten Sie sie einfach aus, indem Sie im Menü 📷 1 > **Fokus-Hilfe** die **MF-Unterstützung** deaktivieren. Alternativ können Sie auch die Anzeigedauer der Lupenansicht bei **Fokusvergröß.zeit** auf fünf oder zwei Sekunden verkürzen. Lösen Sie das Bild wie gewohnt aus. Aber Achtung, die α6600 löst immer sofort und ohne Verzögerung aus, es herrscht absolute *Auslösepriorität*!

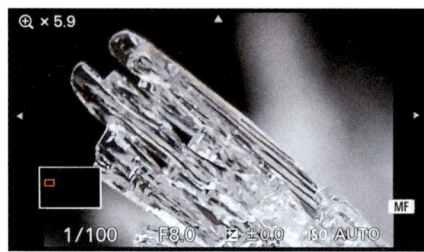

Abbildung 4.45 *Manueller Fokus mit*
Fokusvergrößerung *in Aktion*

4.10.1   Fokushilfe anhand farblich abgesetzter Schärfekanten

Schärfe lässt sich im Allgemeinen am besten an den Motivkanten beurteilen. Sind diese klar voneinander abgegrenzt, liegt der Fokus richtig, und der Motivbereich wird scharf aussehen. Nun ist es aber nicht immer leicht, die Motivkanten optisch zu erkennen, selbst wenn die zuvor gezeigte Fokusvergrößerung eingeschaltet ist. Daher hat die α6600 noch eine weitere Fokushilfe an Bord, die **Kantenanhebung**, auch bekannt unter dem Begriff *Focus Peaking*. Hinter dem etwas sperrigen Namen verbirgt sich eine Funktion, die in der Lage ist, alle scharfen Motivkanten farblich vom Rest des Bildes abzuheben. Dabei können Sie die Stärke der Anhebung und die dafür verwendete Farbe selbst festlegen.

Abbildung 4.46 *Kantenanhebung mit*
der Stufe **Hoch** *und der Farbe* **Blau**

Bei der Kantenanhebung gibt es zwei Stellschrauben: die Höhe der Anhebung und die Farbe, mit der die Kanten hervorgehoben werden, wählbar im Menü 📷 2 > **Fokus-Hilfe** bei **Kantenanh.-Einstlg**. Hinsichtlich der **Kantenanheb.stufe** wählen Sie am besten die Vorgabe **Mittel** oder **Hoch**, wenn Sie mit der **Fokusvergrößerung** scharfstellen, sonst sind die Farbkanten oftmals nicht gut zu erkennen. Bei filigraneren Motiven kann es sein, dass die Stufe **Niedrig** besser ist, damit die Farbkanten die Motivstrukturen nicht zu stark überdecken. Die Wahl der **Kantenanheb.farbe** hängt ganz von den Farben des Motivs ab, wobei die roten Kanten meistens am besten zu erkennen sind. Bei den orangefarbenen Pilzen hob sich der blaue Farbton hingegen besser ab. Sollte die Kantenanhebung nicht gut zu sehen sein, können Sie bei Fotoaufnahmen auch den Kreativmodus **Schwarz/Weiß** einstellen. Bei dem nun farblosen Livebild heben sich die bunten Schärfekanten noch besser ab. Wichtig ist aber, in dem Fall mit dem Dateiformat **RAW & JPEG** zu arbeiten, um aus der RAW-Datei das Farbfoto entwickeln zu können. Die schwarzweiße JPEG-Variante dient Ihnen nur als Mittel zum Zweck und kann später wieder gelöscht werden.

Direkte manuelle Fokussierung

Wenn die Situation nur kurzzeitig wirklich fotogen ist, ist jeder Tastendruck zeitraubend, auch das Umschalten vom Autofokus auf den manuellen Fokus. Mit dem Fokusmodus **Direkt. Manuelf.** (DMF) der α6600 können Sie beim Fotografieren beides kombinieren. Stellen Sie wie gewohnt mit dem Autofokus scharf, und halten Sie den Auslöser auf dem ersten Druckpunkt. Sollte die Schärfe noch nicht optimal sitzen, bessern Sie durch Drehen am Fokussierring manuell nach und lösen dann aus. Das ist bei Nachtaufnahmen oder bei Makromotiven besonders praktisch. Es unterstützen aber nicht alle Objektive die direkte manuelle Fokussierung. Schauen Sie daher in der Bedienungsanleitung Ihres Objektivs nach, ob **DMF** verwendet werden kann, damit es nicht versehentlich zu Beschädigungen des Fokussierrings kommt.

Wie die α6600 die Schärfe ermittelt

Sobald Sie den Auslöser der α6600 drücken, tritt der *Fast-Hybrid-AF* in Aktion. Dieser ermittelt die Schärfe beim Fotografieren und Filmen direkt über den Sensor und setzt sich aus zwei Komponenten zusammen: dem *Phasenerkennungs-AF* (türkis) und dem *Kontrast-AF* (dunkelblau). Sowohl für den Phasenerkennungs-AF als auch für den Kontrast-AF nutzt die α6600 425 Messpunkte, die fast die gesamte Sensorfläche abdecken (circa 84 %). Mit der Wahl des Fokusfeldes werden die in der aktuellen Fotosituation aktiven Messpunkte unterschiedlich eingegrenzt (orange).

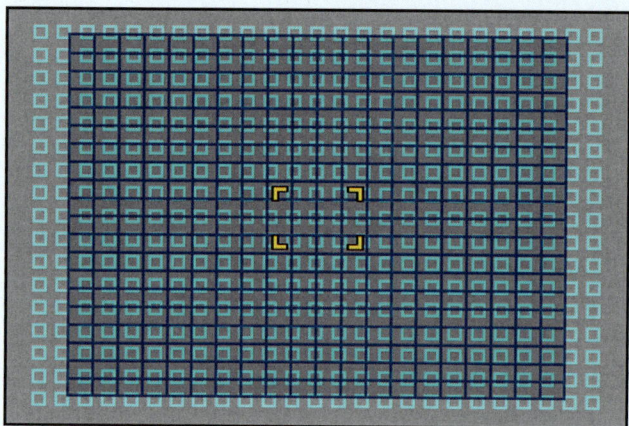

Abbildung 4.47 *Der Autofokus der α6600 ermittelt die Schärfe sowohl per Phasenerkennungs-AF (türkis) als auch per Kontrast-AF (dunkelblau).*

Bei der Phasenerkennung werden die eintreffenden Lichtstrahlen anhand getrennter Messpunkte in zwei *Halbbilder* aufgeteilt. Diese Halbbilder werden durch Verschieben der Objektivlinsen zur Deckung gebracht. Das ist so ähnlich wie die beiden unterschiedlichen Bilder, die unsere Augen produzieren und die unser Gehirn zu einem Bild zusammensetzt. Da die Messtechnik aus den analysierten Halbbildern direkt schließen kann, auf welche Position die Objektivlinsen verschoben werden müssen, reichen ein Messvorgang und ein Einstellvorgang für die Scharfstellung aus.

Der Kontrast-AF versucht hingegen, im gewählten Fokusbereich einen möglichst hohen Kontrast herzustellen, denn je höher der lokale Kontrast zwischen den feinen Motivlinien wird, desto höher ist der Schärfeeindruck. Der Kontrast-AF ist dem Phasenerkennungs-AF in Sachen Präzision überlegen. Er hat aber auch den Nachteil, dass eine einzige schnelle Messung nicht ausreicht, um den Fokus zu finden. Vielmehr müssen sich die Objektivlinsen für die Kontrastfindung durch mehrere Messungen Stück für Stück an die richtige Position heranarbeiten. Die α6600 kombiniert nun beide Messmethoden. Mit dem schnelleren Phasenerkennungs-AF werden die Objektivlinsen zügig in die annähernd richtige Position verschoben. Anschließend bestimmt der Kontrast-AF mit nur noch kurzen und schnellen Verstellwegen die exakte Fokusposition. Dadurch und aufgrund der hohen Anzahl an Fokuspunkten (*High-Density-AF-Tracking-Technologie*) fokussiert die α6600 rasend schnell.

Wenn bei schwacher Beleuchtung das AF-Hilfslicht anspringt, erhöht sich die Fokussierzeit aber merklich. Der Autofokus setzt vollständig aus, wenn das AF-Hilfslicht deaktiviert ist und es so dunkel ist, dass für eine korrekte Belichtung bei *f*/2 und ISO 100 eine längere Belichtungszeit als 15 s notwendig wäre (Lichtwert unter −2). Außerdem können Mount-Adapter den Phasenerkennungs-AF verhindern, wobei die Sony-Adapter *LA-EA2* und *LA-EA4* ihren eigenen Phasenerkennungs-AF mitbringen. Achten Sie auch darauf, dass Ihre E-Mount-Objektive die aktuelle Firmware besitzen, sonst wird der Phasenerkennungs-AF eventuell nicht unterstützt. Prüfen Sie gegebenenfalls die Kompatibilität anhand der technischen Angaben auf den Sony-Internetseiten, oder fragen Sie direkt bei Sony nach. Unterstützt das Objektiv den Phasenerkennungs-AF nicht, ist der **Automatische AF** (**AF-A**) nicht verfügbar, und beim Filmen können Empfindlichkeit und Geschwindigkeit der Motivverfolgung nicht reguliert werden (Menü 📷 **2** > **Film1** > **AF Speed** und **AF-Verfolg.empf.**).

Abbildung 4.48 *Der Hybrid-AF der α6600 arbeitet in den meisten Fällen schnell und präzise. Die Messpunkte reichen bis fast an den Bildrand, sodass Sie freie Wahl bei der Bildgestaltung haben. Hier lag der Fokus präzise auf dem Inneren der linken Knospe.*

100 mm | *f*/2,8 | 1/200 s | ISO 400

Kapitel 5
Schöne Farben und reines Weiß

In der Fotografie bedeutet Licht nicht nur das Spiel von Hell und Dunkel, sondern ist auch für die Existenz und die Wirkung von Farbe im Bild verantwortlich. Wie Sie den Farbeindruck Ihrer Bilder perfekt managen und welche unterschiedlichen Möglichkeiten Ihnen die α6600 dazu an die Hand gibt, zeigen wir auf den folgenden Seiten. Tauchen Sie ein in die Welt der Farben.

5.1 Farben steuern mit dem Weißabgleich

Das uns umgebende Sonnenlicht wechselt seine Farbe im Laufe eines Tages permanent, und künstliche Lichtquellen wie Glühlampen, Neonröhren oder Kerzen haben ebenfalls ihre eigene charakteristische Lichtfarbe. Manche Lichtstimmungen empfinden wir als kühl und andere als angenehm warm. Da die α6600 als technisches Gerät kein solches Farbempfinden hat, muss ihr mitgeteilt werden, welchen Lichtcharakter die aktuelle Situation hat. Sonst entstünden Farbstiche im Bild oder Film. An dieser Stelle kommt der *Weißabgleich* ins Spiel. Er teilt der Kamera mit, welche Lichtart sie vor sich hat, indem er die *Farbtemperatur* über den *Kelvin-Wert* vorgibt.

Abbildung 5.1 *Die Farbwirkung eines jeden Bildes oder Films hängt unter anderem vom Weißabgleich ab. Hier wurde das herbstliche Nachmittagslicht in natürliche Bildfarben umgesetzt.*
200 mm | f/8 | 1/320 s | ISO 100 | −1 EV

Automatisch gesetzt oder von Ihnen manuell vorgegeben, erlaubt erst der richtige Weißabgleich eine naturgetreue Farbdarstellung ohne Farbstich und Fehlfarben. Gängige Lichtquellen besitzen etwa die in Tabelle 5.1 aufgelisteten Kelvin-Werte.

Natürliche Lichtquelle	Farbtemperatur
Nebel	7000–8000 K
Schatten, bedeckter Himmel	6000–7000 K
Sonne mittags	5500–6500 K
Sonne vormittags/nachmittags	4300–5500 K
Mond	4100 K
Sonnenauf-/-untergang	2000–3500 K
Künstliche Lichtquellen	Farbtemperatur
Blitzgerät	5500–6000 K
Energiesparlampe (Tageslichtweiß)	5300–6500 K
Halogenlampe	5200 K
Leuchtstoffröhre (Kaltweiß)	4000 K
Energiesparlampe (Neutralweiß)	3300–5300 K
Energiesparlampe (Warmweiß)	2700–3300 K
Energiesparlampe (Extra Warmweiß)	2700 K
Glühbirne (100 W)	2800 K
Glühbirne (40 W)	2680 K
Kerze	1500–2000 K

Tabelle 5.1 *Farbtemperaturen natürlicher und künstlicher Lichtquellen*

5.1.1   Mit dem automatischen Weißabgleich zu schönen Farben

Der automatische Weißabgleich **AWB** (= *Auto White Balance*) der α6600 lässt Sie in vielen Aufnahmesituationen nicht im Stich. Bei Tageslicht sorgt er sowohl beim Fotografieren als auch beim Filmen meist für eine adäquate Farbgebung. Das gilt selbst für Motive kurz nach Sonnenuntergang (blaue Stunde) oder für Feuerwerk. Ein wenig Aufmerksamkeit erfordern Aufnahmen im Schatten, da der **AWB** dann manchmal eine etwas zu bläuliche, kühle Farbwirkung erzeugt. Auch wenn sich verschiedene Lichtquellen ungünstig mischen, kann es zu Farbverschiebungen kommen. Aber es gibt weitere geeignete Vorgaben für unterschiedliche Situationen. Für deren Auswahl können Sie die C1-Taste verwenden und im Falle des automatischen Weißabgleichs die Option **AUTO** beziehungsweise **AWB** mit dem Einstellrad aufrufen. Sie steht ganz oben in der Liste. Alternativ finden Sie den Eintrag **Weißabgleich** auch im Quick-Navi-Menü oder im Menü **⬛ 1 > Farbe/WB/Bildverarbeitung1**.

Abbildung 5.2 *Einstellen des automatischen Weißabgleichs und bei Bedarf auch der weiter unten aufgeführten anderen Vorgaben*

AWB-Sperre

Möchten Sie mehrere Bilder anfertigen und sichergehen, dass sich die Farbgebung durch den automatischen Weißabgleich nicht von Bild zu Bild ändert? Dann aktivieren Sie die sogenannte *AWB-Sperre*. Dazu können Sie eine der Kameratasten mit der Funktion **AWB-Sperre Umsch.** belegen (mehr darüber erfahren Sie in Abschnitt 12.1, »Die Kamerabedienung anpassen«). Drücken Sie die Taste, und schon werden die aktuellen Weißabgleichwerte fixiert, und zwar so lange, bis Sie die Taste erneut drücken, die α6600 in den Ruhezustand übergeht oder aus- und wieder eingeschaltet wird.

5.1.2 Ambiente oder Weiß priorisieren

Wird mit dem automatischen Weißabgleich unter reiner Kunstlichtbeleuchtung fotografiert oder gefilmt, kann es vorkommen, dass das Leuchtmittel sozusagen darauf abfärbt und neutrale Farben wie Weiß und Grau nicht neutral dargestellt werden. Das liegt daran, dass der **AWB** an sich auf eine natürliche Farbwirkung setzt. In vielen Situationen ist das auch absolut passend. Auch unsere Augen nehmen das gelbe Licht einer Glühlampe gelb wahr und registrieren, dass die Gegenstände unter dieser Beleuchtung etwas gelblicher aussehen – denken Sie an eine gemütliche Restaurantatmosphäre. Geht es aber zum Beispiel darum, ein Produkt, ein Brautkleid oder weißes Geschirr im Bild in neutralen Farben darzustellen, können Sie den **AWB** dazu bringen, Weiß nahezu ohne Farbstich darzustellen. Setzen Sie dazu im Menü **⬛ 1 > Farbe/WB/Bildverarbeitung1** bei **PriorEinst. bei AWB** die Vorgabe auf **Weiß** AWB. Möglich ist dies in allen Aufnahmeprogrammen außer der **Automatik** und **SCN**. Wir persönlich bevorzugen diese Einstellung beispielsweise bei Food-Aufnahmen mit weißem Porzellan, was bei den gezeigten Pfeffer- und Salzstreuern auch gut funktioniert hat. Allerdings mussten wir auch feststellen, dass die Priorisierung auf Weiß nicht immer zuverlässig für neutrale Weiß- und Grautöne im Bild sorgt. Wenn das bei Ihnen auch der Fall sein sollte, können wir Ihnen nur empfehlen, mit dem manuellen Weißabgleich für eine noch besser auf das Leuchtmittel abgestimmte Farbgebung zu sorgen. Wie Sie dazu vorgehen, erfahren Sie in Abschnitt 5.2, »Situationen für den manuellen Weißabgleich«.

Abbildung 5.3 *Automatischer Weißabgleich mit der Priorität* **Weiß** *(links),* **Standard** *(Mitte) und* **Ambiente** *(rechts)*
50 mm | ƒ/2,8 | 1/15 s | ISO 100 | +0,7 | Stativ | Halogenlampenlicht | Handdiffusor

Wer noch mehr Wert auf den Erhalt der Lichtstimmung legt, kann im Gegenzug auf die Vorgabe **Ambiente** AWB setzen. Die Bilder wirken dadurch noch wärmer als bei der Einstellung **Standard**, was aber auch zu viel des Guten sein kann. Denken Sie daran, die Priorität nach der Fotosession wieder zurückzustellen, damit Sie nicht versehentlich mit einer ungeeigneten Farbgewichtung des **AWB** fotografieren. Bei Außenaufnahmen sollte die Einstellung am besten auf **Standard** stehen.

> **Flexibilität bei RAW**
>
> Bei Verwendung des RAW-Formats können Sie den Weißabgleich des Bildes auch erst später flexibel auf Ihr Motiv abstimmen. Das lässt sich am Computer mit so gut wie jedem RAW-Konverter erledigen, zum Beispiel auch mit den kostenlos zur Kamera verfügbaren Programmen *Imaging Edge Edit* oder *Capture One Express (for Sony)*. Trotz der Flexibilität sollten Sie aber stets versuchen, den Weißabgleich schon beim Fotografieren weitestgehend korrekt einzustellen, damit die Bildqualität nicht unter der späteren Farbverschiebung leidet. Es kann nämlich durchaus vorkommen, dass sich bei extremen Korrekturen das Bildrauschen verstärkt.

5.1.3 Vorgabe verschiedener Lichtquellen

Wenn der automatische Weißabgleich **AWB** ein farbstichiges Bild liefern sollte, können Sie sich einer der angebotenen Weißabgleichvorgaben der α6600 bedienen. Diese richten sich an verschiedenen gängigen Lichtquellen aus. Wählen Sie daher die Vorgabe, die Ihrer Lichtquelle entspricht oder ihr zumindest sehr ähnlich ist.

Die Vorgabe **Tageslicht** ☀ (circa 5100 K) ist für Außenaufnahmen bei hellem Licht vom späten Vormittag bis zum frühen Nachmittag gedacht, liefert aber häufig etwas zu kühle Farben. Daher verwenden wir bei Tageslichtmotiven oft die Vorgabe **Bewölkt**. **Tageslicht** liefert aber bei Aufnahmen von Feuerwerken schöne Farben. Mit der Einstellung **Bewölkt** ☁ (circa 5800 K) erzielen Sie bei mittlerer bis starker Bewölkung und Nebel eine passende Farbwirkung, und bei Aufnahmen mit Sonne lässt sich eine etwas wärmere Lichtstimmung mit leicht erhöhten Gelb-Rot-Anteilen erzeugen. Wählen Sie **Schatten** ⌂ (circa 7200 K), werden die Farben bei Außenaufnahmen bei bedecktem Himmel, Regenwetter oder im Schatten eines ansonsten sonnigen Tages realistisch wiedergegeben. Die Vorgabe eignet sich aber auch, um Sonnenuntergänge intensiv gelbrot darzustellen.

Abbildung 5.4 *Weißabgleich* **Tageslicht** *(links),* **Bewölkt** *(Mitte) und* **Schatten** *(rechts). Mit der Einstellung* **Schatten** *kamen die warmen Farben des Herbstlaubs an diesem nebligen Aufnahmetag am natürlichsten zur Geltung.*
50 mm | f/5,6 | 1/80 s | ISO 3200 | +1 EV

Achten Sie aber stets darauf, dass Ihr Motiv durch die erhöhten Gelbanteile nicht »vergilbt« aussieht, was sich auf der Haut von Menschen oder bei weißen Schönwetterwolken nicht so gut macht. Bei der gezeigten Waldaufnahme passte die Einstellung **Schatten** aus unserer Sicht am besten, sie lieferte eine natürliche, warme Farbwirkung. **Tageslicht** stellte die bemoosten Baumstämme für unseren Geschmack mit zu hohen Cyananteilen dar. **Bewölkt** lag dazwischen, war uns aber auch noch einen Tick zu bläulich. Das ist natürlich auch immer etwas Geschmackssache.

Im Falle künstlicher Lichtquellen eignet sich, wie zu erwarten, die Vorgabe **Blitz** ^{WB} (circa 6 000 K) für Motive, die überwiegend durch Blitzlicht ausgeleuchtet werden. Da sich Blitz- und Sonnenlicht farblich ähneln, können Sie diese Einstellung aber auch bei Tageslichtaufnahmen verwenden. Die Wirkung ähnelt der Vorwahl **Schatten** mit einer etwas rötlicheren Farbtonung.

Die Weißabgleichvorgabe **Glühlampe** ☼ (circa 2 800 K) ist für eine Beleuchtung mit Glühlampen oder Leuchtstofflampen einer vergleichbaren Lichtfarbe gedacht. Damit wurde das Lampenlicht des gezeigten nächtlich beleuchteten Bode-Museums zwar auch ziemlich neutral dargestellt. Allerdings sah das Motiv in der Realität nicht so kühl und blau aus, es hatte einen gelbrötlicheren Farbton. Wenn Sie es mit einem solchen *Mischlicht* zu tun haben, bei dem verschiedene Lichtquellen und vielleicht auch noch ein wenig Tageslicht aufeinandertreffen, können Sie versuchen, mit den anderen Kunstlichtvorgaben ein besseres Ergebnis zu erzielen. Bei uns brachte die Vorgabe **Leuchtst.: Tag.-weiß** ▦+1 (circa 5 000 K) eine Farbdarstellung, die zwar noch ein wenig zu gelblich war, ansonsten aber der realen Situation schon sehr nahekam. Die Vorgabe **Leuchtst.: Tageslicht** ▦+2 (circa 5 800 K) lieferte hingegen ein deutlich zu gelbes Bild, während in den Aufnahmen mit **Leuchtst.: Kaltweiß** ▦ 0 (circa 4 200 K) und **Leuchtst.: warmweiß** ▦−1 (circa 3 300 K) die Blau- und Magentatöne zu stark betont waren. Daher behielten wir die Vorgabe **Leuchtst.: Tag.-weiß** bei und reduzierten minimal die Gelbanteile mit einer Weißabgleichanpassung, die wir Ihnen im Anschluss vorstellen. Damit entsprachen die Bildfarben den realen Motivfarben sehr gut.

Abbildung 5.5 *Weißabgleich* **Glühlampe** *(links),* **Leuchtst.: Tag.-weiß** *(Mitte) und* **Leuchtst.: Tag.-weiß** *mit der Weißabgleichanpassung* **B3***,* **M1** *(rechts)*

16 mm | ƒ/8 | 20 s | ISO 100 | Stativ

Speziell für Unterwasseraufnahmen hat die α6600 auch noch die Vorgabe **Unterwasser-Auto** (circa 3000–4500 K) im Programm. Diese ist vor allem für Aufnahmen mit einem Unterwassergehäuse gedacht, eignet sich aber auch für Bilder von Fischen im Aquarium, da auch dort die Blautöne des Wassers stärker herausgefiltert werden müssen.

Eine Vorgabe für alles

Wenn Sie im RAW-Format fotografieren und nicht ständig zwischen den Weißabgleichvorgaben wechseln möchten, legen Sie mit der Vorgabe **Farbtmp./Filter** einfach einen Wert für alle Situationen fest. Bei uns hat sich eine Vorgabe von 5500 Kelvin als sehr praktikabel für alle Arten von Tageslicht und auch Mischungen aus Blitz- und Tageslicht erwiesen. Sie verleiht den Bildern aus der α6600 eine meist stimmige und gute Farbgrundlage, die situationsabhängig per RAW-Konverter mit oder ohne Graukarte nur noch leicht angepasst werden muss. Navigieren Sie dazu im Menü **Weißabgleich** nach Auswahl von **Farbtmp./Filter** mit der rechten Taste ▶ des Einstellrads zur Funktion **Farbtemperatur**, und wählen Sie die Kelvin-Zahl mit dem Einstellrad aus.

Abbildung 5.6 *Die individuelle Kelvin-Einstellung ist auch dann sinnvoll, wenn Sie die Farbtemperatur eines künstlichen Leuchtmittels kennen.*

5.1.4 Den Weißabgleich anpassen

Sollte keine der Weißabgleichvorgaben ein zufriedenstellendes Ergebnis liefern, bietet die α6600 die Möglichkeit, Farbstiche mit einer *Weißabgleichanpassung* zu verringern. Dazu drücken Sie im Menü **Weißabgleich** die rechte Taste ▶ des Einstellrads. Verschieben Sie anschließend den Cursor innerhalb des bunten Farbfeldes mit den Pfeiltasten ▲▼◀▶ entgegengesetzt zur Farbe des Farbstichs, wie hier auf die Position **B3**, **M1**. Mit der Mitteltaste bestätigen Sie die Eingabe. Denken Sie daran, die Korrektur wieder zurückzusetzen. Sie wirkt sich zwar nur auf die gewählte Weißabgleichvorgabe aus, aber durch das Zurückstellen vermeiden Sie, dass in anderen Situationen durch die Anpassung gegebenenfalls ein Farbstich entsteht.

Abbildung 5.7 *Einstellen der **Weißabgleichanpassung** in Richtung der vier Grundfarben **A** = Amber (Gelborange), **B** = Blau, **G** = Grün, **M** = Magenta*

Weißabgleichreihe

Um schnell eine Reihe von Bildern aufzunehmen, die sich im Weißabgleich um Nuancen unterscheiden, lässt sich die automatische **Weißabgleichreihe BRK WB** anwenden. Damit entstehen ein unverändertes Bild und eines mit etwas wärmerer sowie eines mit etwas kühlerer Farbgebung. Die Unterschiede fallen aber meist recht gering aus, selbst wenn Sie die stärkere Einstellung **Hi** verwenden. Dennoch, wer die Reihe ausprobieren möchte, öffnet das Menü **Bildfolgemodus** und sucht sich weiter unten den Eintrag **Weißabgleichreihe** aus. Mit den Tasten ◄ ► des Einstellrads können Sie die Stärke auswählen. Lösen Sie dann einmal aus. Es werden automatisch drei Bilder mit den unterschiedlichen Farbnuancen gespeichert – und das, wenn es als Dateiformat eingestellt ist, auch im RAW-Format.

5.2   Situationen für den manuellen Weißabgleich

Mit dem manuellen beziehungsweise benutzerdefinierten Weißabgleich bietet die α6600 eine weitere Funktion gegen ungewollte Farbstiche in Fotos und Filmen. Vergleichen Sie dazu einmal die beiden Aufnahmen mit dem Clown, die wir mit der α6600 unter Glühlampenlicht fotografiert haben. Im ersten Bild sieht die Figur immer noch leicht gelblich aus, obwohl schon mit dem automatischen Weißabgleich **AWB** und der Priorität **Weiß** AWB_☼ fotografiert wurde, bei dem die neutralen Farben eigentlich keinen Farbstich mehr aufweisen sollten.

Abbildung 5.8 *Der automatische Weißabgleich stellte den Clown trotz Priorität **Weiß** mit einem deutlichen Gelbstich dar. Mit dem benutzerdefinierten Weißabgleich ließ sich dieser entfernen.*

50 mm | f/2,5 | 0,5 s | ISO 100 | +1 | Stativ

Das Ergebnis des benutzerdefinierten Weißabgleichs präsentiert das Motiv hingegen mit klareren Weiß- und Grautönen, hat es also geschafft, den Gelbstich des Leuchtmittels aus dem Bild herauszuhalten.

Wenn es also um die farbgenaue Wiedergabe einer Szene, eines Produkts oder zum Beispiel auch einer Reprofotografie geht, ist es sinnvoll, den benutzerdefinierten Weißabgleich durchzuführen. Dazu benötigen Sie eine Referenzfläche mit neutralen Farben. Sehr gut eignen sich dazu sogenannte *Graukarten*. Das sind feste Papp- oder Plastikkarten, die mit 18-prozentigem Grau beschichtet sind (zum Beispiel *ZEBRA* von Novoflex oder *ColorChecker Passport* von X-Rite). Die Beschichtung ermöglicht eine zuverlässige Farbtemperaturmessung unabhängig vom vorhandenen Licht. Manche Karten besitzen zudem eine weiße Seite, die sich für die Messung in dunklerer Umgebung eignet. Haben Sie keine Graukarte zur Hand, kann es auch funktionieren, einen anderen neutralfarbenen Gegenstand in das Bild zu halten. Weißes Papier oder Taschentücher sind allerdings nicht ganz so gut geeignet. Die Aufheller, die sich häufig darin finden, können die Messung des Weißabgleichs verfälschen.

Abbildung 5.9 *Mit der Graukarte von ColorChecker Passport konnten wir den Weißabgleich manuell auf Vordermann bringen.*

Den Graukartenwert später nutzen

Wenn Sie sich das Prozedere des benutzerdefinierten Weißabgleichs sparen möchten, können Sie die Graukarte an irgendeiner Stelle in das Bild halten und abfotografieren. Nehmen Sie die gleiche Szene und vielleicht noch weitere Bilder in der gleichen Umgebung auf. Später öffnen Sie die Fotos im RAW-Konverter, klicken mit der Weißabgleich-Pipette auf die Graukarte des ersten Bildes und übertragen die Werte auf alle anderen Fotos.

SCHRITT FÜR SCHRITT
Einen manuellen Weißabgleich durchführen

1 **Aufnahmemodus wählen**

Stellen Sie einen der Aufnahmemodi **P**, **A**, **S**, **M**, **Film** oder **Zeitlupe & Zeitraffer** S&Q ein, und wählen Sie alle gewünschten Belichtungswerte.

2 Benutzer-Setup auswählen

Wählen Sie über die C1-Taste, das Quick-Navi-Menü oder das Menü 📷 1 > **Farbe/WB/Bildverarbeitung1 > Weißabgleich** einen der zur Verfügung stehenden Speicherplätze **Anpassung 1**, **2** oder **3** 🔲 aus. Navigieren Sie dann nach rechts, sodass die Touch-Fläche **SET** orange hervorgehoben wird. Drücken Sie die Mitteltaste herunter.

3 Die Messung durchführen

Richten Sie die α6600 nun so auf das Referenzobjekt oder die Graukarte aus, dass die angezeigte Kreisfläche in der Mitte des Bildes mit Weiß beziehungsweise Grau gefüllt ist. Starten Sie die Messung mit einem Druck auf die Mitteltaste. Die α6600 löst hörbar aus, und das Ergebnis erscheint auf dem Display. Dabei werden Ihnen die Farbtemperaturangaben angezeigt, die soeben neu ermittelt wurden (hier **2700 K**, wie in Abbildung 5.11 zu sehen). Mit dieser Messung könnten Sie also auch die Farbtemperatur der Lichtquelle herausfinden.

Abbildung 5.10 *Mit der Kreismarkierung auf das Referenzobjekt zielen und auslösen*

4 Fehlermeldung?

Es kann vorkommen, dass die Messung fehlschlägt, was erfahrungsgemäß dann passiert, wenn der Messbereich nicht einheitlich hell oder insgesamt zu dunkel ist. Sie sehen dann den Hinweis **Benutzerdef. Weißabgl. fehlgeschlagen**. Sorgen Sie in solchen Fällen für eine gleichmäßigere Beleuchtung des Messkreises, oder stellen Sie eine Belichtungskorrektur für ein helleres Bild ein.

5 Änderung bestätigen und Bild aufnehmen

Bestätigen Sie den manuell eingestellten Weißabgleich (**Benutzer-Setup**) auf dem zuvor gewählten Speicherplatz, hier **Anpassung 2** mit **2700K**, **A-B: 0** und **G-M: G1**. Wenn Sie das Fotomotiv jetzt erneut fotografieren oder filmen, sollte die Farbgebung stimmen, und natürlich werden auch alle anderen Aufnahmen, die Sie in gleich beleuchteter Umgebung anfertigen, ohne Farbstich wiedergegeben.

Abbildung 5.11 *Nach der Messung sind die neuen Weißabgleichwerte ablesbar.*

5.3   Kreativmodi für besondere Farbeffekte

Die Kreativmodi beziehungsweise *Bildstile* der α6600 (nicht zu verwechseln mit den Bildeffekten des nächsten Abschnitts) haben nichts mit dem Weißabgleich zu tun, verändern aber ebenfalls die Farbgebung des Bildes. Damit können Sie zum Beispiel die Farbsättigung Ihrer Aufnahme intensivieren oder auch eine Darstellung in Schwarzweiß oder Sepia gestalten.

Abbildung 5.12 *Von links oben nach rechts unten sehen Sie die Kreativmodi* **Standard**, **Lebhaft**, **Neutral**, **Klar**, **Tief**, **Hell**, **Porträt**, **Landschaft**, **Sonnenuntergang**, **Nachtszene**, **Herbstlaub**, **S/W** *und* **Sepia**.

24 mm | ƒ/8 | 1/60 s | ISO 320 | +0,7

Um die Kreativmodi anwenden zu können, stellen Sie eines der Programme **P**, **A**, **S**, **M**, **Film** ▤ oder **Zeitlupe & Zeitraffer** S&Q ein. Setzen Sie gegebenenfalls den zuvor verwendeten **Bildeffekt** oder das **Fotoprofil** im Menü 📷 1 > **Farbe/WB/Bildverarbeitung1** auf **AUS**. Nun können Sie im gleichen Menü oder alternativ auch im Quick-Navi-Menü den gewünschten **Kreativmodus** mit dem Einstellrad oder den Tasten ▲ ▼ auswählen.

Abbildung 5.13 *Den Kreativmodus auswählen, hier **Lebhaft***

Möchten Sie einen individuellen Kreativmodus erstellen? Dann navigieren Sie im Menü des Kreativmodus nach rechts und passen die Werte für den **Kontrast** ◑, die **Sättigung** ⊛ und die **Schärfe** ▣ manuell an. Hier haben wir beispielsweise auf Basis des Kreativmodus **Standard** eine Bildvariante mit stark entsättigten Farben und geringem Kontrast erstellt (Kontrast und Sättigung auf Stufe **–3**). Dies kann bei stark kontrastierten Motiven oder auch bei Filmaufnahmen sinnvoll sein, um zu verhindern, dass die Lichter oder Tiefen ausreißen und strukturlos dargestellt werden. In der nachträglichen Bildbearbeitung können Sie den recht flauen Kontrast adäquat anheben und auf diese Weise möglichst ausgewogenes Bildmaterial erhalten. Bestätigen Sie die geänderten Einstellungen mit der Mitteltaste, oder tippen Sie einfach den Auslöser an, um das Menü zu verlassen und die Aufnahme mit dem abgewandelten Kreativmodus zu starten. Die Änderung hat dauerhaft Bestand, die Werte müssen also wieder auf ±0 zurückgesetzt werden, um mit dem jeweils unveränderten Kreativmodus arbeiten zu können.

Abbildung 5.14 *Die Werte für den **Kontrast**, die **Sättigung** und die **Schärfe** anpassen, hier auf Basis des Kreativmodus **Standard***

Eigene Stile speichern

Mit den sechs Speicherplätzen für individuelle Einstellungen ▣1Std.⁺, die sich am Ende der Liste der Kreativmodi befinden, können eigene Bildstile in der α6600 hinterlegt werden. In diesem Fall finden Sie im Einstellungsfenster des Kreativmodus als erste Option eine Auswahlmöglichkeit für den grundlegenden Stil. Wählen Sie diesen aus, zum Beispiel **Landschaft**, und passen Sie dann weiter rechts die Werte für **Kontrast**, **Sättigung** und **Schärfe** an.

Die folgende Auflistung gibt Ihnen eine Übersicht über die spezifischen Eigenschaften der 13 verfügbaren Kreativmodi:

- **Standard** Std.⁺: Sorgt für angenehm gesättigte Farben und eine gute Schärfe, was bei einem Großteil der Motive zu einer ausgewogenen Darstellung führt.

- **Lebhaft** Vivid⁺: Erhöht die Sättigung und den Kontrast. Die Bilder sind damit gut für die direkte Weiterverwendung im Druck oder in anderen Medien vorbereitet. Allerdings können kräftige Farben auch zu bunt wirken. Achten Sie auf etwaige Übersättigung bei Rot- und Blautönen.

- **Neutral** Ntrl⁺: Erzeugt eine neutrale, natürlich wirkende Farbgebung, die sich gut als Basis für die Weiterbearbeitung des Bildes am Computer eignet, insbesondere wenn das Motiv zur Überstrahlung neigende, kräftige Farben aufweist.

- **Klar** Clear⁺: Erhöht den Kontrasteindruck, lässt die Farben strahlen und erzeugt helle Spitzlichter, was bei Aufnahmen mit der Mittagssonne im Bild gut wirkt.

- **Tief** Deep⁺: Bildet das Motiv dunkler und mit etwas reduziertem Kontrast ab, womit sich Hauptmotive prägnant vor einem dunklen Hintergrund in Szene setzen lassen.

- **Hell** Light⁺: Erhöht den Helligkeitseindruck und eignet sich für an sich schon helle Motive oder für Gegenlichtszenen, die besonders hell und frisch aussehen sollen.

- **Porträt** Port.⁺: Stimmt die Farbgebung und die Schärfe speziell auf die Haut ab, um Nahaufnahmen von Gesichtern mit angenehmer Textur in Szene zu setzen.

- **Landschaft** Land.⁺: Intensiviert die natürlichen Farben, vor allem Grün und Blau, und erhöht den Kontrast, um Landschaften mit frischen Farben abzubilden und entfernte Landschaftszüge möglichst klar wiederzugeben. Achtung: Kräftige Motivfarben können zu bunt werden!

- **Sonnenuntergang** Sunset⁺: Liefert eine sehr warme Farbgebung, mit der die Farben des Abendrots schön unterstrichen werden.

- **Nachtszene** Night⁺: Nimmt die Bilder mit leicht reduziertem Kontrast auf, um eine gute Durchzeichnung zu ermöglichen.

- **Herbstlaub** Autm⁺: Intensiviert vor allem die Rot- und Orangetöne für lebendig und kräftig wirkende Herbstfarben.

- **Schwarz/Weiß** B/W⁺: Erzeugt eine monochromatische Darstellung mit Anpassungsmöglichkeiten für Kontrast und Schärfe.

- **Sepia** Sepia⁺: Damit entstehen sepiagetönte, monochromatische Bilder, die ein wenig an historische Aufnahmen erinnern.

Kreativmodus nachträglich ändern

Bei JPEG-Fotos und Filmen lässt sich der Kreativmodus nachträglich nicht mehr ändern, achten Sie daher darauf, dass nicht versehentlich ein Bildstil eingestellt ist, den Sie gar nicht nutzen möchten. Bei Aufnahmen im RAW-Format können Sie mit der Sony-Software *Imaging Edge Edit* oder auch, allerdings etwas eingeschränkt, in *Adobe Lightroom* den Kreativmodus nachträglich auf das Bild anwenden.

5.4   Individuelle Fotos mit Bildeffekten gestalten

Während die Kreativmodi aus dem vorangegangenen Abschnitt überwiegend einen recht moderaten Einfluss auf die Bilder ausüben, gehen die acht Bildeffekte der α6600 einen Schritt weiter. Hier werden die Fotos und Filme teilweise sehr stark verfremdet. Um die verschiedenen Bildeffekte einsetzen zu können, muss sich die α6600 in einem der Modi **P**, **A**, **S**, **M**, **Film** 🎞 oder **Zeitlupe & Zeitraffer** S&Q befinden. Die Bildeffekte können auch nur verwendet werden, wenn bei Fotos das **Dateiformat** auf **JPEG** steht. Steuern Sie nun im Menü 📷 1 > **Farbe/WB/Bildverarbeitung1** die Rubrik **Bildeffekt** an, und wählen Sie die gewünschte Vorgabe mit dem Einstellrad oder den Tasten ▲ ▼ aus.

Abbildung 5.15 *Auswahl des Bildeffekts* **Spielzeugkamera**

Einige Bildeffekte bieten Ihnen die Möglichkeit, Anpassungen vorzunehmen, zu erkennen an den kleinen Pfeilen neben dem Effektsymbol. In diesem Fall verwenden Sie den Drehregler oder die Tasten ◄►, um die gewünschte Stilausprägung zu bestimmen. Bestätigen Sie die Einstellungen mit der Mitteltaste, oder tippen Sie einfach den Auslöser an. Danach können Sie das Bild aufnehmen. Im Folgenden haben wir Ihnen die Eigenarten der verschiedenen Effekte als Übersicht zusammengestellt:

- **Spielzeugkamera** 🅣: Abgedunkelte Bildecken lassen die Bilder wie Lochkamerafotos wirken, und Sie können ohne oder mit vier verschiedenen Farbstichen fotografieren. Da die Bilder insgesamt recht dunkel werden, belichten Sie gegebenenfalls etwas über.

- **Pop-Farbe** 🅟: Die Farben werden sehr kräftig wiedergegeben. Achten Sie daher ein wenig darauf, dass an sich schon kräftige Farben nicht zu sehr an Zeichnung verlieren — es sei denn, genau das ist gewünscht.

Abbildung 5.16 *Kräftig bunte Bildwirkung mit* **Pop-Farbe**

170 mm | ƒ/2,8 | 1/400 s | ISO 500

Abbildung 5.17 *Bildeffekt* **Spielzeugkamera** *mit abgedunkelten Bildecken und Farbstich*

44 mm | ƒ/4,5 | 1/80 s | ISO 100 | +1

- **Tontrennung** (Pos) (auch **Posterisation**): Mit der Vorgabe **Farbe** (Pos) werden die Bildfarben in die reinen Farben Rot, Gelb, Blau, Grün, Cyan, Magenta, Schwarz und Weiß aufgetrennt und bei **S/W** (Pos) nur nach ihrer Helligkeit in die Farben Schwarz und Weiß. Damit entstehen bei an sich schon grafischen Motiven tolle Effekte. Je geringer der Blendenwert gewählt wird, desto feiner die Farb- oder Helligkeitsabstufungen.

- **Retro-Foto** (Rtro): Die Farben werden blass und sepiagetönt wiedergegeben, was vor allem Oldtimern oder anderen historischen Gegenständen eine schöne klassische Note verleiht.

Abbildung 5.18 *Posterisation mit der Vorgabe Tontrennung: Farbe*

70 mm | ƒ/2,8 | 1/125 s | ISO 125 | −0,3

Abbildung 5.19 *Nostalgische Bildwirkung mit dem Bildeffekt Retro-Foto*

42 mm | ƒ/2,8 | 1/80 s | ISO 100

- **Soft High-Key** (SftH/Key): Das Bild wird heller wiedergegeben, was sich besonders für an sich schon helle Motive eignet. Achten Sie aber darauf, dass die ganz hellen Stellen nicht zu weißen Flecken werden, und belichten Sie gegebenenfalls etwas unter. Der Stil eignet sich auch für Porträts, die mit etwas verringerter Detailschärfe hell, weich und sanft wirken sollen.

- **Teilfarbe** (Part/R): Nur die vorgewählte Farbe **Rot** (Part/R), **Blau** (Part/B), **Grün** (Part/G) oder **Gelb** (Part/Y) bleibt erhalten, alle anderen Bildfarben werden in Schwarzweiß wiedergegeben.

Abbildung 5.20 *Luftig helle Bildwirkung mit Soft High-Key*

35 mm | ƒ/2,8 | 1/60 s | ISO 2000

Abbildung 5.21 *Mit dem Bildeffekt Teilfarbe: Gelb behalten nur die Gelbtöne ihre Farbe.*

50 mm | ƒ/5,6 | 1/80 s | ISO 800 | +1

- **Hochkontr.-Mono.** (HC/BW): Das Foto wird in Schwarzweiß mit hohem Kontrast umgewandelt, sodass vor allem Motive mit deutlichen Kanten einen sehr plastischen und prägnanten Look erhalten. Passen Sie die Bildhelligkeit mit einer Belichtungskorrektur gegebenenfalls so an, dass nicht zu viele wichtige Details in den schwarzen oder weißen Bildflächen untergehen.

- **Sattes Monochrom** (Rich BW): Liefert Schwarzweißbilder mit einer sehr detailreichen, feinen Durchzeichnung. Dazu nimmt die α6600 beim Auslösen automatisch mehrere Bilder auf und verrechnet diese zum fertigen Foto. Bei Filmaufnahmen ist dieser Bildstil nicht anwendbar.

Abbildung 5.22 *Prägnante Bildwirkung mit* **Hochkontr.-Mono.**

35 mm | ƒ/2,8 | 1/60 s | ISO 160 | −0,3

Abbildung 5.23 **Sattes Monochrom** *für detailreiche Schwarzweißaufnahmen*

50 mm | ƒ/8 | 1/500 s | ISO 100

5.5 Kameraprofil anlegen

Die Kamera und das Objektiv können leichte Farbveränderungen in den Bildern hervorrufen. Daher reicht es manchmal nicht aus, nur den Weißabgleich optimal an die Lichtsituation anzupassen. Für eine besonders farbverbindliche Darstellung können Sie aber mit recht wenig Aufwand ein kameraspezifisches Profil Ihrer α6600 erstellen, das solche Farbverschiebungen ausgleicht, und dieses anschließend auf die Bilder anwenden.

Für die Erstellung eines Farbprofils benötigen Sie allerdings eine spezielle Testkarte und die dazugehörige Software, beispielsweise von X-Rite (*ColorChecker*) oder Datacolor (*Spyder-CHECKR*). Wie die Kalibrierung mit dem *ColorChecker* und *Adobe Lightroom* abläuft, erfahren Sie in der folgenden Schritt-für-Schritt-Anleitung.

Abbildung 5.24 *Ergebnis vorher mit dem automatischen Weißabgleich der Priorität Weiß (links) und nach der Anwendung von Kameraprofil und Weißabgleich aus dem Bild mit der Testkarte (rechts)*

50 mm | ƒ/2,8 | 1/15 s | ISO 100 | +0,7 | Stativ | Halogenlampenlicht | Handdiffusor

SCHRITT FÜR SCHRITT
Kameraspezifisches Farbprofil erstellen und anwenden

1 Testkarte fotografieren

Fotografieren Sie ein Bild von der Testkarte mit der nicht komprimierten RAW-Qualität der α6600. Dazu legen Sie die Karte neben das Motiv, halten sie ins Bild oder geben sie Ihrem Model in die Hand. Die hellgrauen Kästchen im Bild sollten nicht überstrahlen. Nehmen Sie anschließend Ihre Bilder ohne die Karte auf.

Abbildung 5.25 *Der ColorChecker von X-Rite*

2 Exporteinstellungen in Adobe Lightroom (Abbildung 5.26)

Importieren Sie das Testkartenfoto und alle folgenden Bilder in *Adobe Lightroom*. Markieren Sie das Testkartenfoto, und wählen Sie **Datei > Exportieren** ([Strg]/[cmd]+[⇧]+[E]). Wählen Sie anschließend bei **Exportieren auf** die Vorgabe **Festplatte** ❶. Bei **Speicherort für Export** wählen Sie **Spezieller Ordner** ❷ und dann den Festplattenordner aus, der die Basisdateien für die Profilerstellung enthalten soll, hier **DNG fuer Kameraprofil**. Nachdem Sie bei **Bildformat** die Vorgabe **DNG** ❸ eingestellt haben, starten Sie den Prozess mit der Schaltfläche **Exportieren**. Danach schließen Sie *Adobe Lightroom*, damit das anschließend erstellte Profil später auch erkannt wird.

3 Profil erstellen (Abbildung 5.27)

Öffnen Sie die Software *ColorChecker*, und wählen Sie **Datei > Bild hinzufügen**. Sollten die Farbfelder nicht automatisch erkannt werden, verschieben Sie die vier grünen Eckpunkte mit der Maus, bis die grünen Rähmchen mittig auf den Farbfeldern liegen. Starten Sie die Verarbeitung mit **Profil erstellen**, und geben Sie dem Profil einen aussagekräftigen Namen, etwa eine Kombination aus Kameramodell, Objektiv und Aufnahmesituation, wie zum Beispiel A6600_24–70_Indoor). Danach können Sie das Programm wieder schließen und *Adobe Lightroom* öffnen.

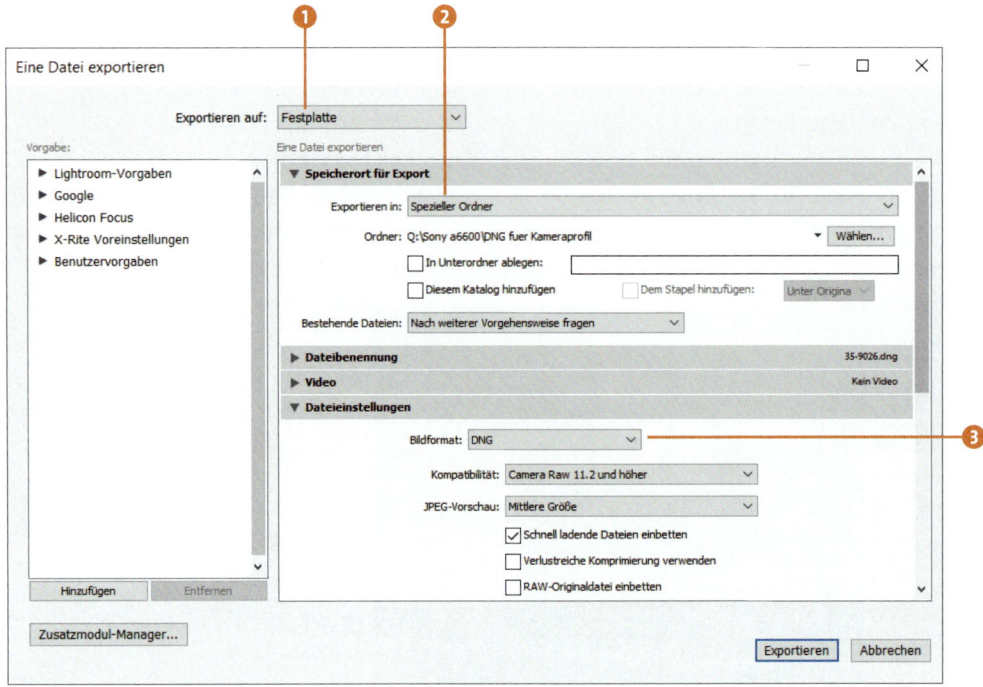

Abbildung 5.26 *Exporteinstellungen für das Testkartenfoto in Adobe Lightroom*

Abbildung 5.27 *Profil erstellen mit der Software ColorChecker*

4 Kamerakalibrierung

Wechseln Sie bei *Adobe Lightroom* in den Arbeitsbereich **Entwickeln** ❻. Für das Anwenden des zuvor erstellen Farbprofils wählen Sie unten im Bereich **Profil** über die Schaltfläche **Durchsuchen** das hinterlegte Farbprofil der α6600 ❼ aus der Kategorie **Profile** aus. Beobachten Sie die Farbfelder der Testkarte genau. Meist ändern sich die Intensitäten der Blautöne am deutlichsten, und der Kontrast wird angepasst. Wenn Sie möchten, können Sie im Bereich **Grundeinstellungen** die Weißabgleichpipette ❺ aufnehmen und auf eines der hellgrauen Felder innerhalb der oberen Palette des ColorCheckers klicken, um den Weißabgleich anzupassen. Für Porträts ist die obere Reihe ❹ gedacht und für Naturaufnahmen die Reihe darunter.

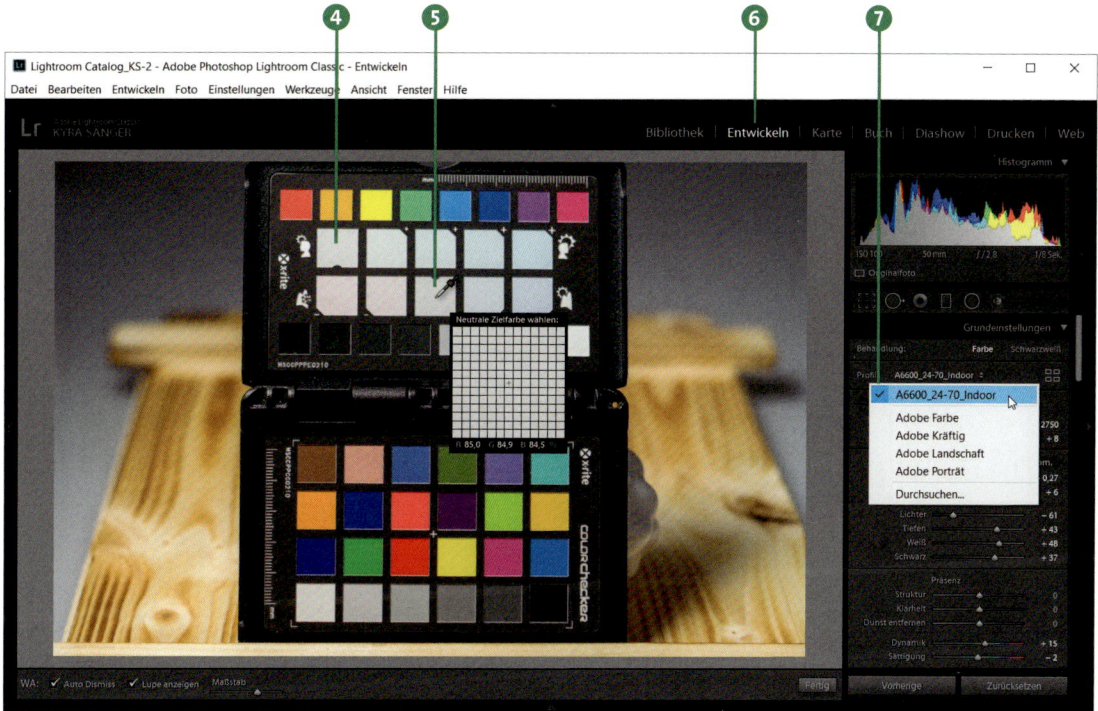

Abbildung 5.28 *Kamerakalibrierung in Adobe Lightroom*

5 Kalibrierungsdaten auf Bilder übertragen

Um die Werte für das Kameraprofil und gegebenenfalls auch den Weißabgleich auf die eigentlichen Bilder ohne Testkarte zu übertragen, wählen Sie **Einstellungen > Einstellungen kopieren**. Im nächsten Dialogfenster sollten nur die Optionen **Prozessversion**, **Kalibrierung** und gegebenenfalls **Weißabgleich** mit einem Häkchen versehen sein. Danach wählen Sie eines oder mehrere Bilder aus, die Sie mit den gleichen Werten versehen möchten, und gehen zu **Einstellungen > Einstellungen einfügen**. Anschließend können Sie die Bilder einzeln hinsichtlich Belichtung, Schärfe und Rauschreduzierung weiterbearbeiten.

Einen geeigneten Farbraum wählen

Jede Farbe, die in Ihrem Foto oder Film vorkommt, ist durch bestimmte Werte der drei Grundfarben **R**ot, **G**rün und **B**lau definiert. Diese Werte nutzt der Monitor der α6600 oder der Computerbildschirm, um die Bildfarben korrekt abzubilden. Der Farbraum wiederum bestimmt die
höchstmögliche Anzahl an darstellbaren Farben, auch wenn nicht alle in Ihrem Foto enthalten
sind. Für Fotos bietet die α6600 nun die Möglichkeit, zwischen zwei Farbräumen auszuwählen: **sRGB** und **Adobe RGB**, zu finden im Menü 📷 1 > **Qualität/Bildgröße1** bei **Farbraum**. Worin
liegt aber der Unterschied, und welcher Farbraum ist am besten geeignet? Nun, zunächst einmal unterscheiden sich die Farbräume in der Anzahl der maximal darstellbaren Farben. In der
Grafik ist zu sehen, dass die Farbenvielfalt von sRGB etwas kleiner ist als die von Adobe RGB, vor
allem im grünen Farbsegment.

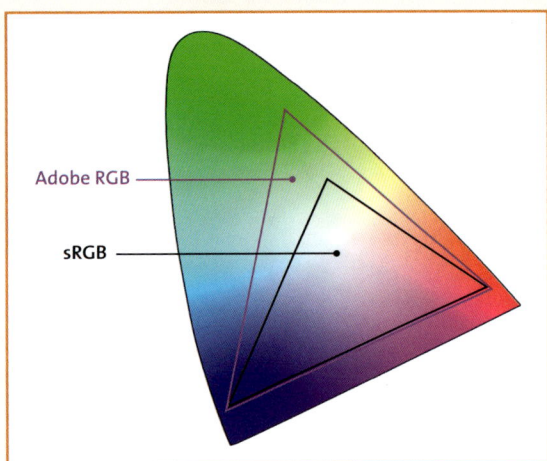

Abbildung 5.29 *Die Farbräume Adobe RGB und sRGB*

Adobe RGB besitzt somit mehr farbliche Reserven als sRGB. Daher eignet sich Adobe RGB vorwiegend für Bilder, die aufwendig nachbearbeitet werden und später in höchstmöglicher Qualität mit entsprechend auf das Farbprofil eingestellten Druckern ausgegeben werden sollen.
Für die Darstellung am PC, im Internet und den direkten Ausdruck auf dem eigenen Drucker
reicht hingegen sRGB aus. Auch wenn Sie mit Software arbeiten, die kein Farbmanagement unterstützt, ist sRGB der besser geeignete Farbraum, weil er einfach eine höhere Verbreitung aufweist.

Beim Verschicken der Fotos zu externen Ausbelichtern sollten Sie in den meisten Fällen auch
den sRGB-Standard verwenden. Wenn Sie hier Adobe-RGB-Bilder einsenden, können Ergebnisse
mit flauer oder gar verfälschter Farbgebung die Folge sein. Bilder im Adobe-RGB-Farbraum
müssen vor dem Versenden ins Fachlabor also immer in den vom Dienstleister angegebenen
Farbraum konvertiert werden, was zusätzliche Arbeit verursacht, für Profis aber zum Standard-

prozess gehört. Informieren Sie sich am besten vorab, welchen Farbraum der gewählte Dienstleister erwartet.

Bei Filmaufnahmen haben Sie die Möglichkeit, über die **Fotoprofile** (mehr darüber erfahren Sie im Exkurs »Fotoprofile situationsbedingt einsetzen« in Kapitel 8) den Farbraum **ITU709** zu nutzen, der von der Farbenvielfalt her sRGB ähnelt, oder den Farbraum **BT.2020**, der noch größer ist als Adobe RGB.

Abbildung 5.30 *Darstellung des Bildes im Farbraum Adobe RGB, in dem es auch fotografiert wurde (links). Das Foto wurde nicht richtig in den sRGB-Farbraum konvertiert, sodass die Farben zu flau aussehen (rechts).*

16 mm | ƒ/16 | 1/50 s | ISO 100

Kapitel 6
Kreativ blitzen mit der Sony α6600

Eine gelungene Mischung aus Blitz- und Umgebungslicht ist entscheidend für eine harmonische und professionell wirkende Ausleuchtung Ihres Fotos, egal, ob es sich um eine Szene bei Tageslicht, im Studio oder in dunkler Umgebung handelt. Erfahren Sie in diesem Kapitel alles über die Blitzoptionen Ihrer α6600, fügen Sie den Blitz mal harmonisch, mal dominant ein, oder zünden Sie ihn entkoppelt von der Kamera.

6.1   Blitzlicht automatisch hinzusteuern

Da die α6600 keinen integrierten Blitz besitzt, können Blitzaufnahmen nur mit einem am *Multi-Interface-Schuh* angebrachten kompatiblen Systemblitzgerät angefertigt werden (mehr darüber erfahren Sie in Abschnitt 6.5, »Systemblitzgeräte für die Sony α6600«). Damit stehen Ihnen dann alle Möglichkeiten offen, das Zusatzlicht direkt, indirekt oder auch entfesselt zu steuern. Lernen Sie also gleich einmal die verschiedenen Blitztechniken kennen, und arbeiten Sie kreativ damit.

Das Einfachste, was Sie tun können, um eine Szene mit Blitzlicht aufzuhellen, ist die Verwendung der Aufnahmeprogramme **Automatik AUTO**, **Porträt** , **Makro** und **Nachtaufnahme** . Diese sind mit der **Blitz-Automatik** gekoppelt, die den eingeschalteten Systemblitz nur dann zünden lässt, wenn das Umgebungslicht für eine verwacklungsfreie Aufnahme aus der freien Hand nicht ausreicht. Auch bei hohen Kontrasten kann sich das Blitzgerät automatisch zuschalten. Die α6600 geht in diesem Fall von einer Gegenlichtsituation aus und »denkt«, sie müsse die Schatten aufhellen. Das ist in vielen Fällen auch richtig und führt zu besseren Bildern. In allen anderen Modi ist die **Blitz-Automatik** dagegen nicht nutzbar, und Sie müssen sich für einen der im Folgenden vorgestellten Blitzmodi entscheiden.

Abbildung 6.1 *Die Holzstatue steht in einer eher schwach beleuchteten Passage und ließ sich mit der* **Blitz-Automatik** *gut ausleuchten.*
80 mm | ƒ/2,8 | 1/160 s | ISO 3200 | Blitz

6.2 Die Blitzmodi in der Übersicht

Die **Blitz-Automatik** ⚡AUTO der α6600 funktioniert an sich sehr gut. Manchmal fällt die Wirkung aber nicht ganz so aus wie gewünscht, der Hintergrund wirkt zum Beispiel zu dunkel und das Hauptmotiv zu hell. Dann heißt es, die Steuerung des Blitzes selbst zu wählen, um mehr Einfluss auf die Lichtgestaltung zu erhalten. Die α6600 reguliert das Zusammenspiel aus Blitzlicht und Umgebungsbeleuchtung mit diversen Blitzmodi, die sich im Quick-Navi-Menü oder im Menü 📷 1 > **Blitz** > **Blitzmodus** einstellen lassen.

Abbildung 6.2 *Auswahl des Blitzmodus im Quick-Navi-Menü.*

Mit dem **Aufhellblitz** ⚡ wird der Blitz zum Zünden gezwungen, egal, wie das Motiv beschaffen ist. Daher eignet sich dieser Modus zum Aufhellen von Schatten in heller Umgebung oder bei Gegenlicht. Auch beim indirekten Blitzen über die Zimmerdecke, Seitenwände oder Reflektoren muss dem Blitz oftmals mitgeteilt werden, dass er auf jeden Fall zünden soll. Der **Aufhellblitz** eignet sich zudem für Aufnahmen, die ausschließlich von Blitzlicht beleuchtet werden, etwa im Studio, wenn das Umgebungslicht überhaupt keine Rolle spielt.

Beim Blitzen in heller Umgebung kann die Verwendung des Aufhellblitzes stark überbelichtete Bilder zur Folge haben. Das liegt daran, dass die Motivhelligkeit eigentlich kürzere Belichtungszeiten erfordert, die α6600 bei Blitzeinsatz aber standardmäßig nicht kürzer belichten kann als mit 1/160 s. Für diese Beschränkung ist der Mechanismus des Kameraverschlusses verantwortlich. Er erlaubt nur Blitzbelichtungszeiten, die maximal der sogenannten *Synchronisationszeit* entsprechen. Der Verschluss braucht diese Zeit, um sich für die Bildaufnahme vollständig zu öffnen, sodass der Sensor freigelegt ist und das gesamte Foto etwas von dem kurz aufleuchtenden Blitzlicht abbekommt.

Es gibt aber eine Möglichkeit, die Zeitbeschränkung auszutricksen. Dazu benötigen Sie ein Blitzgerät, das die sogenannte *Highspeed-Synchronisation* (*HSS = High Speed Synchronisation*) beziehungsweise *Kurzzeitsynchronisation* unterstützt. Damit feuert der Blitz während der gesamten Belichtungszeit extrem kurze Lichtblitze ab, was mit bloßem Auge jedoch nicht wahrzunehmen ist. Dies benötigt viel Energie, sorgen Sie daher für gut geladene Blitzakkus. Auch die Reichweite des Blitzlichts nimmt stark ab, was Sie an der Reichweitenangabe am Display des Blitzgeräts prüfen können. Mit dieser Technik gelingen schöne Freisteller von Natur- oder Porträtmotiven auch in heller Umgebung. Im aktuellen Sony-System beherrschen die Modelle *HVL-F60RM*, *HVL-F60M*, *HVL-F45RM*, *HVL-F43M* und *HVL-F32M* diese Technik. Alternativen sind zum Beispiel der *mecablitz 52 AF-1* oder der *64 AF-1* von Metz. Eingeschaltet wird die Kurzzeitsynchronisation je nach Gerät entweder automatisch, was am HSS-Zeichen ⚡HSS zu erkennen ist, oder durch Aktivierung am Blitzgerät. Mit dieser Methode können Sie auch bei extrem kurzen Belichtungszeiten von 1/500 s oder kürzer mit Blitzlicht fotografieren. Je kürzer die Belichtungszeit, desto kürzer die Reichweite.

Abbildung 6.3 *Ohne Blitz ist die Person im Vordergrund zu dunkel geraten (links). Nur mit dem **Aufhellblitz** bei kürzestmöglicher Zeit ohne HSS ist das Bild im hellen Licht der Mittagssonne völlig überstrahlt (rechts).*

100 mm | ƒ/2,8 | 1/640 s | ISO 100

100 mm | ƒ2,8 | 1/160 s | ISO 100 | Blitz

Abbildung 6.4 *Der **Aufhellblitz** sorgt für einen helleren Vordergrund, sodass die Szene nun insgesamt ausgewogener belichtet ist. Mit der Highspeed-Synchronisation war eine sehr kurze Belichtungszeit realisierbar.*

100 mm | ƒ/2,8 | 1/1000 s | ISO 100 | Blitz

Wenn der Blitz nicht zündet

Blitzaufnahmen sind generell nicht möglich, wenn die **Geräuschlose Aufnahme** aktiviert ist. Der Blitz wird zudem bei Einstellung der Belichtungszeit **BULB** unterdrückt. In den Szenenprogrammen **Sportaktion**, **Landschaft** und **Sonnenuntergang** steht der Blitzmodus standardmäßig auf **Blitz aus** (🚫), kann aber durch Umschalten auf den **Aufhellblitz** ⚡ aktiviert werden. Absolutes Blitzverbot herrscht hingegen in den Szenenmodi **Nachtszene**, **Handgeh. Bei Dämm.** und **Anti-Beweg.-Unsch.** Blitzen ist auch bei allen Arten von Filmaufnahmen nicht möglich. Möchten Sie eine Filmszene aufhellen, benötigen Sie Dauerlicht, das am besten flackerfrei ist. Solche Lampen werden beispielsweise von Hedler oder Jinbei angeboten.

Im Modus **Langzeitsynchronisation** ⚡SLOW wird das Bild zu Beginn der Belichtungszeit mit dem Blitz aufgehellt. Die Grundbelichtung orientiert sich aber stets am vorhandenen Licht, und der

Blitz steuert nur noch so viel Licht zur Aufnahme bei, dass die Schatten der Objekte im Vordergrund adäquat aufgehellt werden. Daher ist dieser Modus geeignet für Motive, bei denen die Hintergrundbeleuchtung gut sichtbar sein soll, wie zum Beispiel bei Porträtaufnahmen in Innenräumen oder mit nächtlich beleuchteter Kulisse im Hintergrund, Partyfotos oder Makroaufnahmen bei unzureichender Beleuchtung. Wenn Sie die Langzeitsynchronisation im Modus **Blendenpriorität** (**A**) einsetzen, können Sie die Schärfentiefe, genauso wie ohne Blitz, über die Wahl der Blende steuern. Achten Sie dabei wie gewohnt auf die Belichtungszeit, da diese bis zu 30 s lang werden kann.

Abbildung 6.5 *Die Langzeitsynchronisation sorgt mit einer Verlängerung der Belichtungszeit dafür, dass der Hintergrund im Bild hell bleibt.*

110 mm | ƒ/2,8 | 1/4 s | ISO 200 | Systemblitz | Stativ

Abbildung 6.6 *Mit dem Blitzmodus **Aufhellblitz** liegt der Schwerpunkt auf einer kurzen Belichtungszeit. Bei gleicher Blende und gleichem ISO-Wert werden der nicht vom Blitz erreichte Hintergrund und die dort vorhandenen Lichtquellen dadurch dunkler abgebildet.*

110 mm | ƒ/2,8 | 1/60 s | ISO 200 | Systemblitz | Stativ

Heller Hintergrund in den Modi S und M

Die Langzeitsynchronisation ist nur in den Programmen **P** und **A** einstellbar und wird im Szenenmodus **Nachtaufnahme** automatisch aktiviert. In den Modi **S** und **M** erzielen Sie mit dem **Aufhellblitz** ⚡ aber vergleichbare Effekte, wenn Sie die Belichtungszeit so einstellen, dass der Hintergrund auch ohne Blitz schon hell genug abgebildet würde. Die Belichtungszeit kann individuell gewählt werden und mit Blitz maximal 30 s betragen.

Die Eigenschaften des Blitzmodus **Sync 2. Vorh.** ⚡REAR entsprechen denen der Langzeitsynchronisation, das Bild wird aber erst am Ende der Belichtung mit Blitzlicht aufgehellt. Wenn Sie damit in dunkler Umgebung und entsprechend langer Belichtungszeit im Modus **A** blitzen, entstehen spannende Kombinationen aus dem scharf abgebildeten Hauptmotiv und einem mehr oder weniger verwischten Hintergrund. Das können Sie sich für kreative Party- oder Eventfotos zunutze machen. Bei solchen Bildideen ist immer ein wenig Ausprobieren gefragt, und man kann nie ganz genau sagen, wie das Foto aussehen wird. Aber genau das macht es natürlich auch spannend.

Abbildung 6.7 *Der Blitz friert die Protagonisten scharf ein, und die Kamerabewegung erzeugt den Wischeffekt.*

270 mm | f/29 | 0,5 s | ISO 1600 | Systemblitz

6.3   Weiterführende Blitzmethoden

Neben der grundlegenden Kombination aus Belichtungsprogramm und Blitzmodus bietet die α6600 noch weitere Möglichkeiten, das Blitzlicht kreativ in die Aufnahme einfließen zu lassen.

Was tun gegen rote Augen?

Es kommt zwar nicht allzu häufig vor, aber wenn Ihr Model in dunkler Umgebung sehr weit vom Blitz entfernt steht, kann das Blitzlicht rote Augenreflexe verursachen. Diesem Phänomen können Sie mit der Funktion **Rot-Augen-Reduz** aus dem Menü ◘ 1 > **Blitz** entgegensteuern. Bei aktivierter Rote-Augen-Reduzierung sendet ein mit der Funktion kompatibler Systemblitz vor der eigentlichen Aufnahme ein paar Vorblitze aus, die dafür sorgen, dass sich die Pupillen verengen. Am besten sagen Sie vor der Aufnahme kurz Bescheid, dass es mehrmals blitzen wird, sonst schließt die Person die Augen eventuell zu früh. Sollten Sie dennoch rote Augen in Ihren Aufnahmen erhalten, können Sie die Pupillen in der Nachbearbeitung schwärzen. Sehr viele Bildbearbeitungsprogramme und einige RAW-Konverter bieten eine Funktion zur Korrektur roter Augen an.

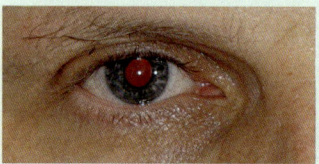 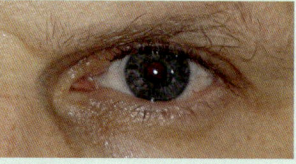

Abbildung 6.8 *Die Rote-Augen-Reduzierung hat die rote Netzhautreflexion (links) nicht ganz verhindert, aber verringert (rechts).*

6.3.1   Indirekt blitzen mit angepasster Blitzlichtmenge

Manchmal wirkt der Blitz zu intensiv, manchmal zu schwach. Dann können Sie die Blitzwirkung verbessern, indem Sie eine Blitzbelichtungskorrektur vornehmen, bei Sony als *Blitzkompensation* bezeichnet. Dies kann sinnvoll sein, wenn Sie indirekt »über« die Decke blitzen oder das Blitzlicht mit einem Diffusor oder einer Softbox streuen. In diesen Fällen sind Pluskorrekturen vorteilhaft, damit der Blitz alles hergibt, was er zu leisten in der Lage ist. Die α6600 erlaubt

Blitzkorrekturen von ±3 EV-Stufen in den Modi **P**, **A**, **S** und **M**. Einstellen können Sie die **Blitz-kompensation** 🔆 im Quick-Navi-Menü oder im Menü 📷 **1 > Blitz**. Bei Blitzgeräten von Fremd-herstellern kann es vorkommen, dass die Blitzbelichtungskorrektur am Gerät justiert werden muss. Halten Sie sich in diesem Fall an die Angaben in der Bedienungsanleitung Ihres Blitzge-räts.

Durch das indirekte Blitzen wird die Ausleuchtung homogener, die Schattenränder verlaufen weicher, und die meisten störenden Reflexionen verschwinden. Alternativ können Sie auch eine Styroporplatte als Reflexionsfläche verwenden und diese zum Beispiel links oder rechts von Ihrem Motiv positionieren, um das Licht indirekt von der Seite kommen zu lassen. Die Schatten treten dann auf der vom Blitz abgewandten Seite in Erscheinung. Auf diese Weise können Sie mit Licht und Schatten sehr flexibel experimentieren. Spielen Sie bei Ihrem nächs-ten Porträt-Shooting mit der Blitzrichtung und der Blitzlichtmenge, um die Möglichkeiten und Wirkungen auszutesten.

Abbildung 6.9 *Unschöne Reflexionen und eine flache Bildwirkung durch das direkte Blitzlicht*

45 mm | ƒ/8 | 1/60 s | ISO 100 | Systemblitz

Abbildung 6.10 *Weiche Ausleuchtung und plastischer Bildeindruck plus bessere Hintergrund-ausleuchtung mit dem indirekten Blitz über die Gewölbedecke*

45 mm | ƒ/8 | 1/60 s | ISO 400 | Systemblitz indirekt (+2)

Einfallswinkel gleich Ausfallswinkel

Achten Sie beim Blitzen mit dem Systemblitzgerät stets genau auf die Richtung, in die das Blitzlicht abgegeben wird. Dabei ist es recht einfach, die Richtung abzuschätzen, die das Blitzlicht nach dem Auftreffen auf die Decke in Richtung Motiv nimmt, denn es strahlt im gleichen Winkel von der Decke ab, in dem es auf sie getroffen ist. Es gilt das physikalische Reflexionsgesetz: Einfallswinkel gleich Ausfallswinkel.

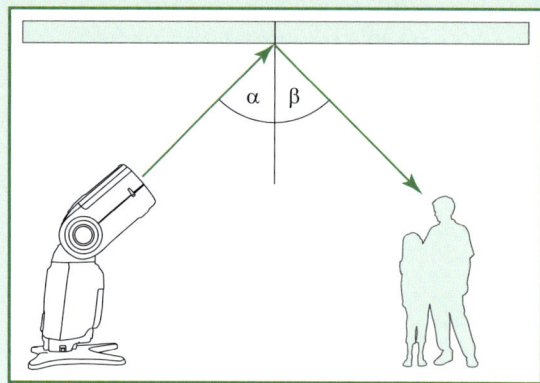

Abbildung 6.11 *Laut dem Reflexionsgesetz entspricht der Ausfallswinkel, den das Blitzlicht nach dem Auftreffen auf eine reflektierende Wand nimmt, genau dem Einfallswinkel. Das Motiv wird dadurch indirekt beleuchtet.*

6.3.2   Unabhängige Steuerung von Umlicht und Blitz

Für einen kreativen Umgang mit dem vorhandenen Licht in Kombination mit Blitzlicht ist es wichtig, den Blitz und die Hintergrundhelligkeit getrennt regulieren zu können. Bei den Bildern in Abbildung 6.12 sind wir beispielsweise folgendermaßen vorgegangen: Für die erste Aufnahme haben wir im Modus **Blendenpriorität** (**A**) den Blitz aktiviert und die Rosenknospe mit den Standardeinstellungen aufgehellt. Den Systemblitz hatten wir mit einem Minidiffusor ausgestattet, um das Motiv mit weichem Licht auszuleuchten. Damit wurde die Knospe schon einmal gut belichtet dargestellt. Um die Aufnahme etwas prägnanter zu gestalten, wollten wir die rote Knospe vor einem dunkleren Hintergrund ablichten.

Dazu haben wir für das nächste Bild eine recht deutliche **Belichtungskorrektur** von −5 EV eingestellt. Damit sollte das Raumlicht stärker ausgeschlossen werden und das meiste Licht aus dem Blitz kommen. Wie erwartet wurde das Bild auch deutlich dunkler. Jedoch hatte sich die Korrektur auch auf die Intensität der Blitzaufhellung ausgewirkt, die nun viel zu schwach ausfiel. Aber auch das können Sie bei der α6600 leicht ändern, indem Sie im Menü **⌂ 1** > **Blitz** die Funktion **Bel.korr einst.** von **Umlicht&Blitz** auf **Nur Umlicht** umstellen. Dadurch wirkt sich die Belichtungskorrektur nicht mehr auf die Blitzlichtmenge aus, sondern nur noch auf die Bildbereiche, die wenig oder kein Blitzlicht abbekommen. In unserem Fall änderte sich die Bildwirkung dahingehend, dass der in erster Linie vom Umgebungslicht beleuchtete Hintergrund deutlich dunkler wurde, während die Knospe durch den Blitz gut ausgeleuchtet wurde. Sollte der Blitz nun zu stark oder zu schwach sein, können Sie ihn mit einer **Blitzkompensation** ⚡ korrigieren, in unserem Beispiel hatten wir die Blitzintensität bei allen drei Aufnahmen um eine

Belichtungsstufe angehoben. Mit der Einstellung **Nur Umlicht** haben Sie damit die volle Kontrolle über die Helligkeit von Blitz und Umgebungslicht. Diese Vorgabe ist aus unserer Sicht als Standardeinstellung sehr zu empfehlen.

Abbildung 6.12 *Links: Die Standardeinstellung liefert eine gelungene Aufnahme. Mitte: Mit einer Belichtungskorrektur um −5 EV wurde auch die Blitzlichtmenge reduziert (**Umlicht&Blitz**). Rechts: Durch Umschalten auf **Nur Umlicht** wurde nur das Raumlicht reduziert, die Blitzaufhellung entspricht der des ersten Bildes.*

Links: 100 mm | f/11 | 1/2 s | ISO 100 | Systemblitz (Softbox) | Stativ

Mitte: 100 mm | f/11 | 1/80 s | ISO 400 | −5 | Systemblitz (Softbox) | Stativ

Rechts: 100 mm | f/11 | 1/80 s | ISO 400 | −5 | Systemblitz (Softbox) | Stativ

6.4   Drahtlos blitzen leicht gemacht

Systemblitzgeräte können entweder am Blitzschuh der Kamera befestigt oder als individuell positionierbare und von der Kamera getrennte Blitzgeräte verwendet werden. Diese Blitzmethode wird auch als *entfesseltes Blitzen* oder Blitzen im *Remote-* beziehungsweise *Drahtlosbetrieb* bezeichnet. Damit können Sie noch ausgefeilter mit Licht und Schatten spielen und die Blitzwirkung mit Aufsätzen kreativ modellieren. Um entfesselt zu blitzen, benötigen Sie einen Systemblitz als Steuerblitz (*Master-Blitz*) an der Kamera und mindestens einen *Remote-Blitz*, der das Steuersignal erkennen kann.

6.4.1   Entfesselt blitzen mit dem Blitzmodus Drahtlosblitz

Beim einfachen **Drahtlosblitz** läuft die Steuerung der Blitzlichtmenge vollautomatisch über das Sony-TTL-Blitzsystem ab (mehr darüber erfahren Sie im Exkurs »Die Blitzsteuerung der α6600 im Detail« am Ende dieses Kapitels). Dabei kann der Master-Blitz den Remote-Blitz entweder über optische Signale, also über Blitzlichtimpulse, oder mithilfe von Funksignalen fernauslösen. Beim optischen Drahtlosblitz müssen die Blitzgeräte Sichtkontakt zueinander haben. Daher kann es bei Verwendung einer Softbox für die Fernsteuerung notwendig sein, den entfesselten Blitz so zu drehen, dass dessen Vorderseite in Richtung Master-Blitz zeigt. Das Funksystem ist in dieser Hinsicht flexibler, da Hindernisse oder helles Umgebungslicht nicht stören und die Reichweite höher ist. Mit dem optischen System betrug die Reichweite in heller Umgebung teilweise nur zwei bis drei Meter. Bei beiden Methoden dient der Master-Blitz nur als Fernsteuerungseinheit, trägt also kaum (optisches System) oder gar nicht (Funksystem) zur Aufhellung des Bildes bei. Es kann aber vorkommen, dass der optische Steuerblitz des Masters einen kleinen Lichtpunkt auf glatten Oberflächen hinterlässt. Dieser kann aber leicht retuschiert werden. Oder Sie drehen den Blitzkopf des Masters nach oben oder zur Seite, sodass er nicht direkt in Richtung Ihres Fotomotivs leuchtet.

Abbildung 6.13 *Durch den entfesselten Blitz von rechts oben konnten wir eine prägnante Ausleuchtung des etwas avantgardistisch anmutenden Seepockendetails erzielen.*

100 mm | ƒ/11 | 1/125 s | ISO 100 | Stativ | zwei Systemblitze (Master, Remote)

Abbildung 6.14 *Wenn nur der Steuerblitz ausgelöst hat und das Licht aus dem entfesselten Blitz fehlt, ist die Aufnahme extrem dunkel.*

100 mm | ƒ/11 | 1/125 s | ISO 100 | Systemblitz (Master)

Um den Drahtlosblitz einzurichten, stellen Sie am entfesselten Blitzgerät den Modus für die Remote-Steuerung ein. Bei Sony-Blitzgeräten drücken Sie dazu die MODE-Taste und wählen den Modus **RC** (*Remote Control*) aus, sodass das Zeichen ⚡ **WL** (= *Wireless*, drahtlos) angezeigt wird. Bei Metz-Blitzgeräten aktivieren Sie den Modus **SLAVE**, entweder im Menü des Blitzgeräts oder durch Drücken der Taste **SL**. Bringen Sie den Master-Blitz an der α6600 an, und schalten Sie im Menü 📷 1> **Blitz** die Funktion **Drahtlosblitz** ⚡ ein. Positionieren Sie den Remote-Blitz, und lösen Sie die Aufnahme aus. Remote-Blitzgeräte werden übrigens im Blitzmodus **Aufhellblitz** ⚡ betrieben. Mit längeren Belichtungszeiten als 1/60 s können Sie also nur in den Programmen **S** oder **M** blitzen.

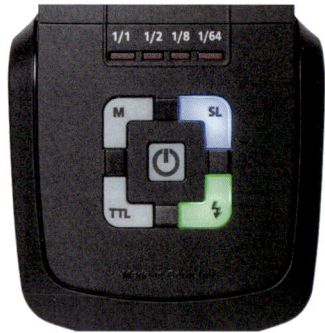

Abbildung 6.15 *Der Metz mecablitz 44 AF-1 im Remote-Betrieb **SL** (links). Bei Sony-Geräten wird der Remote-Betrieb durch ⚡ **WL** angezeigt (rechts).*

Übrigens können Sie mit einer Belichtungskorrektur die Helligkeit des Hintergrunds beeinflussen, was wir bei der Aufnahme in Abbildung 6.13 aber nicht getan haben. Alternativ steuern Sie die Grundhelligkeit des Bildes mit der **Manuellen Belichtung** (**M**) komplett selbst. Die Lichtmenge aus dem oder den entfesselten Blitzgeräten kann mit einer **Blitzkompensation** angepasst werden. Oftmals ist das allein schon deshalb notwendig, weil Softboxen oder Reflexschirme einen Teil des Lichts schlucken und dies dann kompensiert werden muss, wobei meist ein Wert von +1 EV schon ausreicht. Blitzkompensationen wirken sich beim einfachen Drahtlosblitz aber auf alle verwendeten Remote-Geräte aus. Die entfesselten Blitzgeräte können somit nicht unterschiedlich stark dosiert werden. Es ist aber möglich, die Blitzwirkung durch unterschiedliche Blitzentfernungen oder Blitzaufsätze zu variieren.

In Tabelle 6.1 haben wir Ihnen die Sony-Blitzgeräte mit Multi-Interface-Fuß und die mit dem Sony-Drahtlossystem kompatiblen mecablitz-Geräte von Metz (für Sony Multi Interface) zusammengestellt. So können Sie schneller sehen, welche Geräte sich gut miteinander kombinieren lassen.

Blitz	Optisches System		Funksystem		Servo-Blitz
	Master	Remote	Master	Remote	
HVL-F20M	ja	nein	nein	nein	nein
HVL-F32M	ja*	ja**	nein	nein	nein
HVL-F43M	ja	ja	nein	nein	nein
HVL-45RM	ja	ja	ja	ja	nein
HVL-F60M	ja	ja	nein	nein	nein
HVL-60RM	ja	ja	ja	ja	nein
mecablitz 44 AF-2	nein	ja***	nein	nein	nein
mecablitz 52 AF-1	ja	ja	nein	nein	ja
mecablitz 64 AF-1	ja	ja	nein	nein	ja

Tabelle 6.1 *Blitzgeräte, die für das entfesselte Blitzen mit unterschiedlichen Steuersystemen an der α6600 verwendbar sind (* Keine Lichtverhältnissteuerung, ** Nur in Gruppe A, Kanal 1, *** Nur in Gruppe A, keine Kanalauswahl)*

Belichtungssimulation deaktivieren

Wenn Sie im Studio mit Blitzlicht arbeiten, wird die Belichtung üblicherweise mit der **Manuellen Belichtung** (**M**) so eingestellt, dass das Bild ohne Blitz schwarz wäre, denn das Motiv soll ja nur vom Blitzlicht ausgeleuchtet werden. Eine Standardeinstellung wäre: ƒ/8 | 1/125 s | ISO 100. Das Livebild kann dann sehr dunkel sein, sodass Sie Ihr Motiv nicht mehr sehen. Schalten Sie in diesem Fall die Belichtungssimulation aus, indem Sie im Menü 📷 2 > **Anzeige/Bildkontrolle1** die Option **Anzeige Live-View** auf **Alle Einstell. Aus** setzen. Anschließend zeigt das Livebild die Standardbelichtung an, so als wäre kein Blitz angeschlossen und auch keine Belichtungs-korrektur eingestellt. Die Funktion lässt sich auch auf eine der benutzerdefinierten Tasten legen, wenn Sie sie häufig benötigen.

6.4.2   Entfesselt blitzen mit Servo-Blitzgeräten

Eine weitere, recht einfach umzusetzende Methode des entfesselten Blitzens besteht darin, die Remote-Blitze durch unspezifische Lichtimpulse auszulösen. Das ist zum Beispiel der Standard bei Studioblitzanlagen, aber auch manche Systemblitzgeräte können dafür verwendet werden, etwa der *Metz mecablitz 52 AF-1 digital* oder der *Sigma EF-610 DG SUPER*.

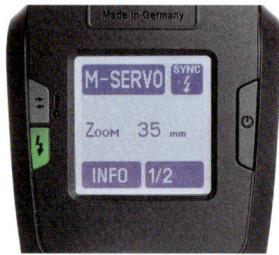

Abbildung 6.16 *Metz mecablitz 52 AF-1 im Modus* **M-Servo** *mit einer Leistung von 1/2*

Der Master-Blitz löst einen ganz normalen Blitzimpuls aus. Die Remote-Geräte erkennen diesen über ihre eingebaute Fotozelle und lösen mit aus. Die TTL-Steuerung ist dabei nicht verfügbar, das heißt, Sie müssen die Geräte mit manuellen Blitzleistungswerten steuern. Der Clou ist, dass Sie auch Servo-Blitzgeräte als entfesselte Blitzgeräte verwenden können, die eigentlich für an-dere Kamerasysteme gedacht sind. Wenn Sie mehrere entfesselte Blitzgeräte nutzen und diese das Motiv unterschiedlich hell beleuchten sollen, können Sie die entfesselten Geräte einfach manuell mit unterschiedlichen Blitzleistungen betreiben.

Abbildung 6.17 *Im linken Bild leuchtet nur der Servo-Blitz von links vorne (Leistung 1/8), im mittleren nur der von rechts hinten (Leistung 1/2), und im rechten Bild blitzen beide Geräte. Ausgelöst wurden sie von einem auf der Kamera montierten Systemblitz, den wir nach oben geklappt haben. So konnte er nicht auf die Figur strahlen, sondern nur die Servo-Geräte auslösen.*

33 mm | f/11 | 1/125 s | ISO 100 | Systemblitz (−3) | zwei Systemblitze im Servo-Modus

TTL-Messblitz ignorieren

Achten Sie bei Servo-Blitzgeräten darauf, dass es eine Funktion zum Ignorieren des Vorblitzes gibt, den die α6600 zur Blitzbelichtungsmessung einsetzt (mehr darüber erfahren Sie im Exkurs »Die Blitzsteuerung der α6600 im Detail« am Ende dieses Kapitels). Sonst löst der Servo-Blitz schon mit dem Messblitz aus und ist nicht schnell genug wieder aufgeladen, um auch noch Licht zur eigentlichen Aufnahme beizusteuern. Bei Metz gibt es dafür extra einen *Servo-Lernmodus*, bei dem der Blitz sich automatisch auf das Verhalten des Masters einstellen kann. Dazu wird ein Testbild ausgelöst. Anschließend ignoriert der Servo-Blitz den Vorblitz zuverlässig. Alternativ können Sie auch einen Master-Blitz an der α6600 anbringen und im Menü 📷 1 > **Blitz** den **Drahtlosblitz** aktivieren. Dann wird kein TTL-Messblitz ausgesendet.

6.4.3   Entfesselt blitzen mit der Lichtverhältnissteuerung

Es gibt die Möglichkeit, die entfesselten Blitzgeräte in verschiedene Gruppen einzuteilen (A, B, C) und diese vom Master-Blitzgerät aus über die TTL-Steuerung fernauszulösen. Für eine solche Lichtverhältnissteuerung benötigen Sie einen Master-Blitz, der die sogenannte *drahtlose Lichtverhältnissteuerung* beherrscht, zum Beispiel die Modelle *HVL-F43M*, *HVL-F45RM*, *HVL-F60M* oder *HVL-F60RM* von Sony oder den *Metz mecablitz 52 AF-1* oder *64 AF1*. Das Remote-Gerät sollte ebenfalls über ein Menü zur Drahtlossteuerung verfügen, damit Sie es der jeweiligen Gruppe zuordnen können. So können Sie dann beispielsweise einen Blitz von der linken Seite doppelt so stark dosieren wie den Blitz von rechts und beide Remote-Blitze bequem vom Master aus regulieren.

Funkblitzauslöser

Eine weitere Option für das Drahtlosblitzen stellen *Funkblitzauslöser* dar. Interessant sind hier vor allem Modelle, die mit der Sony-TTL-Steuerung umgehen können, zum Beispiel *Nissin Air 10s Commander/Air R Receiver* oder das Sony Wireless Lighting Control System mit Funksender *FA-WRC1M*, Funkempfänger *FA-WRR1* und einer Reichweite von bis zu 30 m.

6.5   Systemblitzgeräte für die Sony α6600

Mit einem externen Systemblitz im Multi-Interface-Schuh erweitert sich der kreative und qualitative Spielraum enorm. Im Folgenden finden Sie einige interessante Geräte aus jedem Leistungsbereich als Anhaltspunkte. Achten Sie beim Blitzkauf stets auch auf die Kompatibilitäts- und Service-Informationen des Herstellers.

6.5.1   Sony HVL-F20M

Der *HVL-F20M* (Leitzahl 20 bei 50 mm, ISO 100) ist der kompakteste und leichteste Blitz im Sony-Sortiment. Er spendet in vielen Situationen ein hilfreiches Zusatzlicht und kann externe Blitzgeräte drahtlos auslösen, wenn diese mit dem Sony-Blitzsystem kompatibel sind.

Durch Auf- oder Herunterklappen des gesamten Blitzkörpers lässt sich der Blitz schnell ein- oder ausschalten. Aufgrund des umstellbaren Reflektors (Schaltereinstellung von **Direct** auf **Bounce**) kann sogar indirekt über die Decke geblitzt werden. In solchen Fällen empfiehlt es sich, den Drehschalter an der Seite auf **Tele** (50 mm) zu stellen, damit der *HVL-F20M* seine volle Reichweite entfalten kann. Fortgeschrittene Anwender werden die Highspeed-Synchronisation (**HSS**) vermissen, und die Blitzleistung mit Leitzahl 20 reicht auch nicht gerade zum Ausleuchten ganzer Räume aus. Aber in puncto Größe und Gewicht ist er fast unschlagbar – ein praktischer Reisebegleiter.

Abbildung 6.18 *Der HVL-F20M kann direkt am Multi-Interface-Schuh der α6600 angebracht werden.*

6.5.2   Sony HVL-F32M und HVL-F43M

Die immer noch recht kompakten und HSS-fähigen Sony-Blitze *HVL-F32M* (Leitzahl 31,5 bei 105 mm, ISO 100) und *HVL-F43M* (Leitzahl 43 bei 105 mm, ISO 100) haben es in sich. Durch den dreh- und neigbaren Reflektor lässt sich das Licht in jede beliebige Richtung lenken. Aufgrund des Zoomreflektors (24–105 mm) passt sich die Lichtintensität an die eingestellte Objektivbrennweite an. Mit der *Weitwinkelstreuscheibe* können zudem stärkere Weitwinkelperspektiven und Makromotive ausgeleuchtet werden. Zusammen mit der weißen *Catchlight-Scheibe* (*Reflektorkarte*) lässt sich beim indirekten Blitzen etwas Licht frontal in Richtung Motiv leiten, um Augenschatten aufzuhellen.

Abbildung 6.19 *Der Drehmechanismus des Blitzkopfes beim HVL-F43M ist für Hochformataufnahmen sehr praktisch.*

Darüber hinaus können beide Geräte andere Blitzgeräte drahtlos auslösen oder selbst als Remote-Gerät agieren, wobei nur der *HVL-F43M* als Master in der Lage ist, verschiedene Blitzgruppen unterschiedlich stark zu dosieren (*Lichtverhältnissteuerung*). Wer beim Filmen gelegentlich eine leichte Motivaufhellung benötigt, kann zudem vom eingebauten Video-LED-Licht des *HVL-F43M* profitieren, wobei dieses wirklich nicht besonders stark aufhellt. Spezielle, für das Filmen konstruierte LED-Leuchten bieten da deutlich mehr Power und eine großflächigere Ausleuchtung (beachten Sie dazu auch den Hinweiskasten »Dauerlicht einsetzen« in Abschnitt 8.2.3, »Flackerfrei filmen bei Lampenbeleuchtung«). Generell erweitern beide Blitzgeräte die Anwendungsmöglichkeiten der α6600 auf sinnvolle, wenn auch nicht besonders kostengünstige Weise.

6.5.3   Sony HVL-F45RM

Der Sony *HVL-F45RM* (Leitzahl 45 bei 105 mm, ISO 100) ähnelt dem *HVL-F43M* sehr. In drei Aspekten unterscheiden sie sich jedoch. Erstens ist die Leitzahl ein wenig höher, das macht sich in der Praxis aber kaum bemerkbar. Zweitens kann der Blitz in dunkler Umgebung ein dezentes rotes AF-Hilfslicht aussenden, das dem Autofokus beim Scharfstellen hilft – sehr nützlich bei Event- und Partyfotos. Drittens ist der Blitz in der Lage, als Master entfesselte Blitzgeräte per Funk fernzusteuern, auch mit unterschiedlicher Lichtmenge in verschiedenen Blitzgruppen. Er kann zudem selbst als ferngesteuerter Blitz per Funk ausgelöst werden. Wer entfesselt blitzen und auf das stabilere Funksystem von Sony setzen möchte, erhält damit einen sehr guten Multifunktionsblitz.

6.5.4   Sony HVL-F60M und HVL-F60RM

Die Flaggschiffe des Sony-Blitzsystems sind der *HVL-F60M* (Leitzahl 60 bei 105 mm, ISO 100) und *HVL-F60RM* (Leitzahl 60 bei 200 mm, ISO 100). Beide Geräte bringen die aktuell höchste Leistung mit und können als Master- oder Remote-Blitz fungieren, wobei der *HVL-F60M* die ältere optische Signalübertragung verwendet und der *HVL-F60RM* zusätzlich zur optischen Signalsteuerung auch die stabilere Funktechnik von Sony beherrscht. Die Blitzgeräte besitzen darüber hinaus alle Funktionen, die man von einem professionellen Systemblitz erwarten würde, und die Bedienung ist sehr intuitiv aufgebaut.

Abbildung 6.20 *HVL-F60RM: der Alleskönner im Sony-Sortiment (Bild: Sony)*

Der *HVL-F60RM* unterscheidet sich vom *HVL-F60M* auch durch eine kürzere Blitzdauer bei voller Leistung, eine USB-Schnittstelle für eventuelle Firmware-Updates, einen erweiterten Blitzreflektorbereich (Brennweite 20–200 mm statt 24–105 mm) und eine geringere Minimalleistung (1/256 statt 1/128). Bei beiden Geräten gehört ein Farbwandlungsfilter für das eingebaute Video-LED-Licht zum Ausgleichen von Farbstichen bei Kunst- oder Leuchtstofflampen ebenso zur Grundausstattung wie ein aufsteckbarer Blitzdiffusor (*Bouncer*). Dieser optimiert die Lichtverteilung beim indirekten Blitzen, wenn der Blitzkopf nach oben zeigt. Für alle, die sich viel Leistung gepaart mit einer umfangreichen Ausstattung wünschen, sind die – zugegebenermaßen recht kostspieligen – Geräte auf jeden Fall zu empfehlen.

6.5.5   Blitzgeräte anderer Hersteller

Neben den Systemblitzen von Sony finden sich auch bei Fremdherstellern interessante Geräte für die α6600. Diese sind bei vergleichbarer Leistung oft etwas preisgünstiger und bieten teilweise interessante Funktionen an, wie zum Beispiel einen Servo-Blitzmodus. Sie eignen sich auch gut als kostengünstige Remote-Blitzgeräte für Ihr vielleicht schon vorhandenes System. In Sachen Größe und Gewicht lässt sich der *Metz mecablitz 44 AF-1 digital* am ehesten mit dem *HVL-F43M* vergleichen. Er ist mit der TTL-Steuerung von Sony voll kompatibel und kann als Remote-Gerät entfesselt ausgelöst werden. Was ihm allerdings fehlt, sind die Funktionen zur Highspeed-Synchronisation und zum Stroboskopblitzen. Beides liefern die nächsthöher angesiedelten Modelle, der *mecablitz 52 AF-1 digital* und der *mecablitz 64 AF-1 digital*. Damit alle Funktionen der α6600 mit den mecablitz-Geräten zur Verfügung stehen, wie zum Beispiel der Vorblitz zum Reduzieren roter Augen, installieren Sie die neueste Firmware des jeweiligen Blitzgeräts. Die Software dazu finden Sie in der jeweils aktuellsten Version auf der Metz-Homepage unter: *www.metz-mecatech.de/de/aufnahmelicht/firmware-download-blitzgeraete.html*. Wählen Sie das Blitzmodell und dann die Version für Sony aus, und laden Sie die verfügbare Datei für Windows oder macOS herunter. Eine PDF-Anleitung für das einfach durchzuführende Update ist in dem Paket enthalten.

Abbildung 6.21 *Metz mecablitz 52 AF-1 digital auf der α6600: eine kostengünstige Kombination mit sehr guter Qualität*

Sehr viel Leistung (Leitzahl 60) und eine angenehm kompakte Größe bietet auch der System-blitz *Nissin i60a*. Er ist voll kompatibel mit der TTL-Steuerung von Sony und überzeugt mit sei-nem umfangreichen Funktionspaket, zu dem unter anderem die Kurzzeitsynchronisation, eine Videoleuchte und ein mitgelieferter Blitzbouncer für das indirekte Blitzen zählen. Besonders in-teressant ist dieser Blitz auch deshalb, weil er über den *Nissin Air 10s Commander* als entfessel-ter Blitz drahtlos ausgelöst werden kann – und das mit automatischer TTL-Funksteuerung und einer Reichweite von bis zu 30 m.

Multi-Interface-Schuh

Die α6600 besitzt den von Sony 2012 eingeführten *Multi-Interface-Schuh*. Dieser schränkt die Auswahl der kompatiblen Blitzgeräte etwas ein, weil einige Fremdhersteller noch keine Geräte mit passendem *Multi-Inter-face-Fuß* entwickelt haben. Auch einige ältere Blitzgeräte von Sony sind daher nicht ohne Weiteres mit Ihrer α6600 kompatibel. Es gibt jedoch extra einen *Schuhadapter* (*ADP-MAA*) von Sony, den Sie zwischen Blitzschuh und Blitzfuß stecken können. Allerdings ist die Blitzposition dadurch etwas erhöht, was vor allem bei einem dichten Aufnahmeabstand eine nach unten hin nicht optimale Ausleuchtung zur Folge haben kann.

Abbildung 6.22 *Sony α6600 mit Schuhadapter und Blitzgerät*

6.5.6   Reichweite von Blitzgeräten

Die Reichweite eines Blitzgeräts nimmt mit steigendem Blendenwert ab und mit steigendem ISO-Wert wieder zu. In Tabelle 6.2 haben wir beispielhaft aufgelistet, welche Reichweiten das Sony-Blitzgerät HVL-F20M erzielen kann.

	ISO 100	ISO 200	ISO 400	ISO 800	ISO 1600	ISO 3200
*f*2,8	7,1 m	10,1 m	14,3 m	20,2 m	28,6 m	40,4 m
*f*3,5	5,7 m	8,6 m	11,4 m	16,2 m	22,9 m	32,3 m
*f*5,6	3,6 m	5,0 m	7,1 m	10,1 m	14,3 m	20,21 m
*f*8	2,5 m	3,5 m	5,0 m	7,1 m	10,0 m	14,15 m

Tabelle 6.2 *Reichweite des Systemblitzgeräts HVL-F20M (Leitzahl 20) in Abhängigkeit von der Blenden-und ISO-Einstellung*

Leitzahl

Die Stärke eines Blitzgeräts wird durch die *Leitzahl* ausgedrückt. Je höher der Wert ist, desto stärker sind die Lichtmenge und damit auch die maximal mögliche Reichweite des Blitzlichts. Die Reichweite berechnet sich aus der Leitzahl geteilt durch die gewählte Blende multipliziert mit der Quadratwurzel aus (gewähltem ISO-Wert geteilt durch 100). Die Formel lautet also:

Reichweite = Leitzahl/Blendenzahl × √(ISO-Wert/100)

6.5.7   Lichtformer für Systemblitzgeräte

Mit (Blitz-)Diffusoren erzeugen Sie eine sanftere Ausleuchtung, die sowohl bei Porträts als auch bei Verkaufsgegenständen für ein harmonischeres Ergebnis sorgt. Halten Sie einfach einen Handdiffusor zwischen den Systemblitz und das Fotoobjekt, am besten möglichst dicht an das Fotomotiv, dann wird die Ausleuchtung besonders weich. Im Fall entfesselter Blitzgeräte eignen sich *Softboxen* oder *Reflexschirme* sehr gut. Bei Modellen für handelsübliche Systemblitzgeräte wird der Blitz über einen Adapter damit verbunden. Das Gewicht der Softbox liegt dabei auf dem Adapter und nicht auf dem Blitz, sodass das Blitzgerät auch ohne Weiteres entfernt werden kann. Angeboten werden solche Systeme zum Beispiel von Lastolite (*Ezybox Hotshoe*), SMDV (*Speedbox-70* in der Version I oder II) oder Aurora Lite Bank (*Firefly II Beauty Box 65 Silber*).

Abbildung 6.23 *Die Speedbox-70 (Modelle I und II) von SMDV erzeugt natürlich wirkende runde Lichtreflexe im Auge.*

EXKURS
Die Blitzsteuerung der α6600 im Detail

Die Sony α6600 besitzt eine ausgeklügelte Blitzsteuerung, die *ADI-TTL-Steuerung*. Diese zielt darauf ab, eine möglichst gelungene Mischung aus vorhandenem Umgebungslicht und zugeschaltetem Blitzlicht zu realisieren. Vom Prinzip her läuft die Belichtung damit in zwei Phasen ab:

- Wenn ein Systemblitz auf der α6600 angebracht und eingeschaltet ist, wird mit dem Auslöser auf dem ersten Druckpunkt das Umgebungslicht der Szene gemessen, und es werden Informationen zur Entfernung des Objekts gesammelt.

- Wird der Auslöser ganz heruntergedrückt, zündet ein kurzer, abgeschwächter *Messblitz*, und es erfolgt eine zweite Messung. Dieser Messblitz dient dazu, die Reflexionseigenschaften des Objekts in die Blitzbelichtungsmessung mit einzubinden. Erst nach diesen zwei Messungen erfolgt die eigentliche Belichtung des Bildes.

Abbildung 6.24 *Schematischer Ablauf der Sony-eigenen Blitzsteuerung **ADI-TTL***

Bei den Messungen wird das Licht erfasst, das durch das Objektiv auf den Sensor trifft. Die Messung erfolgt also »durch die Linse«, daher die Bezeichnung *TTL = Through The Lens*. Das Sony-spezifische *ADI* steht für *Advanced Distance Integration* (integrierte Entfernungsmessung) und bezieht sich auf die komplexe Messtechnik, bei der die Entfernung zum Objekt in die Steuerung des Blitzlichts mit einberechnet wird.

Kapitel 7
Fototipps für Fortgeschrittene

Wenn Sie mit Ihrer α6600 schon etwas besser vertraut sind und sich mit spezielleren fotografischen Herausforderungen befassen möchten, haben wir in diesem Kapitel einige etwas anspruchsvollere Themen zusammengestellt. Erfahren Sie, wie Sie den Bildkontrast mit der α6600 optimieren oder die Schärfentiefe per Focus Stacking erweitern können. Sie werden sehen, dass die α6600 in vielen dieser Bereiche geeignete Hilfsmittel zur Verfügung stellt, die Ihnen das Fotografieren ein gutes Stückchen leichter machen.

7.1   Kontraste in den Griff bekommen

Unsere Augen sind in der Lage, ein sehr großes Spektrum an hellen und dunklen Farben auf einmal wahrzunehmen. Daher können wir kontrastreiche Situationen wie eine Person im Gegenlicht oder Ähnliches ohne Fehlbelichtung wahrnehmen. Der Sensor der α6600 vermag dies nicht immer zu leisten, denn er besitzt einen geringeren *Dynamikumfang* und kann aus diesem Grund weniger Helligkeitsstufen parallel auflösen. So kann es vorkommen, dass ein kontrastreiches Motiv im Bild von der eigenen Wahrnehmung abweicht. Meist macht sich dies in zu hellen oder stark unterbelichteten Bildpartien bemerkbar. Doch es gibt ein paar Praxistipps, mit denen selbst hoch kontrastierte Motive ausgewogen auf dem Kamerasensor landen.

Dynamikumfang der α6600

Der *Dynamikumfang* beschreibt, wie gut das Aufnahmemedium alle vorhandenen Helligkeitsstufen eines Motivs auch tatsächlich wiedergeben kann, angegeben in Blendenstufen. Unsere natürliche Umgebung hat in etwa einen Kontrastumfang von 23 Blendenstufen. Davon können unsere Augen etwa 20 Stufen erfassen. Der Sensor der α6600 bewältigt bis etwa 14 Stufen bei ISO 100. Die eingeschränkte Dynamik macht sich vor allem bei höheren ISO-Werten bemerkbar.

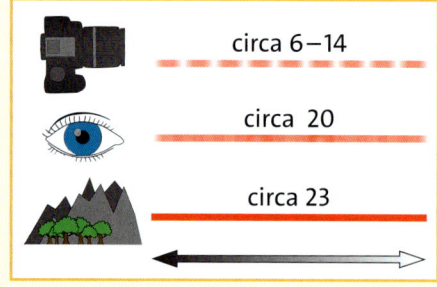

Abbildung 7.1 *Vergleich des Dynamikumfangs Kamera – Auge – Natur*

7.1.1   Dynamikbereichoptimierung DRO für einen besseren Kontrast

Da die Belichtung der α6600 in erster Linie darauf abzielt, keine Überstrahlungen in den hellsten Bildstellen zu erzeugen, werden stark kontrastierte Motive häufig eher zu dunkel aufgenommen – was zu einer entsprechend unausgeglichenen Bild- oder Filmwirkung führt. Genau an dieser Stelle setzt die *Dynamikbereichoptimierung DRO* (= *Dynamic Range Optimizer*) an. Diese hellt vor allem die Schatten (Tiefen) auf, schwächt aber auch ein wenig die Lichter ab. Vergleichen Sie dazu einmal die beiden Landschaften im Gegenlicht. Mit aktivierter DRO-Funktion ließen sich mehr strukturierte Details aus den schattigen Partien herauskitzeln, und das Bild wirkt insgesamt lichter und freundlicher.

Abbildung 7.2 *Das Bild wurde so belichtet, dass der helle Himmel nicht überstrahlt. Dadurch sind die Schatten sehr dunkel geraten.*

16 mm | ƒ/6,3 | 1/400 s | ISO 100 | +0,3

Abbildung 7.3 *Mit der Dynamikbereichoptimierung (Stärke Lv5) konnten das Schilf und das Gras besser durchzeichnet dargestellt werden, und dunklere Bildkomponenten wie die Baumstämme sind ausgewogen aufgehellt abgebildet.*

16 mm | ƒ/6,3 | 1/400 s | ISO 100 | +0,3

Um die Dynamikbereichoptimierung motivbezogen einzusetzen, stellen Sie eines der Programme **P**, **A**, **S**, **M**, **Film** 🎬 oder **Zeitlupe & Zeitraffer** S&Q ein. Schalten Sie außerdem die **Bildeffekte** und die **Multiframe-RM** aus. Rufen Sie nun den Eintrag **DRO/Auto HDR** im Menü 📷 1 ▸ **Farbe/WB/Bildverarbeitung1** auf. Mit dem Einstellrad wählen Sie anschließend die Vorgabe **DRO** aus und mit dem Drehregler die Stärke des Effekts. Dabei können Sie entweder die **DRO-Automatik** einsetzen, die in der Regel einen relativ schwachen Effekt liefert, oder eine von fünf Effektstärken **Lv1** bis **Lv5** aktivieren. Bei den Beispielbildern lieferte erst die höchste Stufe den gewünschten aufhellenden Effekt.

Abbildung 7.4 *Dynamikbereichoptimierung, hier auf der höchsten Intensitätsstufe*

Nehmen Sie das Bild anschließend wie gewohnt auf. Schauen Sie sich danach aber die Schattenbereiche in der vergrößerten Wiedergabe genau an. Ist deutliches Bildrauschen zu erkennen, stellen Sie eine schwächere DRO-Stufe ein, etwa **LV1** bis ISO 3200, **LV2** bis ISO 1600, **LV3** und **LV4** bis ISO 800 und **LV5** bis ISO 400. Auf JPEG-Bilder und Filme wirkt sich die Dynamikbereichoptimierung übrigens direkt aus, bei RAW muss sie im Rahmen der Konvertierung eingestellt werden. Wenn Sie dazu die von Sony bereitgestellte Software *Imaging Edge Edit* verwenden, können Sie die Funktion **DynamikberOptim** ähnlich wie die DRO-Funktion in der Kamera auch auf die RAW-Bilder anwenden.

Wunder kann die Funktion allerdings nicht vollbringen. Hoffnungslos überstrahlte oder extrem unterbelichtete Bildflächen können nicht gerettet werden. Sie müssen also schon bei der Aufnahme sicherstellen, dass die Grundbelichtung stimmt. Am besten stellen Sie die Bildhelligkeit so ein, dass es gerade eben nicht zu Überstrahlungen kommt. Um sich hier langsam den richtigen Belichtungswerten anzunähern, können Sie die Bildanzeige mit dem Histogramm nutzen oder die Zebra-Einstellung verwenden und die Helligkeit mit einer Belichtungskorrektur anpassen. Je heller das gesamte Bild ist, desto weniger stark muss die Dynamikbereichoptimierung eingreifen. Das schont die Bildqualität.

Übrigens, wenn Sie diese Funktion öfter benötigen, programmieren Sie doch einfach eine der frei belegbaren Tasten mit **DRO/Auto HDR**. Oder verwenden Sie die Monitoransicht **Für Sucher**, denn dann kann die Funktion über die Fn-Taste auch direkt angesteuert werden.

Kontraste mit der automatischen DRO-Reihe managen

Sollten Sie sich einmal nicht ganz sicher sein, welche DRO-Stärke für Ihr Bild die beste ist, dann nehmen Sie einfach eine automatische **DRO-Reihe** BRK DRO auf. Diese lässt sich über die Taste für den **Bildfolgemodus** ⟳ / ⊡ aufrufen. Wählen Sie darin eine der beiden Stärken, **Hi** (stark) oder **Lo** (schwach), und nehmen Sie Ihr Motiv auf. Die α6600 löst einmal aus und generiert aus der Aufnahme drei Fotos mit aufsteigenden DRO-Stufen. Die Effekte fallen allerdings meist weniger stark aus als bei den manuell wählbaren DRO-Stufen **Lv3** bis **Lv5**.

7.1.2   Kontrastmanagement mittels HDR

Eine noch stärkere Kontrastoptimierung bietet die sogenannte *HDR-Technik*. Erstellen Sie aus mehreren Einzelfotos ein Bild mit einer beeindruckenden Durchzeichnung. Dafür können Sie die Funktion **Auto HDR** HDR einsetzen. Die α6600 nimmt in diesem Fall automatisch drei unterschiedlich helle Bilder auf und verschmilzt diese kameraintern zu einem einzigen Foto. Dabei versucht sie, von den dunkelsten Bildstellen, den *Tiefen*, bis zu den hellsten Arealen, den *Lichtern*, alle Helligkeitsstufen möglichst gut strukturiert darzustellen. Die Bilder haben eine bessere Durchzeichnung als Standardaufnahmen, können je nach Motiv aber auch ein wenig zu kontrastarm wirken. In der Nachbearbeitung lässt sich der Kontrast aber adäquat anheben.

Praktischerweise speichert die α6600 ein Bild ohne Effekt automatisch mit, sodass Sie den Unterschied in der Wiedergabeansicht gleich nachvollziehen können oder auch dieses Bild verwenden können, sollte der HDR-Effekt einmal nicht das gewünschte Ergebnis liefern.

Abbildung 7.5 *Wirkung von* **Auto HDR** *in der Stärke* **6,0 EV**

Abbildung 7.6 *Das automatisch parallel mitgespeicherte Bild mit ausgeschaltetem* **Auto HDR**

28 mm | ƒ/4,5 | 1/100 s | ISO 100

Das kann beispielsweise vorkommen, wenn sich Objekte während der Aufnahme der drei Ausgangsbilder stark bewegen. Es entsteht dann an der betroffenen Stelle ein sogenanntes *Geisterbild*, das sich nachträglich nur schwer kaschieren lässt. Natürlich wäre es mit etwas Bildbearbeitungsaufwand aber durchaus möglich, den betreffenden Bildausschnitt aus dem parallel gespeicherten Einzelfoto zu kopieren und über die Fehlstelle zu legen und den Kontrast so anzupassen, dass das Geisterbild optisch verschwindet.

Abbildung 7.7 *Geisterbild aufgrund der Bewegung während der HDR-Aufnahme*

Um die HDR-Automatik anzuwenden, stellen Sie einen der Modi **P**, **A**, **S** oder **M** ein, den Messmodus **Multi** und das Dateiformat **JPEG**. Außerdem müssen die **Multiframe-RM**, die Funktion **Bildeffekt** und die **Geräuschlose Aufnahme** ausgeschaltet sein. Öffnen Sie anschließend im Menü 📷 1 ▸ **Farbe/WB/Bildverarbeitung1** den Eintrag **DRO/Auto HDR**. Wählen Sie mit dem Einstellrad die Vorgabe **Auto HDR** aus. Anschließend können Sie sich mit dem Drehregler für eine der angebotenen Effektstärken entscheiden: **Auto** oder **1,0 EV** bis **6,0 EV**.

Abbildung 7.8 *Auswahl der Effektstärke bei* **Auto HDR**

Bei Gegenlicht wählen Sie am besten höhere EV-Werte ab **3,0 EV**. Bei weniger starken Kontrasten kann die Wirkung etwas zu künstlich werden. Verwenden Sie dann geringere Stufen, es sei denn, das ist explizit gewünscht. Generell liefert die α6600 mit **Auto HDR** aber sehr natürliche Bilder. Lösen Sie aus, und halten Sie die α6600 dabei möglichst ruhig, damit die Bilder deckungsgleich fotografiert werden. Das klappt vom Stativ aus natürlich am besten, geht aber auch aus der Hand, wie die Bilder der Dampflock zeigen. Schauen Sie sich das fertige Bild am besten auch vergrößert an, um zu prüfen, ob die Motivkanten scharf zu sehen sind oder das Ergebnis eventuell durch Motivverschiebungen oder Geisterbilder nicht optimal ist.

7.1.3   Wege zu professionellen HDR-Ergebnissen

Wer professioneller in die HDR-Gestaltung eintauchen und den Stil des Ergebnisses obendrein selbst gestalten möchte, nimmt die Ausgangsbilder am besten auf, wie im Folgenden beschrieben, und verrechnet sie dann mit spezieller HDR-Software zum fertigen Bild. Dazu sollte die α6600 bestenfalls auf einem Stativ stehen.

Für Abbildung 7.9 haben wir drei Einzelfotos mit einem Helligkeitsunterschied von je zwei ganzen Lichtwertstufen (EV) fotografiert und diese anschließend zum HDR-Bild verschmolzen, bei dem die Gasse mit den bunten Häusern durch die herausgearbeiteten Detailstrukturen und die ausgewogene Belichtung sehr lebensecht wirkt.

Abbildung 7.9 *Die dunkle Gasse und der helle Himmel werden durch die HDR-Verarbeitung, in diesem Fall mit Adobe Lightroom, gut durchzeichnet und mit einer recht natürlichen Wirkung dargestellt.*

Abbildung 7.10 *Die drei Einzelaufnahmen, aus denen sich Abbildung 7.9 zusammensetzt, unterscheiden sich in ihrer Belichtung um jeweils 2 EV (1/160 s, 1/40 s, 1/10 s).*

16 mm | ƒ/6,3 | ISO 100 | Stativ

Am unkompliziertesten und schnellsten können Sie die Ausgangsbilder mit der Einzel- oder Serienreihe der α6600 anfertigen. Möglich ist dies in den Modi **P**, **A**, **S** oder **M**, aber nur, wenn die zuvor beschriebene Funktion **Auto HDR** und das **Fotoprofil** ausgeschaltet sind. Auch die Funktion **DRO** sollte deaktiviert sein, denn für die HDR-Erstellung ist es günstig, wenn die Bilder zwar unterschiedlich hell, aber nicht unterschiedlich kontrastoptimiert vorliegen. Rufen Sie nun, entweder mit der Taste ⟳/⧉ oder im Menü ▣1 > **Aufnahme-Modus/Bildfolge1**, den Bildfolgemodus auf. Wenn Sie darin die **Serienreihe** **BRK** **C** einstellen, nimmt die α6600 alle Bilder automatisch auf. Halten Sie den Auslöser dafür so lange gedrückt, bis die Aufnahmereihe stoppt. Das ist günstig für deckungsgleiche Aufnahmen aus der freien Hand. Im Falle der **Einzelreihe** **BRK** **S** muss jedes Bild der Belichtungsreihe separat ausgelöst werden. Diese Vorgehensweise eignet sich für Aufnahmen mit langen Belichtungszeiten vom Stativ aus.

Abbildung 7.11 *Auswahl der Serienreihe*

Mit dem Drehregler können Sie anschließend die Stärke der Helligkeitsunterschiede und die Anzahl der Bilder festlegen. Bei **0,3**, **0,5**, **0,7**, **1,0**, **2,0** oder **3,0 EV** sind drei Bilder möglich, bei **0,3**, **0,5** und **0,7 EV** auch fünf. Wenn Sie vom Stativ aus fotografieren, eignet sich die Vorgabe **Serienreihe: 0,7 EV 5-Bilder** oftmals sehr gut. Für Aufnahmen aus der freien Hand können Sie die Einstellung **Serienreihe: 2,0 EV 3-Bilder** verwenden — je weniger Bilder, desto geringer die Motivverschiebungen durch Händezittern. Wenn Sie nicht möchten, dass die Bilder mit unterschiedlichen ISO-Werten aufgenommen werden, bestimmen Sie einen festen ISO-Wert. Dann variieren in den Modi **A** und **M** die Belichtungszeiten, bei **S** die Blendenwerte und bei **P** beide Werte.

Bei Stativaufnahmen, insbesondere wenn Belichtungszeiten länger als etwa 1/15 s verwendet werden, können Sie die Aufnahmereihe mit dem Selbstauslöser koppeln, was noch besser vor

Verwacklungen schützt. Öffnen Sie dazu im Menü 📷 1 > **Aufnahme-Modus/Bildfolge1** die Option **Belicht.reiheEinstlg.**, und wählen Sie darin bei **Selbst. whrd. Reihe** (Selbstauslöser während Reihe) den Selbstauslöser mit zwei, fünf oder zehn Sekunden Vorlaufzeit aus. Nach dem Auslösen verstreicht die Wartezeit, und die α6600 löst im Fall einer Serienreihe alle Bilder automatisch hintereinander aus. Bei einer Einzelreihe muss jedes Bild einzeln ausgelöst werden, und die Selbstauslöserzeit läuft vor jeder Aufnahme ab.

Sollte Ihnen bei der Serien- oder Einzelreihe die Reihenfolge der Belichtungsstufen Standardbelichtung (**0**), Unterbelichtung (**–**), Überbelichtung (**+**) nicht zusagen, können Sie dies im gleichen Menü 📷 1 > **Aufnahme-Modus/Bildfolge1 > Belicht.reiheEinstlg.** bei **Reihenfolge** auf Unterbelichtung (**–**), Standardbelichtung (**0**) oder Überbelichtung (**+**) umstellen.

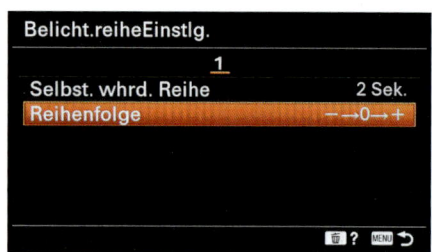

Abbildung 7.12 *Ganz nach Ihren Vorlieben können Sie den Selbstauslöser für die Belichtungsreihe aktivieren (**Selbst. whrd. Reihe**) und die **Reihenfolge** der Belichtungsschritte anpassen.*

Die Ausgangsbilder können im nächsten Schritt softwaregestützt miteinander verrechnet werden, zum Beispiel mit *Photomatix Pro, Adobe Lightroom, Oloneo PhotoEngine, HDR projects* oder *Luminance HDR*. Je nach Motiv werden unterschiedlich viele Einzelfotos benötigt, um eine optimale Durchzeichnung aller hellen und dunklen Bildpartien zu gewährleisten. In Tabelle 7.1 finden Sie ein paar Anhaltspunkte für beliebte HDR-Fotosituationen. Fertigen Sie generell lieber ein paar Bilder zu viel als zu wenig an. Weglassen können Sie überzählige Fotos später immer noch.

Motiv	Bilder	Belichtungsschritte
Landschaften, Motive mit indirekter Beleuchtung	3	je 1–2 EV
Innenraum mit Blick auf helles Fenster	5	je 1 EV
direkte Lichtquelle im Bild (Sonne, Lampen)	9–12	je 1 EV

Tabelle 7.1 *Empfehlenswerte Anzahl an Einzelbildern und EV-Stufen für gängige HDR-Szenarien*

7.2 Tipps für tolle Actionfotos

Das Fotografieren bewegter Motive macht unheimlich viel Spaß. Scharf abgebildete Momentaufnahmen können spannende Details einer rasanten Bewegung aufdecken, oder Sie fangen die Dynamik in teilweise verwischten Bildern ein. Mit ein paar grundlegenden Tipps haben Sie die Actionfotografie schnell in Ihr fotografisches Repertoire aufgenommen.

Abbildung 7.13 *Mit den Voreinstellungen für das Einfrieren schneller Bewegungen ließ sich das trabende Pferd scharf einfangen.*

110 mm | ƒ/4 | 1/800 s | ISO 160 | −0,3

7.2.1 Bewegungen einfrieren – mit perfekter Schärfe

Um rasante Bewegungsabläufe gestochen scharf mit der α6600 im Bild einzufangen, ist die Einstellung kurzer Belichtungszeiten von zentraler Bedeutung. Fotografieren Sie daher am besten im Aufnahmemodus **Zeitpriorität (S)**, und geben Sie eine kurze Belichtungszeit vor. Tabelle 7.2 gibt Ihnen ein paar Anhaltspunkte für häufig fotografierte Actionmotive und die dazu passenden Belichtungszeiten.

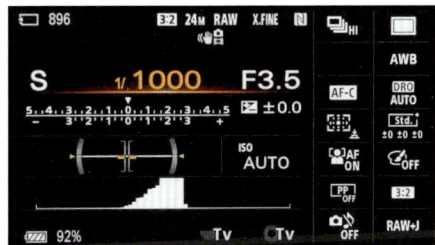

Abbildung 7.14 *Basiseinstellungen für das Einfrieren schneller Bewegungen, die in der aktuellen Aufnahmesituation gegebenenfalls nur noch leicht angepasst werden müssen*

Aktivieren Sie am besten auch die **ISO-Automatik**, und stellen Sie je nach Helligkeit eine maximale Empfindlichkeit von 3200 oder auch 12800 ein. Bewegt sich das Fotoobjekt von Ihnen weg, seitwärts oder auf die Kamera zu, ist es hilfreich, den Fokusmodus **Nachführ-AF (AF-C)** und das Fokusfeld **Tracking: Feld** oder, wenn Sie Ihr Motiv gut verfolgen können, das Fokusfeld **Tracking: Erw. Flexible Spot** zu verwenden. Ersteres ist auch bei Sportaufnahmen in dunkler Umgebung, etwa einem Turner in einer Sporthalle, am besten geeignet. Da der Autofokus unter diesen Bedingungen weniger schnell ist, können Sie mit **Tracking: Feld** den Ausschuss an unscharfen Bildern immerhin etwa besser begrenzen. Der Messmodus **GesBildsDschnitt** leistet als Belichtungsmessmethode gute Dienste, wenn es darum geht, mehrere hintereinander aufgenommene Einzelfotos möglichst identisch belichtet zu bekommen, denn die bewegten Objekte werden in den meisten Fällen nicht das gesamte Bildfeld ausfüllen. Mit **Multi** kann es eher einmal zu unterschiedlichen Bildhelligkeiten kommen. Zu guter Letzt deaktivieren Sie am besten auch die **Geräuschlose Aufnahme**, damit es bei schnellen Bewegungen aufgrund des Rolling Shutters nicht versehentlich zu verzerrt dargestellten Motivbereichen kommt.

Objekt	Bewegung in Richtung α6600	Bewegung quer zur α6600	Bewegung diagonal
Fußgänger	1/60 s	1/200 s	1/125 s
Jogger	1/200 s	1/800 s	1/320 s
Radfahrer	1/250 s	1/1000 s	1/500 s
fliegender Vogel	1/500 s	1/1600 s	1/1000 s
Auto (circa 120 km/h)	1/800 s	1/2000 s	1/1000 s

Tabelle 7.2 *Belichtungszeiten, die für das Einfrieren verschiedener Bewegungen geeignet sind*

Programmalternativen

Alternativ eignet sich auch die **Blendenpriorität (A)** mit einem geringen Blendenwert und **ISO AUTO** mit einer Mindestverschlusszeit von 1/500 s oder 1/1000 s (Menü 📷 1 > **Belichtung1** > **ISO-Einstellung** > **ISO AUTO Min. VS**). Damit ist eine konstant niedrige Schärfentiefe garantiert. Oder Sie wählen den Szenenmodus **Sportaktion**. Die Belichtungszeit lässt sich damit aber nicht selbst einstellen, was bei schwächerer Beleuchtung dazu führen kann, dass schnelle Bewegungen nicht perfekt scharf eingefroren werden.

7.2.2   Ein wenig Bewegungsunschärfe zulassen

Es gibt eine ganze Reihe von Motiven, die von einer Mischung aus Schärfe und Unschärfe profitieren. Dazu zählen beispielsweise Propellerflugzeuge, Hubschrauber und alles, was Reifen hat. Achten Sie bei der Wahl der Belichtungszeit darauf, dass das Gefährt zwar scharf abgebildet wird, die rotierenden Teile aber noch ein wenig Bewegungsunschärfe zeigen. Bei dem Motocrosser haben wir aus diesem Grund nur mit 1/640 s belichtet, damit die Reifendrehung sichtbar bleibt. Das erhöht den Eindruck von Dynamik.

Abbildung 7.15 *Bei der gewählten Belichtungszeit resultiert die Drehbewegung der Reifen in einer leichten Bewegungsunschärfe, was die dynamische Bildwirkung verstärkt.*

105 mm | ƒ/6,3 | 1/640 s | ISO 400 | +0,7

7.2.3 Serienaufnahmen anfertigen

Bei schnellen Bewegungen besteht die Hauptschwierigkeit darin, den besten Moment eines Bewegungsablaufs einzufangen. Erhöhen Sie daher die Wahrscheinlichkeit für einen guten Treffer, indem Sie die Serienaufnahmefunktion Ihrer α6600 verwenden. Unter optimalen Bedingungen, wenn die Szene hell ist und sich das Motiv gut fokussieren lässt, erzielt die α6600 hohe Geschwindigkeitswerte.

Abbildung 7.16 *Aus den Bildern der schnellen Serienaufnahme ließ sich bequem die gewünschte Szene auswählen, hier das obere Bild, auf dem der Schwan die Flügel etwas angehoben hatte und nicht zu viele Wassertropfen den Schnabel verdecken.*

200 mm | ƒ/4 | 1/800 s | ISO 200

Um die Serienaufnahme einsetzen zu können, müssen die Funktionen **Auto HDR** und **Multiframe-RM** deaktiviert sein, und der **Bildeffekt** darf nicht auf **Sattes Monochrom** stehen. Aufrufen lässt sie sich anschließend über die die Taste für den Bildfolgemodus ☉/🖳. Wählen Sie mit dem Einstellrad zuerst die **Serienaufnahme** aus, und entscheiden Sie sich danach mit dem Drehregler für eine der vier Geschwindigkeiten: **Hi+** 🖳HI+ (sehr schnell, circa elf Bilder/s),

Hi ▤Hi (schnell, circa acht Bilder/s), **MID** ▤MID (mittelschnell, circa sechs Bilder/s) oder **Lo** ▤Lo (langsam, circa drei Bilder/s). Bei Verwendung der **Geräuschlosen Auf.** (📷 2 > **Verschluss/SteadyShot**) beträgt die höchste Geschwindigkeit acht Bilder/s. Um die Bildfolgen der Serienaufnahme **Hi**, **MID** und **Lo** auch tatsächlich in der jeweils angegebenen Geschwindigkeit aufnehmen zu können, sollte der **Elekt. 1.Verschl.vorh.** im gleichen Menü eingeschaltet sein. Drücken Sie nun den Auslöser länger durch, um die Bilderserie aufzunehmen.

Abbildung 7.17 *Auswahl von Serienaufnahme und Aufnahmegeschwindigkeit*

Mit den schnellen Geschwindigkeiten in den Modi **Hi+** und **Hi** lassen sich nahezu alle Details einer rasanten Bewegung scharf einfangen. Selbst die Schärfe kann per **Nachführ-AF** (**AF-C**) mit dem Objekt mitgeführt werden, sofern der Blendenwert nicht höher ist als f/11. Das funktioniert unserer Erfahrung nach bei **Hi** besser als bei **Hi+**. Der Vorteil von **Hi+** gegenüber **Hi** besteht darin, dass bei **Hi** das Livebild im Sucher oder Monitor zwischen jedem Foto eingeblendet wird. Objekte, die sich sehr schnell durchs Bildfeld bewegen, anders als der auf der Stelle sich bewegende Schwan, oder bei denen die Bewegungsrichtung schwer abzuschätzen ist, zum Beispiel ein Fußballer, lassen sich mit **Hi** optisch besser verfolgen. Dabei kann es zusätzlich hilfreich sein, die Sucherbildfrequenz zu erhöhen (Menü 📷 2 > **Anzeige/Bildkontrolle1** > ⌁ **SucherBildfreq.**).

Die Seriengeschwindigkeit kann je nach Aufnahmesituation allerdings auch etwas schwanken. Denn wenn der **Nachführ-AF** (**AF-C**) nicht gleich greift, gerät die α6600 kurzfristig ins Stocken. Bei ruckartigen, starken Abstandsänderungen können auch ein paar unscharfe Aufnahmen entstehen, bis der Fokus wieder richtig auf dem neuen Motivausschnitt liegt. Wenn Sie diese unscharfen Bilder nicht aufzeichnen möchten, schalten Sie im Menü 📷 1 > **AF1** > **PriorEinstlg bei AF-C** die Vorgabe **AF** ein. Die α6600 wird dann bei Verlust des Fokuspunkts die Serienaufnahme so lange aussetzen, bis die Schärfe wieder sitzt. Halten Sie den Auslöser während der ganzen Zeit aber durchgehend heruntergedrückt.

Wenn Sie die Kamera mehr oder weniger stark mit dem Motiv mitbewegen, kann es zu unschönen Helligkeitsschwankungen zwischen den Aufnahmen einer Serie kommen. Um dies zu verhindern, speichern Sie entweder die Belichtung mit der AEL-Taste (siehe die Schritt-für-Schritt-Anleitung »Die Belichtung zwischenspeichern« in Abschnitt 3.3.2, »Präzisionsarbeit mit der Spotmessung«), oder programmieren Sie den Auslöser mit der Belichtungsspeicherung (Menü 📷 1 > **Belichtung2** > ⌁ **AEL mit Auslöser** > **Ein**). Wenn Sie den Auslöser zum Fokussieren auf den ersten Druckpunkt herunterdrücken, wird die Belichtung gespeichert, solange Sie den Auslöser auf dieser Stufe halten oder ihn zur Serienaufnahme ganz herunterdrücken.

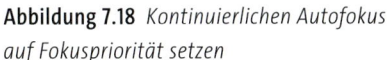

Abbildung 7.18 *Kontinuierlichen Autofokus auf Fokuspriorität setzen*

Abbildung 7.19 *Mit dieser Einstellung wird die Bildhelligkeit beim Drücken des Auslösers fixiert.*

Pufferspeicher

Die α6600 speichert die in kurzer Zeit anfallenden umfangreichen Bilddaten der Serienaufnahmen zunächst im kamerainternen *Pufferspeicher*, bevor sie an die Speicherkarte weitergegeben werden. Wenn der Pufferspeicher voll ist, macht sich dies am plötzlichen Geschwindigkeitsabfall bemerkbar. Erst wenn die rot leuchtende Zugriffslampe auf der Unterseite der Kamera neben dem Akkufach erloschen ist, lässt sich die α6600 wieder bedienen, und der Pufferspeicher ist gänzlich frei für neue Bilder. Die maximale Anzahl an Fotos, die Sie mit der niedrigsten und höchsten Geschwindigkeit am Stück aufzeichnen können, haben wir Ihnen in Tabelle 7.3 zusammengestellt.

Bildgröße	Lo	Hi+
JPEG L Standard	> 150 Bilder	circa 119 Bilder
JPEG L Fein	> 150 Bilder	circa 118 Bilder
JPEG L Extrafein	> 150 Bilder	circa 112 Bilder
RAW	circa 71 Bilder	circa 47 Bilder
RAW und JPEG Fein	circa 64 Bilder	circa 45 Bilder

Tabelle 7.3 *Anzahl möglicher Serienaufnahmen, ermittelt bei 1/250 s, ISO 100, AF-C (Priorität **Auslösen**), Fokusfeld **Breit** mit einer UHS-I-U3-Speicherkarte (Schreibgeschwindigkeit circa 90 MB/s)*

7.2.4   Die Kamera mit dem Motiv mitziehen

Das sogenannte *Mitziehen* ist eine sehr kreative Art, die Dynamik bewegter Objekte in Bildern einzufangen. Die Bewegungsgeschwindigkeit kommt hier sehr deutlich zum Ausdruck. Tolle Motive für Mitzieher sind beispielsweise fahrende Autos, übers Wasser rasende Boote, rennende Hunde, Läufer, Radrennfahrer, Vögel im Flug oder Pferde im Galopp.

Um einen Mitzieher zu gestalten, fokussieren Sie Ihr Objekt, verfolgen es kontinuierlich und nehmen eine Bilderserie auf, während Sie das Fotoobjekt mit der Kamera weiter verfolgen. Sehr hilfreich ist dabei die Kombination der **Serienaufnahme: MID** oder **HI** mit dem **Nachführ-AF (AF-C)**, dem Fokusfeld **Tracking: Erweit Flexible Spot**  und der ISO-Automatik.

Abbildung 7.20 *Durch die verhältnismäßig lange Belichtungszeit und das Mitziehen wird das Auto scharf vor einem dynamisch verwischten Vorder- und Hintergrund dargestellt.*

73 mm | ƒ/7,1 | 1/125 s | ISO 100 | +0,3

Als Belichtungszeiten eignen sich Werte zwischen 1/250 s und 1/60 s sehr gut. Dann wird das Hauptobjekt weitgehend scharf erkennbar abgebildet. Bei längeren Belichtungszeiten wird zwar der Hintergrund noch schöner verwischt, aber die Gefahr steigt, dass auch das fokussierte Objekt zu sehr verwackelt, vor allem bei nicht schnurgerade ablaufenden Bewegungen. Die Belichtungszeit muss zudem umso kürzer sein, je näher das Objekt an der α6600 vorbeirast.

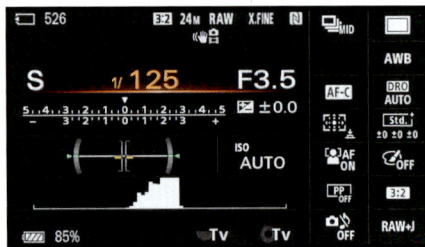

Abbildung 7.21 *Geeignete Basiseinstellungen für Mitzieher*

Peilen Sie Ihr Mitziehobjekt mit dem Fokusfeld an, und warten Sie mit halb gedrücktem Auslöser, bis die α6600 das Objekt im Fokus hat. Lösen Sie die Bilderserie anschließend aus, und ziehen Sie die Kamera dabei gleichmäßig mit dem Objekt mit. Wichtig ist, dass Sie die α6600 exakt mit der Schnelligkeit bewegen, in der das Fotomotiv vorbeizieht, und dabei nicht nach oben oder unten wackeln. Das funktioniert ganz gut, wenn Sie Ihre α6600 vom *Einbeinstativ* aus horizontal zur Bewegung mitdrehen. Mit ein wenig Übung geht es aber auch ohne Stativ.

Der Bildstabilisator beim Mitziehen

Der Bildstabilisator **SteadyShot** kann bei Mitziehern eingeschaltet bleiben. Aus unserer Erfahrung erkennt er die Schwenkbewegung und steuert nicht dagegen an. Sollten Sie Probleme mit der Bildstabilisierung haben, können Sie ihn aber probeweise auch einmal ausschalten und die Wirkung testen. Manche Objektive besitzen auch einen speziellen Modus für das Mitziehen, wie zum Beispiel das *Sony FE 70–200 mm F4 G OSS*, der in diesem Fall eingeschaltet werden sollte.

Abbildung 7.22 *Bildstabilisatormodus MODE 2 speziell für Mitzieher*

7.3 Mit Focus Stacking die Schärfewirkung erhöhen

Egal, ob es sich um einen Pilz, ein Produkt oder eine Landschaft handelt, es gibt viele Motive, die von einer durchgehenden Schärfe profitieren — damit ist jedoch nicht unbedingt gemeint, dass der Hintergrund ebenfalls scharf erkennbar sein muss. Vielmehr geht es darum, die Schärfe genau auf den gewünschten Bildbereich zu begrenzen und diesen dabei durchgehend detailliert abzubilden. Schauen Sie sich die Detailaufnahme der mit Raureif überzogenen Pilze an, dann wird deutlich, was gemeint ist. Die vordere Kante mit den überstehenden Kristallstrukturen ist scharf, während sich der Hintergrund, bestehend aus weiteren orange gefärbten Pilzköpfen, angenehm diffus gestaltet.

Abbildung 7.23 *Für das Ergebnisbild wurden die scharfen Bereiche aus zehn Einzelfotos miteinander fusioniert.*

100 mm | ƒ/8 | 0,6 s | ISO 100 | −0,3 | Stativ

Hätten wir mit dem für die Aufnahme gewählten Blendenwert $f/8$ nur ein einziges Bild angefertigt, so hätten wir den gleichen schönen diffusen Hintergrund erhalten. Der eiskristallbesetzte Rand wäre aufgrund der geringen Schärfentiefe aber nur an wenigen Stellen wirklich scharf geworden. Dies verdeutlichen das erste und letzte Bild der Aufnahmereihe, bei denen der Fokus einmal auf dem vordersten Detail des oberen Pilzkopfes liegt und einmal weiter hinten.

Abbildung 7.24 *Das erste Bild der Fokusreihe zeigt die Eiskristalle auf dem Pilzkopfrand scharf.*

Abbildung 7.25 *Im letzten Bild der Reihe sind die Kristalle an den äußeren Rändern scharf abgebildet.*

Um in der Praxis genügend Schärfentiefe ins Bild zu zaubern, werden mehrere Bilder mit jeweils unterschiedlicher Schärfeebene fusioniert. Auf diese Weise können Sie die Schärfentiefe flexibel erweitern. Daher wird die Methode auch mit den Begriffen *Schärfentiefenerweiterung*, *Focus Stacking* oder *Deep Focus Fusion* bezeichnet. Das Focus Stacking gelingt mit Bildbearbeitungsprogrammen wie *Adobe Photoshop*, *Helicon Focus*, *Zerene Stacker* oder *CombineZP* recht unkompliziert.

Eine wichtige Voraussetzung für das Gelingen der Bearbeitung ist natürlich die Qualität der Einzelbilder. Beste Ergebnisse werden Sie nur bei statischen Motiven erhalten, denn bereits kleinste Bewegungen führen zu unschönen Artefakten im gestapelten Bild und müssen anschließend aufwendig korrigiert werden. Verwenden Sie also unbewegte Motive in einer windstillen Aufnahmephase. Befestigen Sie die α6600 auf dem Stativ, und achten Sie beim Fotografieren darauf, dass sich auch beim Auslösen der Bilder nichts verschiebt.

Da die α6600 keine automatischen Fokusreihen anfertigen kann, heißt es, selbst Hand anzulegen. Stellen Sie dazu die **Manuelle Belichtung** (**M**) ein, damit sich die Bildhelligkeit zwischen den Aufnahmen nicht verändert. Auch den Weißabgleich legen Sie am besten fest. Fokussieren Sie nun mit dem Fokusmodus **Manuellfokus** (**MF**) auf das vorderste Motivdetail, das scharf abgebildet werden soll, und nehmen Sie das erste Bild auf. Verschieben Sie die Fokusebene nun um ein winziges Stück nach hinten, und lösen Sie das nächste Bild aus. Fahren Sie auf die gleiche Weise weiter fort, bis die Schärfe auf der Ebene liegt, die Sie im Hintergrund noch scharf darstellen möchten. Wichtig ist, dass die Fokusschritte sehr klein und gleichmäßig durchgeführt werden, damit später beim Fusionieren keine Schärfelücken entstehen. Wie viele Bilder Sie benötigen, ergibt sich vor allem aus der Tiefe des Motivs. Bei unserem Pilzbeispiel genügten zehn Fotos, bei starken Vergrößerungen im Makrobereich können aber durchaus auch mal 100 oder mehr Bilder zusammenkommen. Mit dem Blendenwert bestimmen Sie die Schärfentiefe des einzelnen Fotos. Wenn nicht das gesamte Motiv scharf werden soll, eignen sich geringere

Werte von ƒ/2,8 bis ƒ/5,6. Ist es Ihr Ziel, alles vom Vorder- bis zum Hintergrund durchgehend scharf darzustellen, sind höhere Blendenwerte von ƒ/8 oder ƒ/11 günstig.

Fokusreihe per Einstellschlitten

Anstelle des manuellen Fokussierens kann die α6600 auch auf einem sogenannten *Einstellschlitten* befestigt werden (zum Beispiel *Novoflex CASTEL-Q, Manfrotto Makro-Einstellschlitten 454, Kirk FR-2*). Damit lässt sich die gesamte Kamera über ein Drehrad auf einer langen Schiene vor- und zurückschieben. Die Abstände müssen aber selbst mit der Hand gewählt werden. Wer das Focus Stacking sehr eingehend betreibt, kann noch ausgefuchster an die Fokusreihe herangehen und einen elektronisch gesteuerten Einstellschlitten verwenden (zum Beispiel *Novoflex CASTEL-MICRO*).

Abbildung 7.26 *Hier wurde die α6600 auf einem Einstellschlitten montiert.*

Nachdem die Bilder erstellt sind, können Sie diese am Computer mit einem Bildbearbeitungsprogramm fusionieren. Im Fall von *Adobe Photoshop* wählen Sie **Datei > Automatisieren > Photomerge** und laden alle benötigten Bilder. Entfernen Sie das Häkchen bei **Bilder zusammen überblenden**. Wählen Sie unter **Layout** die Vorgabe **Auto**, und bestätigen Sie dann mit der Schaltfläche **OK**, sodass die Bilder geöffnet und nach dem Inhalt ausgerichtet werden, um minimale Verschiebungen auszugleichen.

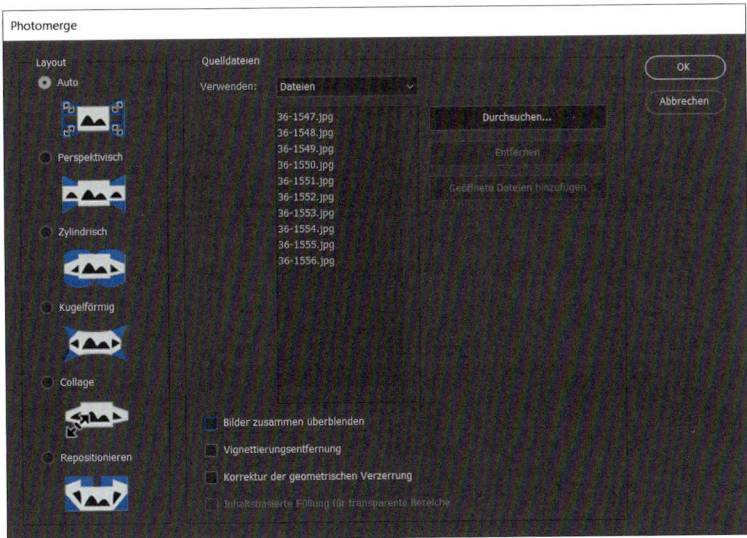

Abbildung 7.27 *Ausgangsbilder mit Photomerge stapeln und ausrichten*

Markieren Sie anschließend alle Bildebenen, und wählen Sie **Bearbeiten > Ebenen automatisch überblenden**. Aktivieren Sie die Checkbox **Bilder stapeln**, und starten Sie die Bearbeitung wiederum mit **OK**. Die Photoshop-Methode kommt zwar ohne zusätzliche Softwaretools aus, kann aber vor allem bei vielen feinen, sich überlappenden Details eine nicht ganz optimale Überlagerung produzieren. Zwar können Sie die schwarzweißen Ebenenmasken mit dem Pinselwerkzeug per Hand nachbearbeiten, aber das ist ziemlich umständlich.

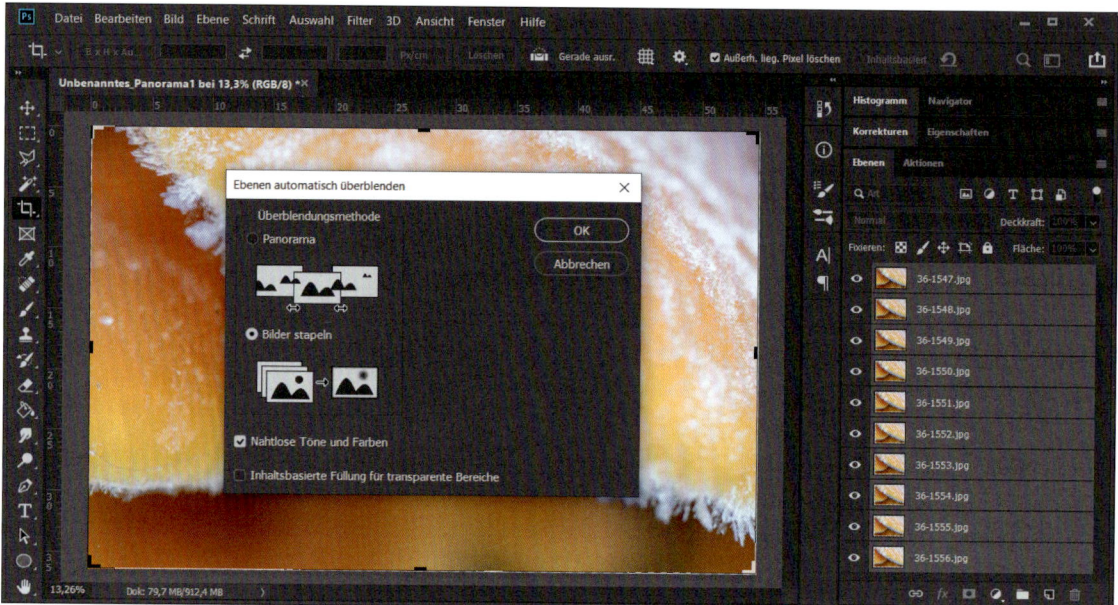

Abbildung 7.28 *Alle gestapelten Ebenen für die Überblendung auswählen*

Wer höhere Ansprüche an Handling und Präzision stellt, dem legen wir das Spezialprogramm *Helicon Focus* ans Herz, das komfortabel die Überlagerung einer Vielzahl von Einzelfotos ermöglicht. Das ist recht hilfreich, denn je mehr gleichmäßige kleine Fokusabstände Sie in den Einzelbildern nutzen, desto überzeugender wird letztlich auch das Ergebnis sein.

Abbildung 7.29 *Focus Stacking mit Helicon Focus: Bei manuell durchfokussierten Motiven funktioniert die* **Methode C (Pyramide)** *oft am besten.*

Bei allen Softwarelösungen kann es jedoch vorkommen, dass an den Übergängen zwischen den kontrastreichen Motivkanten Artefakte auftreten. Diese müssen nachträglich retuschiert werden. Bei *Helicon Focus* kann dies gleich im Anschluss an das Stacking im Bereich **Nachbearbeitung** durchgeführt werden. In unserem Beispiel wurden die etwas ungleichmäßigen Säume an den Kanten der Eiskristalle entfernt.

Abbildung 7.30 *Entfernen der Farbsäume um die Eiskristalle herum durch Übertragen von Pixeln aus einem der Einzelbilder (links) auf das Ergebnis (rechts)*

7.4   Beeindruckende Panoramen erstellen

Für Panoramafotos gibt es viele Anlässe, denken Sie an das Gefühl von Weite bei Landschaftsaufnahmen, das ein Foto im Breitbildformat auslösen kann, oder die Möglichkeit, hohe Gebäude im Hochformatpanorama darzustellen, die sonst nicht auf den Sensor der α6600 passen würden. Die α6600 hat jedoch kein darauf ausgelegtes Automatikprogramm an Bord. Daher können Sie nur den Weg beschreiten, die Bilder einzeln aufzunehmen und in der Nachbearbeitung zum Panorama zu verschmelzen.

7.4.1   Unkomplizierte Aufnahmen aus der Hand

Am einfachsten nehmen Sie die Einzelbilder aus der freien Hand auf und fügen sie später am Computer zusammen. Dazu können Sie zum Beispiel die **Blendenpriorität** (**A**) verwenden und einen mittleren Blendenwert vorgeben, zum Beispiel ƒ/8. Der ISO-Wert wird so eingestellt, dass die Belichtungszeit für zügig hintereinander durchgeführte Aufnahmen kurz genug ist und nichts verwackeln kann.

Abbildung 7.31 *In der Panoramaperspektive wirken weite Plätze noch großzügiger. Für dieses Bild wurden 13 freihändig fotografierte Hochformataufnahmen in Adobe Lightroom miteinander verschmolzen.*
18 mm | ƒ/8 | 1/250 s | ISO 100

Danach wird der Weißabgleich festgelegt, zum Beispiel auf 5500 Kelvin, damit alle Bilder farblich übereinstimmen. Zur Kontrolle der späteren Überlappung können Sie im Menü 📷 2 > **Anzeige/Bildkontrolle1** bei **Gitterlinie** das **3×3 Raster** aktivieren. Damit die Belichtungsspeicherung nicht zu schnell aufgehoben wird, programmieren Sie die AEL-Taste mit der Funktion **AEL-Umschalten** (Menü 📷 2 > **Benutzerdef. Bedienung1** > 📈 **BenutzerKey** > **Funkt. d. AEL-Taste**). Anschließend können Sie die α6600 im Hochformat auf das Motiv ausrichten, scharfstellen und auf den **Manuellfokus** (**MF**) umschalten. Als Nächstes ist es günstig, die Belichtung an einem mittelhellen Motivbereich des geplanten Panoramas zu messen. Zielen Sie mit der α6600 darauf, und drücken Sie die AEL-Taste.

Abbildung 7.32 *Panoramaeinstellungen mit gespeicherter Belichtung und Gitterlinien*

Mit den gespeicherten Werten lassen sich nun die Bilder fürs Panorama nacheinander aufnehmen. Drehen Sie sich dabei aus dem Stand heraus um die eigene Körperachse, und verwenden Sie den Sucher, damit die α6600 dicht um die Drehachse bewegt wird. Dann verschiebt sich die Perspektive der Einzelfotos nur wenig. Das ist besonders wichtig, wenn sich Objekte dicht vor der Kamera befinden. Die Bilder sollten in etwa um ein Drittel überlappen, was mit den Gitterlinien gut zu prüfen ist.

Die Bilder für das Panorama können natürlich auch manuell belichtet werden, was sich zum Beispiel für Nachtaufnahmen oder Szenen in Innenräumen besonders eignet. Wählen Sie dazu im Modus **Manuelle Belichtung** (**M**) eine Blende von zum Beispiel *f*/8, einen niedrigen ISO-Wert und eine Belichtungszeit, bei der die hellste Stelle in Ihrem Panorama nicht oder nur wenig überstrahlt. Legen Sie zudem den Weißabgleich fest, und fokussieren Sie manuell auf das Motiv. Wenn Sie vom Stativ aus fotografieren, denken Sie daran, den Bildstabilisator (**SteadyShot**) vorsichtshalber auszuschalten. Bei Stativaufnahmen ist es außerdem ratsam, die Drehachse richtig einzustellen, wie im nächsten Abschnitt beschrieben.

Panoramasoftware

Empfehlenswerte Programme zur Panoramaerstellung sind beispielsweise *PTGui*, *Adobe Photoshop*/*Adobe Photoshop Elements*, *Adobe Lightroom* oder *PanoramaStudio*. *PTGui* arbeitet unserer Erfahrung nach sehr zuverlässig und schafft sogar 360°-Panoramen mit Bildern, die nicht wirklich optimal überlappen und zudem perspektivisch verschoben sind.

7.4.2   Anspruchsvolle Panoramen

Noch professioneller können Sie die Panoramafotografie angehen, indem Sie die Aufnahmen vom Stativ aus anfertigen. Dann wäre es zum Beispiel auch möglich, Nachtaufnahmen im Modus **Manuelle Belichtung** (**M**) mit einer hohen Schärfentiefe (zum Beispiel mit $f/8$ bis $f/11$) und einem geringen ISO-Wert aufzunehmen. Die Drehachse sollte dann jedoch über den sogenannten *Nodalpunkt* optimal eingerichtet sein, sonst können perspektivische Verschiebungen später zu Problemen beim Fusionieren der Bilder führen. Das gilt insbesondere für sehr weitwinklige Panoramen mit vielen Details dicht vor der Kamera, also zum Beispiel auch bei Innenraummotiven.

Zum Ausrichten der Drehachse benötigen Sie eine lange Stativplatte, die sich in der Schnellkupplung des Stativkopfes vor- und zurückschieben lässt, und einen Stativkopf mit einer Panoramadrehfunktion. Richten Sie die α6600 darauf exakt horizontal aus. Dazu können Sie sich an der elektronischen Wasserwaage orientieren oder eine »analoge« Wasserwaage in den Blitzschuh stecken. Stellen Sie die gewünschte Brennweite am Objektiv ein. Peilen Sie anschließend zwei vertikale Objekte an, zum Beispiel eine Stehlampe oder ein Lampenstativ etwa 1,5 m von der Kamera entfernt und einen Türrahmen oder ein zweites Lampenstativ noch mal etwa 1,5 m dahinter. Stellen Sie die α6600 dann so auf, dass beide Objekte übereinanderliegen.

Abbildung 7.33 *α6600 mit 16–50-mm-Objektiv und eingestelltem Nodalpunkt*

Danach drehen Sie die Kamera nach rechts und links. Wenn sich die Objekte dabei gegeneinander verschieben, stimmt die Drehachse nicht. Schieben Sie die Stativplatte vor oder zurück. Der Abstand, bei dem die Objekte sich nicht mehr verschieben, ist der Nodalpunkt. Markieren Sie den Punkt an der Schiene, oder notieren Sie sich den Abstand. Er gilt allerdings nur für diese Einstellung, muss also für andere Zoompositionen und Objektive getrennt eingerichtet werden.

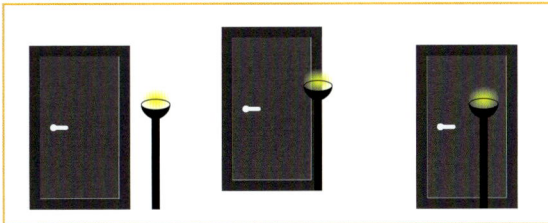

Abbildung 7.34 *Linksdrehung, Mittelposition, Rechtsdrehung: Die Drehachse stimmt nicht.*

Abbildung 7.35 *Linksdrehung, Mittelposition, Rechtsdrehung: Die Drehachse ist optimal ausgerichtet.*

Panoramaköpfe

»Einfache« Panoramaköpfe, bestehend aus einer Winkelschiene sowie einem Einstellschlitten, ermöglichen die hoch- oder querformatige Anbringung der α6600. Sollten Sie sich eingehender mit der Panoramafotografie beschäftigen wollen, empfiehlt sich ein sphärischer Panoramakopf (zum Beispiel *Novoflex VR-System SLIM* oder *PRO 2*, *Nodal Ninja NN3 MK2* oder *MK3* oder *Rollei Panoramakopf 200 Mark II*). Damit kann die α6600 hochformatig eingesetzt und dann nach oben oder unten geneigt werden, sodass mehrzeilige Einzelbildabfolgen, sogenannte *Multirow-Panoramen*, entstehen.

Abbildung 7.36 *Sony α6600 an einem sphärischen Panoramakopf*

EXKURS

Intervallaufnahmen

Langsame Prozesse in mehreren Bildern festzuhalten, etwa die Geschehnisse auf einem beleb-ten Platz zu dokumentieren oder ziehende Wolken über einer Landschaft festzuhalten, ist mit der *Intervallaufnahme* der α6600 leicht in die Tat umzusetzen.

Abbildung 7.37 *Mit der Intervallaufnahme können Prozesse, die über einen längeren Zeitraum stattfinden, wie hier das Gewusel der Passanten am Berliner Dom und die darüberziehenden Wolken, als Bilderserie festgehalten werden.*
16 mm | ƒ/8 | 1/200 s | ISO 100 | Stativ

Für die Aufnahme der Intervallbilder legen Sie am besten zuerst die Aufnahmeparameter fest, also in welchem Programm und mit welchen Belichtungseinstellungen fotografiert werden soll. Richten Sie den Bildausschnitt auf die Szene aus, und fokussieren Sie manuell auf einen ge-eigneten Schärfepunkt, denn der Autofokus ist während der Intervallaufnahme nicht aktiv. Legen Sie am besten auch den Weißabgleich fest, indem Sie eine der Vorgaben nutzen oder den Weißabgleich individuell über die Wahl des Kelvin-Wertes unter **Farbtmp./Filter** bestimmen. Fertigen Sie Probebilder an, um alle Einstellungen zu prüfen. Damit sich der Bildausschnitt nicht verschiebt, ist ein Stativ sehr zu empfehlen. Ein vollständig geladener Akku ist natürlich ebenfalls sinnvoll. Wenn Sie sehr langsam stattfindende Prozesse aufnehmen, empfiehlt es sich, die Kamera mit dem Ladekabel direkt ans Stromnetz anzuschließen. Öffnen Sie nun die **In-**

tervAufn.-Funkt. über das Menü 📷1> **Aufnahme-Modus/Bildfolge1**. Aktivieren Sie darin den Eintrag **Intervallaufnahme**. Entscheiden Sie dann bei **Aufnahmestartzeit**, wann die Aufnahme-serie beginnen soll (Minimum 1 s, Maximum 99 min 59 s). Bei **Aufnahmeintervall** legen Sie die Wartezeit zwischen den Aufnahmen fest, wobei 60 s schon das Maximum darstellt, was unse-rer Meinung nach etwas kurz ist, wenn es darum geht, länger andauernde Abläufe zu doku-mentieren. Wie viele Aufnahmen angefertigt werden sollen, wird bei **Anzahl der Aufn.** be-stimmt (maximal 9999).

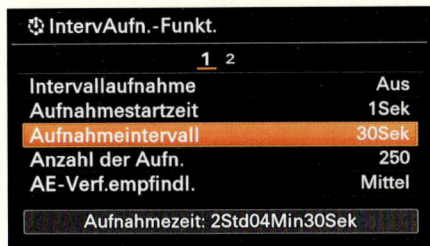

Abbildung 7.38 *Einstellungen im Menü* **IntervAufn.-Funkt.**

In den Modi **P**, **A**, **S** oder **M** (mit ISO-Automatik) passt die α6600 die Belichtung vor jeder Auf-nahme neu an, wenn Sie die Funktion **AE-Verf.empfindl.** auf **Mittel** setzen. Das ist beispiels-weise sinnvoll, wenn Helligkeitsschwankungen durch vorbeiziehende Wolken ausgeglichen werden sollen. Mit der Einstellung **Hoch** schwankt die Helligkeit zwischen den Bildern gegebe-nenfalls zu stark. Im Zeitrafferfilm sieht das meist nicht gut aus. Mit **Niedrig** ist die Anpassung hingegen gegebenenfalls zu schwach. Testen Sie die Wirkung der Optionen in der jeweiligen Si-tuation mit ein paar Probeaufnahmen aus. Die Belichtung einmalig festzulegen ist hingegen sinnvoll, wenn Sie in den Aufnahmen zum Beispiel darstellen möchten, dass ein Abendhimmel im Laufe der Zeit immer dunkler wird. Verwenden Sie dann die **Manuelle Belichtung** (M) mit einem fixierten ISO-Wert, und legen Sie eine möglichst helle Belichtung fest, damit die letzten Bilder nicht zu dunkel werden. Welche Optionen für Ihre Intervallaufnahmen geeignet sind, hängt also sehr von der Lichtsituation ab und davon, wie Sie die Szene darstellen möchten. Die α6600 kann die Bilder auch geräuschlos aufnehmen, wenn Sie im Intervallaufnahmemenü nach rechts navigieren und die Option **GeräuschlAufn. Intv.** einschalten. Achten Sie dann da-rauf, dass die gewählte Belichtung kein Banding hervorruft, etwa wenn mit flackernden Lampen bei kürzeren Belichtungszeiten als 1/100 s fotografiert wird (lesen Sie dazu auch Abschnitt 3.2.3, »Das Bildrauschen bei Fotoaufnahmen unterdrücken«, und Abschnitt 4.9, »Geräuschlose Auf-nahme«.

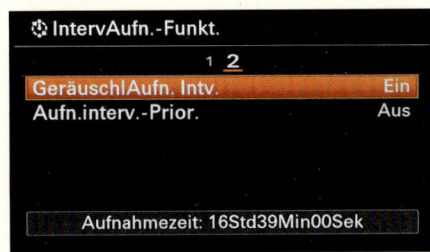

Abbildung 7.39 *Weitere Einstellungen auf der zweiten Menüseite*

Generell sollte die Belichtungszeit der einzelnen Aufnahmen kürzer sein als das Intervall, sonst werden weniger Aufnahmen fotografiert als geplant. Dazu können Sie den Modus **M** oder **S** verwenden oder die **Aufn.interv.-Prior.** einschalten. Diese sorgt dafür, dass die Belichtungszeit in den Modi **P** und **A** gegebenenfalls verkürzt wird, wenn für eine korrekte Belichtung zum Beispiel 20 Sekunden notwendig wären, das Intervall aber auf zehn Sekunden begrenzt ist. Die Bilder werden dann aber gegebenenfalls zu dunkel aufgenommen. Daher lassen wir diese Funktion meistens deaktiviert und achten selbst auf eine passende Belichtungszeit. Wenn alle Einstellungen passen, verlassen Sie das Menü. Am Symbol ⊕ ist erkennbar, dass die α6600 nach dem Auslösen die Intervallaufnahme starten wird. Stellen Sie scharf, und lösen Sie aus. Kurz darauf oder eben nach der von Ihnen gewählten Wartezeit wird das erste Bild aufgenommen, gefolgt vom Ablaufen der Wartezeit bis zur nächsten Aufnahme. Um die Intervallaufnahme vorzeitig zu stoppen, drücken Sie den Auslöser einmal ganz herunter.

Zeitrafferfilm erstellen | Sie können die Einzelbilder der Intervallaufnahme zu einem Zeitrafferfilm verarbeiten. Das funktioniert zum Beispiel mit der Sony-Software *Imaging Edge Viewer*. Wählen Sie mindestens 15 Fotos aus, die Sie zu einem Film zusammenfügen möchten, und wählen Sie **Werkzeuge > Zeitrafferfilm erstellen**. Das Video wird im Dateiformat MP4 mit 25 Bildern/s gespeichert. Als Anhaltspunkt: Aus 250 Bildern, aufgenommen mit einem Intervall von 30 Sekunden, kann ein Zeitrafferfilm von zehn Sekunden Dauer entstehen. Die Aufnahmezeit würde etwa zwei Stunden betragen.

Monitor ausschalten | Bei längeren Intervallen ist es sinnvoll, den Monitor vor dem Start der Intervallaufnahme mit der DISP-Taste auszuschalten, um Strom zu sparen. Dazu muss die Option **Monitor aus** im Menü s **> Anzeige/Bildkontrolle1 > Taste DISP > Monitor** mit einem Häkchen versehen sein. Über den Sucher können Sie Ihr Motiv weiterhin sehen.

Kapitel 8
Filmen mit der Sony α6600

Neben ihrer prallen Ausstattung an Fotofunktionen bietet die α6600 auch viele ausgereifte Möglichkeiten für Filmaufnahmen. Damit können Sie Urlaubserinnerungen aufpeppen, actionreiche Sportszenen in Zeitlupe einfangen oder sich, dank des hochklappbaren Monitors, selbst für Vlogging-Projekte aufnehmen.

8.1   Filmaufnahmen realisieren

Prinzipiell können Sie die Videoaufnahme auf zwei Wegen starten, indem Sie entweder den eigens dafür ausgelegten Modus **Film** verwenden oder, noch schneller, den Film direkt aus einem der Fotoprogramme heraus aufzeichnen. Beide Optionen bringen ihre Vor- und Nachteile mit sich, die wir Ihnen in Abschnitt 8.2, »Mehr Einfluss auf die Videogestaltung«, noch genauer vorstellen werden. Eines haben sie aber gemeinsam, und zwar die Vorgehensweise beim Starten und Stoppen des Films über die MOVIE-Taste ● auf der rechten oberen Kameraseite. Richten Sie die α6600 also einfach auf das zu filmende Motiv aus, und starten Sie die Videoaufzeichnung.

Abbildung 8.1 *Mit der Selfie-Position des Monitors können Sie sich auf unkomplizierte Weise selbst im Film inszenieren.*

Nach dem Aufnahmestart erscheint das rote Zeichen **REC** auf dem Monitor, und direkt darunter läuft die Aufnahmezeit an (siehe Abbildung 8.2). Wenn Sie die Anzeigeform **Alle Infos anz.** mit der DISP-Taste eingestellt haben, werden Ihnen auch die aktuell gewählten Aufnahmeeinstellungen (hier **XAVC S 4K**, **30p**, **60M**) und die mögliche Filmdauer (hier **17m**) angezeigt. Außerdem können Sie die Tonaufnahme mit dem **Audiopegel** hinter **CH1** und **CH2** optisch verfolgen

(CH = *channel*, Kanal). Der Bildstabilisator im Objektiv greift praktischerweise auch bei Filmaufnahmen stabilisierend ein, zu erkennen am Symbol **SteadyShot** (⁽ᵂᵘᵢ₎. Am Programmsymbol können Sie ablesen, in welchem Aufnahmemodus gerade gefilmt wird. Hier haben wir beispielsweise die **Blendenpriorität** ⊞A verwendet.

Abbildung 8.2 *Die Videoaufzeichnung läuft.*

Damit die Tonaufnahme ohne Störgeräusche abläuft, berühren Sie das Stereomikrofon links und rechts oberhalb des Objektivbajonetts nicht, und verwenden Sie auch keine anderen Tasten oder Einstellräder. Erstens sind einige der Tasten ohnehin außer Betrieb, und zweitens würden die Bedienungsgeräusche allesamt mit aufgezeichnet und sich störend im Film bemerkbar machen. Um die Filmsequenz zu beenden, drücken Sie erneut die MOVIE-Taste.

Tastenbelegung ändern

Wenn Sie viel filmen, können Sie anstelle der ergonomisch unkomfortablen MOVIE-Taste zum Beispiel die C1-Taste mit der Funktion **MOVIE** belegen (Menü 📷2 > **Benutzerdef. Bedienung1** > ⊟ **BenutzerKey**). Alternativ kann im Menü 📷2 > **Film3** auch die Funktion **Film mit Verschluss** aktiviert werden. Dann lässt sich die Filmaufnahme in den Modi **Film** und **Zeitlupe & Zeitraffer** mit dem Auslöser starten und stoppen.

8.1.1   Schwenken und Zoomen

Während des Filmens können Sie den Bildausschnitt selbstverständlich verändern. Die Belichtung und die Schärfe werden stets an die neue Situation angepasst. Die schönsten Ergebnisse erzielen Sie aber, wenn Sie die α6600 sehr ruhig halten und sie höchstens ein wenig wie in Zeitlupe mit dem Motiv mitführen oder nur langsam über ein Szenario schwenken. Ruckartige Bewegungen machen sich im Film dagegen meistens nicht gut.

Abbildung 8.3 *Mit dem Powerzoom-Hebel ist ruhigeres Zoomen möglich, aber aus der freien Hand wackelt es beim Starten und Stoppen des Zooms trotzdem.*

Auch das Erweitern oder Verengen des Bildausschnitts mit dem Zoomring oder dem eigens dafür vorgesehenen *Powerzoom-Hebel* einiger Sony-Objektive ist möglich, aber meist mit einem ziemlichen Gewackel verbunden. Nähern Sie sich dem Motiv lieber selbst ganz langsam an, um es größer ins Bild zu bekommen. Bewahren Sie also die Ruhe, und überlassen Sie die Aktion den Protagonisten vor Ihrer Kamera. Weitere Informationen zum Zoomen finden Sie in Abschnitt 2.9, »Bildvergrößerung mit dem Digitalzoom«.

8.1.2   Selfies mit Handgriff

Um sich selbst im Video zu zeigen, können Sie die α6600 in der Hand halten. Allerdings wird es dann meistens notwendig sein, dass Sie im Weitwinkelformat drehen, denn sonst wird der Bildausschnitt sehr eng. Weitwinkelaufnahmen haben aber zur Folge, dass mehr oder weniger starke Verzerrungen auftreten können und Ihre Gesichtsproportionen eventuell nicht ganz so perfekt erscheinen wie gewohnt. Das können Sie nur vermeiden, indem Sie die Kamera etwas weiter weg positionieren und mit einer längeren Brennweite filmen. Dafür ist der Arm aber meistens zu kurz. Als Verlängerung kämen Selfie-Sticks infrage, die für das Gewicht der α6600 aber meist zu schwach ausgelegt sind. Dies ist insbesondere der Fall, wenn zusätzlich ein externes Mikrofon oder eine Videoleuchte an der Kamera montiert ist. Eine Alternative wäre es, ein kleines Tischstativ mit einem stabilen Kopf zu verwenden, um den Aufnahmeabstand zu erhöhen. Dafür eignet sich zum Beispiel das Manfrotto-Tischstativ *MTPIXI-B PIXI*. Noch mehr Komfort bieten spezielle Handgriffe, etwa der *Sony GPV-PT1*, der auch als Ministativ verwendet werden kann. Die α6600 kann per USB-Kabel daran angeschlossen werden, sodass sich die Aufnahmen bequem über den Handgriff starten, stoppen und, bei einem Powerzoom-Objektiv, auch in zwei Geschwindigkeiten zoomen lassen.

Abbildung 8.4 *Handgriffe erhöhen den Aufnahmeabstand, was gut ist, um Gesichtsproportionen natürlich erscheinen zu lassen.*

8.2   Mehr Einfluss auf die Videogestaltung

Da Sie den Film aus allen Belichtungsprogrammen heraus starten können, stellt sich sicherlich schnell die Frage, welcher Modus hier die beste Wahl ist. An sich verhält es sich ähnlich wie beim Fotografieren. Für unkomplizierte und spontane Filmaufnahmen eignen sich die **Automatik** AUTO oder die SCN-Modi. Dabei ist es allerdings unerheblich, welches Szenenprogramm gerade aktiv ist. Das Video wird immer mit der **Filmautomatik** ¡⊟ aufgezeichnet. Um die Belichtung müssen Sie sich hier nicht weiter kümmern; sie wird automatisch eingestellt und an sich ändernde Lichtverhältnisse angepasst.

Abbildung 8.5 *Filmautomatik für spontane Videoaufnahmen*

Mehr Einfluss auf das Video nehmen Sie beim Filmen aus den Programmen **P**, **A**, **S** und **M**. Diese verhalten sich beim Filmen prinzipiell genauso wie beim Fotografieren: Mit **A** können Sie die Blende vorwählen, mit **S** die Belichtungszeit und mit **M** beides. Ein Programmwechsel im Modus **P** ist allerdings nicht möglich.

Nachteilig ist, dass sich der Bildausschnitt erst nach dem Filmstart auf das schmalere Seitenverhältnis von 16:9 einstellt. Die Gestaltung von Bildinhalt und Perspektive wird dadurch erschwert. Aus diesem Grund empfehlen wir Ihnen, Videoaufnahmen im Modus **Film** anzufertigen. Hier stehen Ihnen die gleichen Aufnahmeoptionen zur Verfügung, die Sie auch beim Fotografieren nutzen können: die **Programmautomatik**, die **Blendenpriorität**, die **Zeitpriorität** und die **Manuelle Belichtung**. Auswählen lassen sich die Modi im Quick-Navi-Menü oder im Menü 📷**2** > **Film1** bei ⊞ **Belicht.modus**. Danach können Sie das Video mit der MOVIE-Taste wie gewohnt aufzeichnen.

Abbildung 8.6 *Auswahl des Filmaufnahme-programms im Modus* **Film**

Entscheiden Sie sich für die **Programmautomatik** ⊞**P**, wird die Belichtung, ebenso wie bei Fotos, automatisch festgelegt. Sie können aber auch Belichtungskorrekturen um ±2 EV durchführen, den ISO-Wert bestimmen (ISO 100–32000) und zwischen den Fokusfeldern wählen, um gezielt scharfzustellen. Auch die Gesichtserkennung können Sie nutzen. Die Videodarstellung lässt sich zudem mit Optionen für das **Fotoprofil**, den **Kreativmodus** und den **Weißabgleich** sowie mit einem angepassten DRO-Kontrast verfeinern. Wie die Belichtung gemessen wird, legen Sie schließlich mit dem **Messmodus** fest, wobei **Multi** ein verlässlicher Standard ist. Sogar die Anwendung einiger **Bildeffekte** steht Ihnen frei.

Abbildung 8.7 *In den Filmprogrammen kann auch mit einigen Bildeffekten gearbeitet werden – hier der Effekt **Teilfarbe: Blau** in der **Film-Blendenpriorität**.*

8.2.1   Filmen mit geringer Schärfentiefe und Pull-Fokus-Effekt

Bei Fernseh- oder Kinofilmen wird oft attraktiv mit Schärfe und Unschärfe gespielt. Da ist beispielsweise zuerst eine Schauspielerin im Vordergrund scharf vor einem verschwommenen Hintergrund zu sehen. Im nächsten Moment schwenkt die Schärfe auf den Akteur weiter hinten, und die Schauspielerin vorn wird unscharf. Solche Schärfeverlagerungen (*Pull-Fokus-Effekt*) können Sie mit der α6600 auch erreichen, indem Sie zum Beispiel in den Modi **Blendenpriorität** 🎬A oder **Manuelle Belichtung** 🎬M einen niedrigen Blendenwert auswählen und mit Telebrennweiten filmen. Dann ist die Schärfentiefe gering, und die unterschiedlichen Schärfeebenen von Vorder- und Hintergrund sind gut zu unterscheiden.

Abbildung 8.8 *In der ersten Einstellung wurde die Statue im Vordergrund fokussiert. Der Hintergrund ist aufgrund der geringen Schärfentiefe unscharf abgebildet.*

50 mm | ƒ/5,6 | 1/100 s | ISO 400

Abbildung 8.9 *Durch Antippen des Schlossgebäudes auf dem Monitor ließ sich die Schärfe auf den Hintergrund umleiten.*

50 mm | ƒ/5,6 | 1/100 s | ISO 400

Wichtig ist, dass der Fokus dabei stets gut geführt wird, was sich mit den Fokusfeldern **Feld** ⬚, **Flexible Spot:L** 🔳 oder **Erweit. Flexible Spot** ⬚ gut durchführen lässt. Für Schärfeverlagerungen können Sie die neu zu fokussierende Motivstelle dann einfach mit dem Finger am Monitor antippen (**Touch-Fokus**). In heller Umgebung funktioniert das meist sehr gut. Achten Sie aber darauf, dass die neue Fokusstelle gut strukturiert und nicht zu dunkel ist, sonst kann es vorkommen, dass der Autofokus nicht gleich greift und erst kurz vor- und zurückschwenkt, bevor er sie erfasst hat (*Pumpen*). Das ist im Film zu sehen und wirkt nicht sehr professionell. Wenn es keine andere Möglichkeit gibt, ist es in solchen Fällen besser, manuell zu fokussieren. Auch wenn der Autofokus etwa in einer Interviewsituation zu unruhig sein sollte, schalten Sie ihn aus. Dazu belegen Sie am besten eine Taste mit der Funktion **AF/MF-Strg. wechs.** (Menü 📷 2 > **Benutzerdef. Bedienung1 >** 🎞 **BenutzerKey >** gewünschte Taste > **AF/MF-Strg. wechs.**). Nach dem Drücken der Taste schaltet die α6600 dann auf manuellen Fokus um, bis Sie die Taste erneut drücken. Alternativ können Sie eine Taste auch mit der Funktion **AF/MF-Steuer. halt** belegen, dann ist der manuelle Fokus nur in Betrieb, solange Sie die entsprechende Taste gedrückt halten. Mehr zur ausgefeilten Autofokussteuerung der α6600 erfahren Sie in Kapitel 4. Dort lesen Sie auch, wie Sie die Geschwindigkeit der Schärfeverlagerung anpassen können (**AF Speed**) und der Autofokus stabiler am Motiv haften bleibt (**AF-Verfolg.empf.**).

> **Alles manuell**
>
> Bei der Auswahl der **Manuellen Belichtung** haben Sie, genau wie beim Fotografieren, alles selbst in der Hand und können neben der Blende auch noch die Belichtungszeit auf optimale Filmwerte stellen (mehr darüber erfahren Sie im nächsten Abschnitt). Diese Einstellung eignet sich beispielsweise dann sehr gut, wenn Sie einen Kameraschwenk über eine Szene machen und die Belichtung dabei konstant halten möchten. Das funktioniert allerdings nicht in Kombination mit der ISO-Automatik, denn dann wird auch in diesem Programm die Helligkeit automatisch nachgeregelt.

8.2.2   Die optimale Belichtungszeit für Filme

Für eine flüssige Darstellung bewegungsreicher Filmmotive eignen sich die **Zeitpriorität** 🎞S oder die **Manuelle Belichtung** 🎞M. Der Vorteil dieser Aufnahmemodi ist, dass Sie die Belichtungszeit selbst wählen können. So werden gewöhnliche Bewegungen flüssig, ohne Ruckler, und sehr schnelle Bewegungen mit einem leichten Wischeffekt dargestellt. Dadurch wirken die laufenden Filmbilder natürlich, und die Geschwindigkeit der Bewegungen entspricht unserem Sehempfinden, denn auch mit unseren Augen nehmen wir schnelle Bewegungen mit einem leichten Wischeffekt wahr. Lassen Sie einmal einen Stift schnell zwischen Daumen und Zeigefinger hin und her schwingen, Sie werden den Wischeffekt sofort sehen.

Abbildung 8.10 *Mit 1/100 s wirkt die durchs Wasser schießende Mandarinente im extrahierten Einzelbild etwas verwischt. Dafür läuft die Bewegung im Film schön gleichmäßig ab.*

Als Standardeinstellung empfehlen wir Ihnen eine Belichtungszeit, deren Nenner im Wert doppelt so groß ist wie die Bildrate des Films, also zum Beispiel mit 1/50 s bei 25p oder 1/100 s bei 50p. Dieser Richtwert basiert auf der sogenannten *180-Grad-Shutter-Regel*, die zu Zeiten des analogen Filmens entwickelt wurde und mit der Formel 1/(2 × Bildrate) = Belichtungszeit beschrieben wird. Wenn Sie actionreiche Szenen eines Spielfilms oder Sportaufnahmen besonders prägnant und fast schon etwas unnatürlich wirken lassen möchten, eignen sich Belichtungszeiten, die achtfach kürzer sind als die Bildrate, also zum Beispiel 1/(8 × 25p) = 1/200 s oder 1/(8 × 50p) = 1/400 s. Dies entspricht der *45-Grad-Shutter-Regel* aus der analogen Filmzeit. Die Bewegungen werden damit schärfer eingefangen, wodurch der Film beim Abspielen leicht stakkatoartig wirkt. Wird die Belichtungszeit verlängert, weisen Bewegungen deutliche Wischeffekte auf, was sich zum Beispiel für die Darstellung einer Traumszene, einer Illusion oder eines Verwirrungszustands eignet. Die α6600 kann auch getreu der *360-Grad-Shutter-Regel* eingestellt werden, bei der die Belichtungszeit der Bildrate entspricht, also zum Beispiel 1/25 s bei 25p. Wenn Sie als kreatives Stilmittel noch langsamere Belichtungszeiten wählen – bei der α6600 sind längstenfalls 1/4 s möglich – sind die Filmbilder sehr deutlich verwischt.

Neutraldichtefilter

Beim Filmen mit den verhältnismäßig langen Belichtungszeiten in heller Umgebung kann es notwendig werden, die Lichtmenge zu reduzieren, sonst steigt der Blendenwert stark an, und der kreative Gestaltungsspielraum mit geringer Schärfentiefe verringert sich. Dazu können Sie einen Neutraldichtefilter am Objektiv anbringen. Beim Filmen sind variable ND-Filter praktisch, die eine flexible Einstellung der Verdunklungsstärke erlauben (zum Beispiel *B+W ND-Vario-Filter* oder *RODENSTOCK Digital Vario ND EXTENDED*).

8.2.3   Flackerfrei filmen bei Lampenbeleuchtung

Viele handelsübliche Lampen, wie Neonröhren oder Tageslichtlampen, die gerne als Dauerlicht im Heimstudio eingesetzt werden, produzieren Licht durch pulsierendes Auf- und Entladen spezieller Gasgemische. Im Zusammenspiel mit der Wechselstromfrequenz ergibt sich daraus eine bestimmte Flackerfrequenz, die in Deutschland 100 Hertz beträgt. Unserem Auge fällt das kaum auf. Filmen Sie jedoch mit kurzen Belichtungszeiten, macht sich das Flimmern durch Streifen im Bild (*Banding-Effekt*) bemerkbar. Bei Kunstlichtbeleuchtung ist es daher sinnvoll, die Belichtungszeit nicht zu kurz zu wählen. Vorteilhaft für die Wechselstromfrequenz von 50 Hertz in Europa sind Belichtungszeiten von 1/50 und 1/100 s und in Ländern mit 60 Hertz Wechselstromfrequenz von 1/60 und 1/125 s. Bei stark flackernden Lampen kann es dennoch zu einem leichten Flimmern im Video kommen. Wenn Sie häufiger bei Kunstlichtbeleuchtung filmen, denken Sie einmal über die Anschaffung flackerfreier LED-Lampen nach (zum Beispiel *Walimex Pro LED-Lampe LB-45-L*).

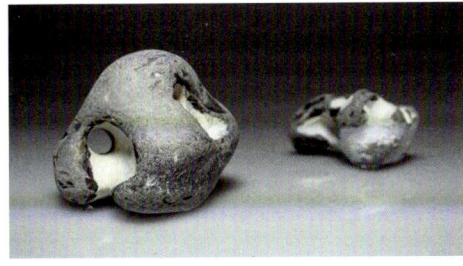

Abbildung 8.11 *Deutlicher Banding-Effekt bei 1/500 s*

Abbildung 8.12 *Banding verhindert mit 1/100 s*

Dauerlicht einsetzen

Dauerlichtlampen in Form von LED-Panels bieten eine tolle Möglichkeit, den Kontrast beim Filmen durch eine mehr oder weniger starke Aufhellung zu verbessern. Diese können zum Beispiel am Zubehörschuh der α6600 angebracht oder auf einem externen Lampenstativ montiert werden. Dimmbare LED-Panels wie das *Metz mecalight L1000 BC X*, *Neewer CN-160* oder *AVtec LedPAD X52* bieten eine ordentliche Leuchtkraft, Komfort und Flexibilität. Für Selfie-Videos mit besonderem Beauty-Charakter können Sie Ringleuchten einsetzen, die einen kreisrunden Lichtreflex in den Augen erzeugen. Wünschen Sie sich mehr Flexibilität und eine größere Leuchtfläche, können Sie auf größere externe, allerdings oft auch recht teure, Videolampen setzen, wie das *Pro LED Sirius 160 Daylight* von Walimex. Die Videolampen werden auf einem extra Stativ befestigt. Damit können Sie das Licht noch besser modellieren, und die gefilmte Person wird nicht so stark frontal angestrahlt. Dadurch blickt sie möglicherweise etwas entspannter in die Kamera. Je stärker die Lampe, desto mehr Spielraum haben Sie, um das Licht mit Diffusoren/Softboxen weicher zu streuen.

Abbildung 8.13 *Hier haben wir die Dauerlichtlampe Neewer CN-160 am Zubehörschuh der α6600 befestigt. Durch die Diffusorplatte wirkt das Licht recht weich, und mit dem Kippgelenk kann das LED-Panel nach oben oder unten geneigt werden.*

8.2.4   Verzerrungen durch Rolling-Shutter-Effekte minimieren

Beim Auslesen der Bilddaten vom Sensor geht die α6600 zeilenweise vor. Das bedeutet, dass nicht alle Informationen aus den Bildpixeln zum gleichen Zeitpunkt vorliegen. Die daraus entstehenden minimalen zeitlichen Verzögerungen führen dazu, dass sich bei schnellen Kameraschwenks die eigentlich geraden Linien einer Säule, eines Gebäudes oder anderer schnurgerader Gegenstände für kurze Zeit verbiegen. Das können Sie nachvollziehen, indem Sie die α6600 auf ein senkrechtes Objekt ausrichten und während des Filmens relativ schnell hin und her schwenken. Der sogenannte *Rolling-Shutter-Effekt* ist bei der α6600 deutlich zu sehen, insbesondere wenn Sie mit der größeren 4K-Auflösung drehen, weil dann mehr Daten ausgelesen werden müssen. Das Umschalten auf das kleinere HD-Videobild hilft in einem gewissen Rahmen, aber die Auflösung und Qualität des Videos sind dann natürlich nicht mehr auf höchstem Niveau. Um das scheinbare Verbiegen der Motive zu vermeiden, gibt es also nur die Möglichkeit, die Kamera beim Filmen langsam zu bewegen.

Abbildung 8.14 *Beim Standbild vom zügigen Kameraschwenk über die Dorfkirche ist die vertikale Verzerrung durch den Rolling-Shutter-Effekt gut zu erkennen. Der Kirchturm wirkt dadurch etwas windschief.*

8.3   Die Videoformate der α6600

Bevor Sie das Filmen so richtig ausgiebig praktizieren, ist es sinnvoll, dass Sie sich ein paar Gedanken über das Filmformat machen. Wir haben Ihnen dazu einige Empfehlungen zusammengestellt.

8.3.1   Empfehlungen in der Übersicht

Anstatt Sie mit den vielen Einzelheiten zu überfallen, die bei der Filmformatauswahl eine Rolle spielen, ziehen wir eine Zusammenfassung vor. Die Einstellungen zu **Dateiformat** und **Aufnahmeeinstlg.** finden Sie im Menü **📷 2 > Film1**. In den folgenden Abschnitten können Sie sich genauer über die Einzelheiten informieren. Hier unsere Empfehlungen für verschiedene Aufnahmesituationen:

- Optimale 4K-Standardeinstellung: **XAVC S 4K**, **25p**, **60M**

- Höchste Videoqualität der α6600: **XAVC S 4K**, **25p**, **100M** (UHS-I- oder UHS-II-Speicherkarte der Geschwindigkeitsklasse U3 wird benötigt)

- Empfehlung für schnelle Bewegungen: **XAVC S HD**, **50p** oder **60p**, **50M**

- Empfehlung bei Flackerbeleuchtung: **XAVC S 4K** oder **XAVC S HD**, **25p**, **50M**

- Empfehlung für Internetvideos mit wenig Speicherbedarf: **XAVC S HD**, **25p** oder **30p**, **16M** (gegebenenfalls **Proxy-Aufnahme** hinzuschalten)

- Höchste Qualität mit Spielraum für Zeitlupenabschnitte: **XAVC S HD**, **100p** oder **120p**, **100M** (UHS-I- oder UHS-II-Speicherkarte der Geschwindigkeitsklasse U3 wird benötigt)

Dateiformat	Bildgröße in Pixeln	Bildrate und Bitrate		Proxy-Aufn.
		PAL	NTSC	
XAVC S 4K	3840 × 2160	25p 100M[1]	30p 100M[1, 3]	möglich
	3840 × 2160	25p 60M	30p 60M[3]	möglich
	3840 × 2160	–	24p 100M[1]	möglich
	3840 × 2160	–	24p 60M	möglich
XAVC S HD	1920 × 1080	50p 50M	60p 50M	möglich
	1920 × 1080	50p 25M	60p 25M	möglich
	1920 × 1080	25p 50M	30p 50M	möglich
	1920 × 1080	25p 16M	30p 16M	möglich
	1920 × 1080	–	24p 50M	möglich
	1920 × 1080	100p 100M[1, 3]	120p 100M[1, 3]	–
	1920 × 1080	100p 60M	120p 60M	–
AVCHD	1920 × 1080	50i 24M(FX)[2]	60i 24M(FX)[2]	–
	1920 × 1080	50i 17M(FH)	60i 17M(FH)	–

Tabelle 8.1 *Dateiformate und Aufnahmeeinstellungen für Filme; aufgezeichnet werden entweder Vollbilder (p) oder Halbbilder (i) ([1]UHS-I-/UHS-II-Speicherkarte der Geschwindigkeitsklasse U3 notwendig, [2]direktes Brennen einer DVD ohne vorherigen Formatumwandlungsschritt nur auf Blu-Ray-Disc möglich, [3]verengter Bildausschnitt)*

Maximale Filmaufnahmezeit

Laut den Angaben von Sony können Sie mit der α6600 produktspezifisch bis zu 13 Stunden am Stück filmen. Die maximale Aufnahmedauer hängt aber vor allem von der Kamera- und Akkubelastung ab. So kann es vorkommen, dass Ihnen die α6600 nach einigen Stunden eine Überhitzungswarnung [ ] anzeigt und die Filmaufnahme abbricht. Sony gibt daher auch einen Richtwert von 30 Minuten an, der in der Praxis als maximale Aufnahmedauer herangezogen werden kann. Wenn sich die Kamera erwärmt, nehmen Sie in Filmpausen am besten den Akku heraus und kühlen ihn oder setzen einen kühlen Ersatzakku ein, denn die ungünstige Wärmeentwicklung geht maßgeblich vom Energieträger aus. Bei Verwendung des Dateiformats **AVCHD** kann es vorkommen, dass mehrere Dateien angelegt werden, wenn ein Volumen von 2 GB überschritten wird. Die Filmabschnitte können in der α6600 zwar am Stück betrachtet werden, müssen bei der Verarbeitung am Computer aber zu einer Videodatei zusammengeschnitten werden.

8.3.2   Das Dateiformat wählen

Die höchstmögliche Videogröße und Qualität erhalten Sie mit der Einstellung **XAVC S 4K** im Menü 📷 **2** > **Film1** bei **Dateiformat**.

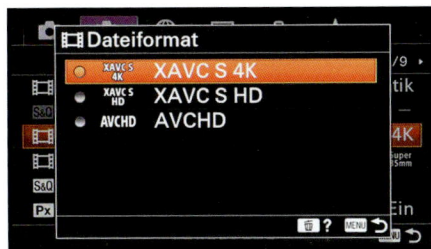

Abbildung 8.15 *Auswahl des Dateiformats*

Das Format *XAVC S* (*Extended Advanced Video Coding*) wurde von Sony speziell im Hinblick auf den hochauflösenden 4K-Standard (*Ultra HD*) entwickelt. Es wird mit der Dateiendung **MP4** gespeichert und liefert auf Ultra-HDTV-Geräten brillante Farben und eine gestochene Schärfe. Die hohe Informationsdichte macht sich auch in der späteren Videobearbeitung bezahlt.

Abbildung 8.16 *Das 4K-Format (3840 × 2160 Pixel) ist viermal so groß wie das FHD-Format (1920 × 1080 Pixel).*

4K-Filme werden von der α6600 mit der sogenannten *Oversampling-Methode* aufgezeichnet. Das bedeutet, die Kamera liest die gesamte Sensorfläche im Seitenverhältnis 16:9 aus und nimmt dabei pro Einzelbild etwa 20 Millionen Bildpunkte auf (6K-Bild, 6000 × 3376 Pixel). Das sind viel mehr Informationen, als für das 4K-Filmbild mit etwa acht Millionen Bildpunkten eigentlich benötigt werden (Überabtastung, Oversampling). Für die 4K-Ausgabe werden die 6K-Bilder kameraintern auf 3840 × 2160 Pixel heruntergerechnet. Diese Methode erzeugt ein sehr detailreiches und scharfes Filmbild, das auch bei hohen ISO-Werten gute Ergebnisse liefert und Bildstörungen wie Treppenbildung an geraden Motivkanten und Moiré (fehlerhafte Strukturmuster durch Interferenzen) minimiert.

Umfassendere Videobearbeitung

Grundlegende Videobearbeitungsschritte wie das Beschneiden, Zusammenschneiden oder Brennen auf DVD sind mit der zur α6600 verfügbaren Software *PlayMemories Home* möglich. Die Aufnahmen können damit aber beispielsweise nicht harmonisch überblendet werden. Dafür und für umfassendere Optimierungen wird spezielle Videosoftware benötigt, wie zum Beispiel *Adobe Photoshop*, *Adobe Photoshop Premiere Elements*, *Magix Video deluxe*, *Sony Vegas Pro* oder *Final Cut Pro*.

Das Format **XAVC S HD** mit seinen hohen Datenraten von **50** oder **100M** liefert ebenfalls eine sehr gute Qualität und wird auch als MP4-Datei gespeichert. **AVCHD** (*Advanced Video Codec High Definition*) eignet sich vor allem für Videos, die später auf HDTV-Fernsehgeräten abgespielt werden sollen. Um die Aufnahmequalität zu erhalten, speichern Sie die Filme auf Blu-Ray-Discs und verwenden einen Blu-Ray-Player zum Abspielen.

Videoübertragung und -präsentation

Die Videos können am Fernsehgerät betrachtet werden, wenn die α6600 mit einem *Micro-HDMI-Kabel* (zum Beispiel *Sony DLC-HEU15*, HDMI-Anschluss Typ A zu Micro-Anschluss Typ D) daran angeschlossen ist. Um die Filme auf den Computer zu übertragen, sollten Sie die Videos stets mit der Sony-Software *PlayMemories Home* importieren (mehr darüber erfahren Sie in Abschnitt 11.2, »Bildübertragung auf den Computer«). Dann werden alle benötigten Videobestandteile, die sich bei XAVC S und AVCHD über mehrere Unterordner verteilen, in einer Datei auf dem Computer gespeichert, und es gibt beim Abspielen keine bösen Überraschungen.

8.3.3 Bildrate und Bitrate wählen

Neben dem Dateiformat spielt die **Aufnahmeeinstlg** der α6600 eine wichtige Rolle, wählbar im Menü 📷 **2 > Film1**. Hier legen Sie die *Bildrate* oder *Framerate* fest, also die Anzahl an aufgezeichneten Bildern pro Sekunde, und die *Bitrate*, die aufgenommene Datenmenge pro Sekunde. Je höher die Bitrate, angegeben in **M** (*Mbps* = Megabit pro Sekunde), desto mehr Bilddetails werden aufgezeichnet, und desto besser ist die Bildqualität. Um Filme, die Sie mit hohen Bitraten aufgenommen haben, zügig bearbeiten zu können, brauchen Sie allerdings auch einen leistungsstarken Computer. Geringe Bitraten eignen sich für Videos, die vorwiegend im Internet gezeigt werden sollen. Sollte Ihnen die Einheit Mbps nicht viel sagen, können Sie den Wert in MB/s (Megabyte pro Sekunde) umrechnen: 1 Mbps entspricht 0,125 MB/s. Bei einer Datenrate von **60M** werden also 7,5 MB/s aufgezeichnet.

Abbildung 8.17 *Bildrate und Bitrate auswählen*

Als guter Standard für die meisten Situationen und langsame Kameraschwenks empfehlen sich Bildraten von 25 oder 30 Vollbildern pro Sekunde (**25p/30p**, p = *progressive*). Die höheren Bildraten **50p/60p** oder **50i/60i** sind dagegen bei actionreicheren Szenen ideal, da die Bewegungen im Film aufgrund der höheren Anzahl an Einzelbildern pro Sekunde flüssiger ablaufen. Bei einer Bildrate von **50i/60i** werden anstelle von Vollbildern nur Halbbilder im sogenannten *Zeilensprungverfahren* aufgezeichnet (i = *interlaced*). Diese müssen bei der Wiedergabe in Vollbilder konvertiert werden. Daher ist die Detailschärfe etwas reduziert, das Speichervolumen aber auch deutlich verringert. Bei der Videobearbeitung entstehen allerdings schneller Artefakte, die die Qualität senken.

Abbildung 8.18 *Wird ein 50i/60i-Video beispielsweise in Adobe Photoshop geöffnet, sind die Zeilen der beiden sich überlappenden Halbbilder gut zu sehen.*

Hinweis Blu-Ray
Beim Umschalten der Aufnahmeeinstellung auf eines der AVCHD-Formate **50i 24M(FX)** oder **60i 24M(FX)** gibt Ihnen die α6600 den Hinweis: **Keine Aufzeichnung auf einer DVD bei 50p 38M(FX) möglich. Auf einer Blu-ray Disc speichern**. Das heißt aber nicht, dass die Filme nicht am Computer, im Internet oder über die Kamera am Fernseher wiedergegeben werden können. Nur zum Brennen benötigen Sie einen Blu-Ray-Brenner und -Player.

Sequenzen, die mit der höchsten Bildrate **100p/120p** aufgenommen werden, laufen noch flüssiger ab. Außerdem lassen sich diese Filme später verlangsamt wiedergeben. Sie können sich also in der nachgeschalteten Videobearbeitung noch entscheiden, ob Sie die ganze Szene oder Teile in Zeitlupe darstellen möchten. Bei **100p** ist eine vierfache Reduktion der Abspielgeschwindigkeit auf **25p** sinnvoll, und bei **120p** können Sie vierfach auf **30p** oder fünffach auf **24p** reduzieren. Durch die Reduktion würde jedoch der Ton verzerrt wiedergegeben, daher konvertieren Sie das Video ohne Ton oder vertonen es mit einer unabhängigen Tonaufnahme oder Musik neu.

Die Bildrate von **24p** ist dem Kinofilm nachempfunden. Dieser Standard ist mit etwas Vorsicht zu genießen, da nicht jedes Abspielgerät die Videosignale auslesen kann und daher Tonabweichungen oder Ruckler auftreten können. Sie sollten generell auch wissen, dass sich Filmschnipsel verschiedener Formate und Bildraten nicht problemlos zusammenschneiden lassen. Daher ist es sinnvoll, in einem Dateiformat zu bleiben und mit identischen Bildraten zu arbeiten. Möglich ist aber auch die Kombination mit einer Bitrate, die sich um den Faktor zwei unterscheidet (zum Beispiel **25p**, **50i/50p** und **100p** im System **PAL** oder **30p**, **60i/60p** und **120p** im System **NTSC**).

> **Achtung: Cropfaktor**
>
> Wenn Filme im Dateiformat **XAVC S 4K** mit der Bildrate **30p** aufgenommen werden, verkleinert sich der Bildausschnitt etwa um den Cropfaktor 1,23. Es kann somit nicht das volle Weitwinkelformat des jeweiligen Objektivs ausgenutzt werden. Das Gleiche gilt für Aufnahmen mit den Bildraten **100p/120p** im Dateiformat **XAVC S HD**. Der Cropfaktor beträgt hier ungefähr 1,14.

8.3.4 Proxy-Aufnahme

Falls Sie ein Format suchen, das eine ordentliche Qualität bietet, dabei aber wenig Speicherplatz benötigt und daher auch gut für die Videopräsentation im Internet geeignet ist, schalten Sie im Menü 📷 2 › **Film1** die sogenannte **Proxy-Aufnahme** zu. Es wird dann parallel zum Hauptvideo eine Videodatei mit der Einstellung **XAVC S HD** bei einer Größe von 1280 × 720 Pixeln aufgezeichnet. Dies können Sie in der Wiedergabe am Symbol **Px** erkennen. Die Bitrate beträgt lediglich **9M**, und die Bildrate entspricht der des Hauptvideos. Bei Verwendung der hohen Bildraten 100p/120p oder des Dateiformats **AVCHD** ist eine **Proxy-Aufnahme** allerdings nicht möglich.

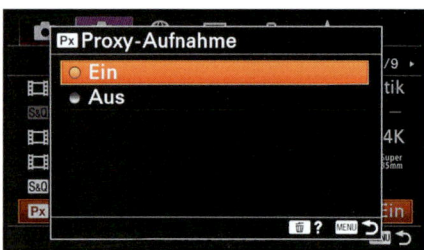

Abbildung 8.19 *Mit der Proxy-Aufnahme wird parallel zum Hauptvideo ein HD-Video aufgezeichnet.*

8.3.5 Bedeutung des Videosystems

Zu Analogzeiten wurden unterschiedliche Videosysteme für die Ausstrahlung von Fernsehbildern verwendet, zum Beispiel **PAL** in Europa und **NTSC** in Amerika. Diese waren abgestimmt auf die Wechselstromfrequenzen der verschiedenen Länder. In Deutschland beträgt diese 50 Hertz, daher die Bildraten **25p**, **50p**, **50i** oder **100p**. Nun ist das Videosystem im digitalen Zeitalter nicht mehr ausschlaggebend für eine funktionierende Filmwiedergabe. Daher können Sie bei der α6600 auch auf das NTSC-System umstellen. Es stehen dann die Bildraten **24p**, **30p**, **60i**, **60p** und **120p** zur Verfügung. Die hohen Bildraten **60p/120p** sind natürlich beim Filmen actionreicher Bewegungen bestens geeignet, und **24p** entspricht der Bildrate gängiger Kinofilme, deren Wirkung viele Filmer mögen. Denken Sie aber daran, dass alle von Ihnen verwendeten Aufnahmegeräte diese Bildraten unterstützen sollten, wenn Sie Videos unterschiedlicher Kameras problemlos miteinander kombinieren möchten. Auch gibt Ihnen die α6600 beim Einschalten nach der Umstellung ständig die Warnmeldung **Läuft in NTSC**. Wenn Sie grundlegend auf das NTSC-System setzen und den Modus entsprechend umschalten möchten, achten Sie zuerst darauf, dass sich keine wichtigen Daten mehr auf der Speicherkarte befinden, denn die Umschaltung erfordert eine anschließende Formatierung. Wählen Sie dann im Menü > **Einstellung2** die Option **NTSC/PAL-Auswahl**, und tippen Sie im Dialogfenster **Wechseln zu NTSC?** auf die Schaltfläche **Eingabe**. Wenn die α6600 ein Hinweisfenster hinsichtlich der Formatierung anzeigt, bestätigen Sie auch diesen Dialog.

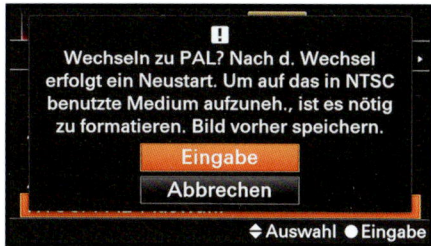

Abbildung 8.20 *Ändern des Videosystems*

PAL-Vorteil

Zeitlupenaufnahmen, egal, ob sie in der α6600 oder nachträglich aus 100p- oder 120p-Videomaterial angefertigt werden, haben einen Nachteil: Die kürzeste mögliche Belichtungszeit, mit der sie aufgenommen werden können, beträgt 1/100 s bei **100p** im System **PAL** und 1/125 s bei **120p** im System **NTSC**. Wenn Sie in Europa oder einem Land mit 50 Hz Wechselstromspannung bei einer Beleuchtung mit Gasentladungslampen (zum Beispiel Neonröhren) filmen, wird das Filmbild im NTSC-System bei **120p** deutlich flackern, bei **100p** im PAL-System hingegen nicht. Denken Sie bei Studiobeleuchtung mit Dauerlicht an diesen Umstand. Bei speziellen – aber teuren – Lampen mit Flackerunterdrückung spielt das hingegen keine Rolle.

8.4   Spannende Zeitlupen- und Zeitrafferfilme drehen

Schnelle Bewegungen, die mit bloßem Auge kaum in ihre Einzelteile aufzulösen sind, werden auch im normalen Video nicht besser sichtbar. Zeitlupenvideos ermöglichen hingegen genau das: Die Tropfen eines Brunnens fliegen deutlich sichtbar durch die Luft, der Sprung eines Wakeboarders lässt sich in allen Einzelheiten bewundern, und die Bewegungen von Spatzen an ihren Bruthöhlen werden in allen Facetten aufgedeckt. Durch die schnelle Bildfolge bei der Aufnahme wird jedes Detail einer rasanten Bewegung erfasst und anschließend ruckelfrei und flüssig in allen Einzelheiten wiedergegeben. Die α6600 nimmt dazu eine höhere Anzahl an Bildern pro Sekunde auf, als es für eine Echtzeitaufnahme notwendig wäre. Diese werden anschließend auf die einfache Abspielgeschwindigkeit reduziert, wodurch die Bewegungen verlangsamt dargestellt werden.

Mit Zeitrafferfilmen (Timelapse-Videos) erzielen Sie genau den umgekehrten Effekt: Langsam ablaufende Prozesse werden beschleunigt wiedergegeben. Menschen bewegen sich dann beispielsweise im Stakkato durch die Shopping-Mall, oder das Aufblühen einer Knospe wird im Film in nur wenigen Sekunden wiedergegeben.

Abbildung 8.21 *Mit der Zeitlupeneinstellung der α6600 wurde hier der Abflug einer Blaumeise samt erbeuteter Erdnuss fünffach verlangsamt gefilmt.*

Abbildung 8.22 *Durch den Zeitraffer stellte sich das Gewusel beim Ein- und Aussteigen der Touristen aus dem Sightseeing-Bus vor dem Berliner Stadtschloss recht lustig dar. Aufgenommen mit dem Kreativmodus Sepia, wirkt der Film etwas stimmungsvoller.*

Zeitraffer aus Intervallfotos

Wenn Sie den Zeitrafferfilm mit einer höheren Auflösung als FHD (1920 × 1280 Pixel) darstellen möchten, können Sie die benötigte Anzahl an Einzelbildern auch mit der Intervallaufnahme fotografieren und anschließend zum Zeitrafferfilm verarbeiten (mehr darüber erfahren Sie im Exkurs »Intervallaufnahmen« in Kapitel 7).

Sowohl Zeitlupen- als auch Zeitrafferfilme können nur im Dateiformat **XAVC S HD** aufgenommen werden, also in FHD-Größe, und sie werden ohne Ton aufgezeichnet, da dieser nur verzerrt wiedergegeben würde. Für derlei Filmprojekte stellen Sie das Moduswahlrad auf **Zeitlupe & Zeitraffer** S&Q. Wählen Sie im Quick-Navi-Menü oder im Menü 📷 2 > Film1 bei S&Q **Belicht.modus** eine der folgenden Vorgaben: **Programmautomatik** S&Q P (automatische Belichtung), **Blendenpriorität** S&Q A (Blende wählbar), **Zeitpriorität** S&Q S (Belichtungszeit wählbar) oder **Manuelle Belichtung** S&Q M (Belichtungszeit und Blende wählbar).

Anschließend legen Sie im 📷 2 > Film1 bei **Zeitl.&-rafferEinst.** zwei Vorgaben fest: Mit der **Aufnahmeeinstlg** bestimmen Sie die Abspielbildrate, mit der die α6600 den Film wiedergeben soll, und mit der **Bildfrequenz** die Aufnahmebildrate. Ist die Abspielbildrate geringer als die Aufnahmebildrate, entsteht ein Zeitlupenfilm, liegt sie darüber, entsteht ein Zeitrafferfilm.

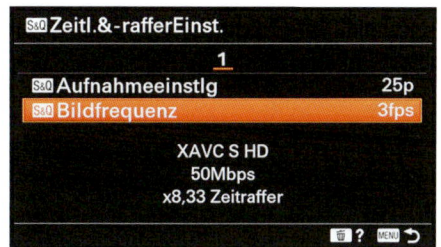

Abbildung 8.23 *Aufnahmemodus für Zeitlupen- und Zeitrafferfilme*

Abbildung 8.24 *Wiedergabe- und Aufnahme- frequenz wählen*

Tabelle 8.2 veranschaulicht die verschiedenen Kombinationsmöglichkeiten aus Abspielrate und Bildfrequenz und welche Art Film daraus hervorgeht. Suchen Sie sich einfach die gewünschten Einstellungen heraus.

Aufnahmeeinstlg (Abspielbildrate)	Bildfrequenz (Aufnahmebildrate)							
	100 fps	50 fps	25 fps	12 fps	6 fps	3 fps	2 fps	1 fps
50p	–	1×	2×▲	4,16×▲	8,33×▲	16,6×▲	25×▲	50×▲
25p	4×▼	2×▼	1×	2,08×▲	4,16×▲	8,33×▲	12,5×▲	25×▲
Aufnahmeeinstlg (Abspielbildrate)	**120 fps**	**60 fps**	**30 fps**	**15 fps**	**8 fps**	**4 fps**	**2 fps**	**1 fps**
60p	–	1×	2×▲	4×▲	7,5×▲	15×▲	30×▲	60×▲
30p	4×▼	2×▼	1×	2×▲	3,75×▲	7,5×▲	15×▲	30×▲
24p	5×▼	2,5×▼	1,25×▼	1,6×▲	3×▲	6×▲	12×▲	25×▲

Tabelle 8.2 *Aufnahmeeinstellungen und Bildfrequenzen für Zeitlupen- und Zeitraffervideos: ▼ Zeitlupe, ▲ Zeitraffer. Bei den Bildfrequenzen 100 fps und 120 fps ist der Bildausschnitt in etwa um den Cropfaktor 1,14 verkleinert.*

Noch ein Tipp: Bei Zeitlupenvideos in den Modi **Zeitpriorität** oder **Manuelle Belichtung** können Sie die Wirkung der Bewegungsabläufe mit der Wahl der Belichtungszeit beeinflussen. Mit langen Belichtungszeiten wirken die Bewegungen flüssiger, weil die Einzelbilder des Films bewegungsunscharf aufgenommen werden. Kurze Belichtungszeiten, bei denen die Filmbilder das Motiv nahezu gestochen scharf darstellen, wirken im Film etwas weniger flüssig, dafür gegebenenfalls bei Wasser im wahrsten Sinne des Wortes spritziger. Probieren Sie am besten beide Optionen bei Ihrem Motiv aus.

8.5   Der gute Ton

Zu bewegten Bildern gehört meistens auch Ton. Daher besitzt die α6600 links und rechts neben dem Bajonett ein eingebautes Stereomikrofon und auf der Oberseite der Kamera einen Lautsprecher. Die Tonaufnahme können Sie bei Ihrer α6600 anhand der eingeblendeten **Tonpegelanzeige**, die die vom eingebauten Pegelmesser aktuell gemessene Lautstärke anzeigt, stets optisch verfolgen. In der Skala leuchten je nach Geräuschkulisse bis zu 15 Teilstriche auf. Das rote Maximum sollte nicht erreicht werden, da der Ton dann übersteuert ist, was zu verzerrten Geräuschen führt.

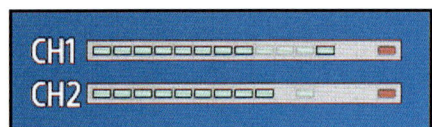

Abbildung 8.25 *Tonpegelanzeige der α6600*

Die **Tonpegelanzeige** splittet zudem die beiden Einzelmikrofone des kamerainternen Mikrofons in zwei Kanalanzeigen auf: Kanal 1 (**CH1**, linkes Mikrofon) und Kanal 2 (**CH2**, rechtes Mikrofon). Kommen die Geräusche stärker von links als von rechts, schlägt der **CH1**-Tonpegel somit etwas höher aus und umgekehrt.

Tonpegelanzeige und Tonaufnahme ausschalten

Stört Sie die ständig vor sich hin blinkende **Tonpegelanzeige** bei der Videoaufzeichnung? Dann schalten Sie sie im Menü 📷 2 > **Film3** einfach **Aus**. Möchten Sie hingegen gar keinen Ton aufzeichnen, wählen Sie im Menü 📷 2 > **Film2** bei **Audioaufnahme** den Wert **Aus**. Auf dem Monitor beziehungsweise im Sucher ist dann das Symbol 🎤OFF zu sehen.

8.5.1   Den Ton selbst steuern

In vielen Situationen liegt die α6600 mit der standardmäßig eingestellten Sensitivität des eingebauten Mikrofons richtig. Bei Aufnahmen in einer leisen Umgebung kann es jedoch sinnvoll sein, die Sensitivität über die Funktion **Tonaufnahmepegel** im Menü 📷 2 > **Film2** zu erhöhen, um beim Abspielen des Videos die Lautstärke nicht bis zum Anschlag hochziehen zu müssen, was das Grundrauschen nur unnötig verstärken würde. Umgekehrt ist es bei Aufnahmen in einer lauten Umgebung sinnvoll, den **Tonaufnahmepegel** herabzusetzen, damit es nicht zu einer Übersteuerung und verzerrten Geräuschen kommt. Die Tonaufnahme liegt in einem guten Bereich, wenn die **Tonpegelanzeige** auf maximal zwölf grüne Teilstriche ansteigt. Wählen Sie dazu einen Wert aus, bei dem die mit dem Pegelmesser ermittelte Lautstärke einen Wert von −3 dB (Dezibel) nur knapp und zudem möglichst selten übersteigt. Um den Ton bei der Aufnahme noch besser kontrollieren zu können, bietet die α6600 einen Kopfhörerausgang (3,5-mm-Stereo-Kopfhörerbuchse), der sich an der linken Seite der Kamera direkt unter der Mikrofonbuchse befindet (lesen Sie dazu auch Abschnitt 1.1, »Die Bedienungselemente in der Übersicht«).

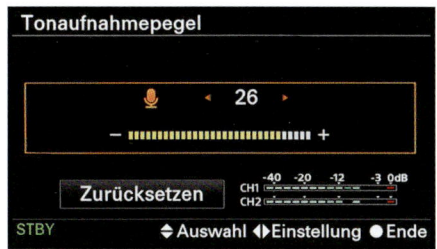

Abbildung 8.26 *Die Funktion* **Tonaufnahmepegel** *anpassen*

Windgeräuschreduzierung für eine bessere Tonqualität?

Mit der **Windgeräuschreduzierung** sollen Störgeräusche, wie sie durch leichte Windböen entstehen, unterdrückt werden. Da dies nur in Maßen gelingt, erzielen Sie bei starkem Wind eine höherwertige Tonqualität, wenn Sie die externen Mikrofone mit einem manuellen Windschutz abschirmen. Als Standardeinstellung sollte die Funktion **Windgeräuschreduz.** im Menü 📷 2 > **Film3** ausgeschaltet bleiben, da sonst auch die normale Tonaufzeichnung unnötig gedämpft wird.

8.5.2 Externe Mikrofone

Die Qualität der Tonaufzeichnung mit dem internen Mikrofon ist zwar recht ordentlich, die Position im Gehäuse und die kompakte Bauweise der α6600 bringen es jedoch mit sich, dass bereits das Hantieren am Objektiv oder das Drücken von Tasten die Tonqualität extrem stören können. Für alle, die viel filmen, ist daher die Anschaffung eines externen Mikrofons zu empfehlen. Es gibt einige Geräte, die Sie auf dem Multi-Interface-Schuh Ihrer α6600 befestigen und am Mikrofonanschluss anschließen können. Das externe Gerät sollte einerseits das Grundrauschen gut unterdrücken und wenig anfällig für die Geräusche der Kamera sein. Andererseits sollte es auch zu dem Einsatzzweck passen, für den es am häufigsten gebraucht wird. Für die meisten Situationen eignen sich *Richtmikrofone* sehr gut, zum Beispiel das *Røde VideoMic Pro Rycote*, das *Beyerdynamic MCE 85 BA Full Camera Kit*, das *Shure VP83 Lenshopper* oder das *Sony ECM-CG60*. Sie sind darauf ausgelegt, frontal eintreffende Schallwellen stärker aufzufangen und seitliche zu dämpfen. Da ein an der α6600 angebrachtes Mikrofon bei Selfies den Monitor verdeckt, ist es sinnvoll, es nicht am Multi-Interface-Schuh anzubringen, sondern an einer

Schiene. Sony bietet dazu die Zubehörhalterung *VCT-55LH* an. Alternativ tun es auch eine lange Stativplatte und eine daran angeschraubte Blitzhalterung.

Abbildung 8.27 *Hier wurde das Richtmikrofon mit einer Blitzhalterung an einer Blitzschiene befestigt und an der Mikrofonbuchse der α6600 angeschlossen. Der Kopfhörer ist über die Kopfhörerbuchse an die Kamera gekoppelt.*

Unabhängige Tonaufnahme

Bei einem direkt mit der Kamera verbundenen Mikrofon bleiben Sie auf die Tonaufnahmeoptionen der α6600 beschränkt. Mit unabhängigen Mikrofonen, wie zum Beispiel dem *Tascam DR-05 V2* oder dem *Zoom H2N*, können Sie den Ton losgelöst von der Kamera aufnehmen. Steht das Mikrofon zum Beispiel an einem Rednerpult, können Sie sich mit der Kamera frei bewegen, ohne dass die Tonaufnahme dadurch beeinflusst würde. Im Schneideprogramm muss die Tonspur nur noch mit der Filmspur zusammengeführt werden. Interessant sind auch sogenannte *XLA-Mikrofone*, etwa das Adapter-Mikrofon-Set *Sony XLR-K2M*. Der Vorteil ist, dass sich die Tonkanäle über den XLA-Adapter getrennt voneinander steuern lassen. Auch kann das Grundrauschen damit noch besser unterdrückt werden, was sich vor allem bei Tonaufzeichnungen in leisen Umgebungen bezahlt machen kann.

EXKURS
Fotoprofile situationsbedingt einsetzen

Die Qualität Ihrer Filmaufnahmen hängt neben der Belichtung auch von einer guten Abstimmung des Bildkontrasts ab. Filme besitzen, vergleichbar mit JPEG-Fotos, eine begrenzte Anzahl an Farbabstufungen, sodass zum Beispiel helle Bereiche schneller an Zeichnung verlieren, die nicht wiederherzustellen ist. Um den Kontrast, die Schärfe und den Farbton zu beeinflussen, können Sie einerseits die Kreativmodi verwenden, die wir in Abschnitt 5.3, »Kreativmodi für besondere Farbeffekte«, näher vorstellen. Andererseits hat die α6600 speziell für das Filmen zehn sogenannte **Fotoprofile** **PP1** (= *picture profiles*) an Bord, die Sie über das Menü **📷 1 > Farbe/WB/Bildverarbeitung1** aufrufen können. Dahinter verbergen sich unterschiedliche *Gamma-Kurven*. In der Videotechnik beschreibt die Gamma-Kurve den Tonwertumfang eines Films, und dieser definiert die Anzahl an darstellbaren Helligkeits- und Farbabstufungen.

Wenn Sie mit den Fotoprofilen filmen, schaffen Sie sich gutes Ausgangsmaterial für die Videobearbeitung. Für kontrastreiche Situationen sind beispielsweise die Fotoprofile **PP6** bis **PP9** empfehlenswert. Sie sorgen für eine bessere Durchzeichnung, wobei **PP7** bis **PP9** die Filme extrem farb- und kontrastarm aufzeichnen. Daher sind diese Videos unbearbeitet erst einmal überhaupt nicht ansehnlich. In der Nachbearbeitung können Sie das Filmmaterial dann aber Ihrem eigenen Geschmack entsprechend entwickeln. Sie sollten wissen, dass Sie mit den Fotoprofilen **PP7**, **PP8** und **PP9** keine ISO-Werte unterhalb von ISO 500 verwenden können. Für Filmaufnahmen mit geringer Schärfentiefe in heller Umgebung ist dann gegebenenfalls ein Neutraldichtefilter notwendig.

Abbildung 8.28 *Ohne gewähltes Fotoprofil ist der Kontrast unausgewogen mit zu wenig Struktur in den Glanzstellen.*

Abbildung 8.29 *Mit dem Fotoprofil **PP7** wurden alle Helligkeitsstufen gut durchzeichnet.*

Abbildung 8.30 *Nach der Videobearbeitung mit dem LUT-Profil* **1_SGamut3CineSLog3_To_LC-709.cube** *ist immer noch alles gut durchzeichnet, aber kontrastreicher und farblich stimmiger.*

LUTs für die Nachbearbeitung | Für die Nachbearbeitung des Rohmaterials können Sie individuelle Kontrast- und Farbeinstellungen vornehmen oder sogenannte *LUT-Profile* (*Look Up Table*) verwenden, die das Filmmaterial anhand gespeicherter Vorgaben optimieren. Das wird auch als *Color Grading* bezeichnet. Sony stellt für die Gamma-Kurven **S-Log2** und **S-Log3** einige LUTs zur Verfügung (*https://pro.sony/de_DE/technology/s-log*). Die LUT-Profile, die Sie dort finden und herunterladen können, tragen die Endung **CUBE**. Sie können zum Beispiel mit der Software *Adobe Photoshop*/*Adobe Photoshop Premiere* oder *DaVinci Resolve* verwendet werden.

Hybrid Log Gamma | Für die Darstellung auf HDR-TV-Geräten besitzt die α6600 das Fotoprofil **PP10**, hinter dem die Gamma-Kurve *HLG* (= *Hybrid Log Gamma*) steckt. Im Vergleich zu den Fotoprofilen **PP7**, **PP8** und **PP9** sieht das Filmbild kontrastreicher aus und lässt sich daher in der Nachbearbeitung auch ohne LUT-Profil etwas einfacher optimieren. Um Filme im HLG-Profil in vollem Umfang am TV-Gerät genießen zu können, muss der Fernseher den HLG-Standard aber auch unterstützen. Andernfalls wird nur ein Teil der Signale ausgelesen, und die Filmbilder sehen aus wie »normale« Aufnahmen in *SD* (= *Standard Definition*).

Abbildung 8.31 *Fotoprofil* **PP10** *unbearbeitet*

Abbildung 8.32 *Fotoprofil* **PP10** *mit nachbearbeitetem Kontrast*

Individuelle Profile erstellen | Wenn Sie im Menüfenster der **Fotoprofile** nach rechts ▶ navigieren, können Sie die voreingestellte Gamma-Kurve sowie alle anderen Werte des entsprechenden Stils ablesen. Auch ist es möglich, die Voreinstellungen individuell anzupassen. Wenn Sie einige sehr unterschiedlich beleuchtete Filmszenen aufnehmen, kann es aber sinnvoller sein, bei der Grundeinstellung zu bleiben und das Material erst im Anschluss so zu bearbeiten, dass ein einheitlicher Look entsteht. Möchten Sie die geänderten Einstellungen auf ein anderes Profil umspeichern, können Sie dies mit der Menüeinstellung **Kopieren** erledigen. Mit der Option **Rückstellen** löschen Sie die Änderungen, sodass das Profil wieder der Standardeinstellung entspricht.

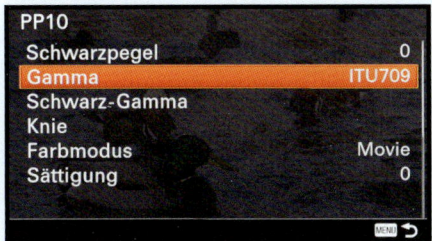

Abbildung 8.33 *Fotoprofil* **PP10**: *individuell abgewandelt*

Die Fotoprofile im Detail | In Tabelle 8.3 haben wir Ihnen die wichtigsten Eckdaten der Fotoprofile übersichtlich zusammengetragen. Was die einzelnen Parameter bedeuten, erfahren Sie im Anschluss.

Fotoprofil	Schwarz-pegel	Gamma	Schwarz-Gamma	Knie	Farbmodus	Nachbearbeitung
PP1	0	Movie	Mittel	Auto	Movie	
PP2	0	Still	Mittel	Auto	Still	
PP3	0	ITU709	Mittel	Auto	Pro	notwendig
PP4	0	ITU709	Mittel	Auto	ITU709-Matrix	notwendig
PP5	0	Cine1	Mittel	Auto	Cinema	
PP6	0	Cine2	Mittel	Auto	Cinema	notwendig
PP7	0	S-Log2	Mittel	Auto	S-Gamut	notwendig
PP8	0	S-Log3	Mittel	Auto	S-Gamut3.Cine	notwendig
PP9	0	S-Log3	Mittel	Auto	S-Gamut3	notwendig
PP10	0	HLG2	Mittel	Auto	BT.2020	notwendig

Tabelle 8.3 *Die zehn Fotoprofile mit ihren Standardeinstellungen*

Mit dem **Schwarzpegel** wird die Helligkeit der dunkelsten Bildstellen festgelegt. Bei höheren Werten wird Schwarz wie Grau dargestellt, und bei geringeren Werten sinken Grauwerte mit ins Schwarze ab. Der Schwarzpegel ist vor allem dazu gedacht, verschiedene Kameras in der Darstellung des dunkelsten Farbtons, also Schwarz, aufeinander abzustimmen. Das **Schwarz-Gamma** reguliert die Schattendurchzeichnung, während die Funktion **Knie** die Abstufung der hellen Tonwerte (Lichter) beeinflusst. Der **Farbmodus** für Filmaufnahmen ist vergleichbar mit dem Farbraum für Standbilder: **ITU709-Matrix** ähnelt zum Beispiel sRGB. Mit **Pro** bezeichnet Sony die Standardbildqualität von Sony-Profikameras, ohne dies näher zu spezifizieren. Es dürfte sich aber ebenfalls um ein Äquivalent zum sRGB-Farbraum handeln. **S-Gamut**, **S-Gamut3.Cine** und **S-Gamut3** sind Sony-spezifische Farbräume, die ein sehr breites Spektrum an Farbtönen besitzen. Für die Betrachtung am Fernseher oder Projektor müssen sie aber in der Nachbearbeitung farbkorrigiert werden, zum Beispiel anhand spezifischer LUT-Profile. Darüber hinaus können Sie im Menü weiter unten bei **Sättigung** die Farbintensität einstellen. Die **Farbphase** ähnelt einer Farbtonverschiebung. Eine Erhöhung der Werte bewirkt beispielsweise, dass Grüntöne gelblicher dargestellt werden. Über die Untermenüs bei **Farbtiefe** können Sie die Farben **Rot**, **Grün**, **Blau**, **Cyan**, **Magenta** und **Gelb** getrennt voneinander aufhellen oder abdunkeln. Bei **Details** lässt sich der Schärfeeindruck des Videos stufenweise erhöhen oder verringern.

Gamma-Anzeigehilfe | Wenn Sie die **Gamma-Anz.hilfe** im Menü 🧰 > **Einstellung1** aktivieren, wird das Livebild bei Verwendung der Fotoprofile **PP7**, **PP8**, **PP9** und **PP10** kontrastreicher und farbgesättigter dargestellt. Das ist aber nur eine virtuelle Hilfe, um den Dynamikumfang besser abschätzen zu können. Mit der Einstellung **Auto** erkennt die α6600 selbst, mit welcher Gamma-Kurve und welchem Farbmodus gefilmt wird. Sollten Sie das Gefühl haben, dass die automatische Anzeige nicht die richtige ist, können Sie auch manuelle Vorgaben einstellen: **Assist S-Log2** (für PP7), **Assist S-Log3** (für **PP8** und **PP9**), **Assist HLG(BT.2020)** (für **PP10** mit Farbmodus BT.2020) und **Assist HLG(709)** (für **PP10** mit Farbmodus 709). Falls Sie ein Fotoprofil mit einer anderen Gamma-Kurve verwenden, schalten Sie die Anzeigehilfe aus, damit Sie sich nicht an einer verfremdeten Livebildanzeige orientieren.

Kapitel 9
Objektiv & Co.: Das richtige Zubehör für die Sony α6600

Wenn Sie mit der α6600 schon ein paar fotografische Abenteuer erlebt haben, werden Sie sicherlich ganz schnell zu dem Punkt kommen, an dem Sie sich die eine oder andere Erweiterung der fotografischen Möglichkeiten wünschen. Dann schlägt die Stunde des Zubehörs, und von dem gibt es auf dem Markt eine ganze Menge. Ob von Sony oder vom Spezialisten, in diesem Kapitel erfahren Sie, welches Zusatzequipment es gibt und was Sie alles damit anfangen können.

9.1   Die α6600 mit einem Wechselobjektiv ausstatten

Eines ist sicher, die Sony α6600 wäre ohne Objektiv in etwa so nutzlos wie ein Füller ohne Tinte. Daher haben Sie bestimmt zusammen mit Ihrer neuen Kamera schon ein passendes Objektiv erworben oder besitzen vielleicht ältere hochwertige Modelle, die Sie an der α6600 verwenden möchten. In dem Fall können Sie von den flexiblen Adapterlösungen profitieren, die wir Ihnen in Abschnitt 9.2, »Die Möglichkeiten mit Adaptern erweitern«, näher vorstellen.

9.1.1   Praktische Tipps zur Objektivwahl

Selbst die Gewieftesten unter den Objektivkonstrukteuren müssen sich regelmäßig den physikalischen Gesetzen der Optik beugen. Daher gibt es auch im digitalen Zeitalter nicht das eine perfekte Objektiv, mit dem sich alle Arten von Motiven in höchster Qualität auf den Sensor bannen lassen. Es gilt also, mit Kompromissen zu leben und die wichtigsten Objektivschwächen gut zu kennen, um sich bei der Kaufentscheidung nicht allzu leicht aus dem Konzept bringen zu lassen.

Eines der wichtigsten Kriterien ist sicherlich die *Auflösung* des Objektivs, denn diese lässt sich per Nachbearbeitung kaum beeinflussen. Hochauflösende Objektive bilden feine Motivstrukturen schlichtweg schärfer und genauer ab als ihre schwächeren Pendants. Dabei ist die Auflösung in der Bildmitte generell besser als am Rand, daher wird auch oft von *Randunschärfe* gesprochen. Und auch wenn heutzutage viele Bildfehler durch Nachbearbeitung behoben werden können, kann im Falle von minderwertiger Detailauflösung und Randschärfe nachträglich so gut wie nichts mehr verbessert werden.

Abbildung 9.1 *Auflösung: Die Bildmitte (Ausschnitt rechts oben) ist oft schärfer als die Eckbereiche (Ausschnitt rechts unten), was bei flächigen Motiven besonders auffällt. Ebenfalls deutlich zu sehen ist hier die Vignettierung in den Bildecken.*
16 mm | ƒ/4 | 1/80 s | ISO 100 | +0,7

Eine weitere Objektivschwäche macht sich an bunten Farbsäumen bemerkbar, die an kontrastreichen Kanten in den Bildecken auftreten und als *chromatische Aberration* bezeichnet werden. Diese Abbildungsfehler lassen sich mit entsprechender Bildbearbeitungssoftware aber recht ordentlich entfernen, indem sie entfärbt werden. Die je nach Objektiv mehr oder weniger schwammig wirkenden Kanten bleiben dabei aber erhalten.

Abbildung 9.2 *Chromatische Aberration in Rot und Grün vor (linker Ausschnitt) und nach der Korrektur im RAW-Konverter*

Zudem bilden viele Objektive die eigentlich geraden Motivlinien tonnenförmig (Weitwinkelbrennweite) oder kissenförmig (Telebrennweite) gekrümmt ab, was bei Architekturaufnahmen besonders ins Auge fällt. Diese als *Verzeichnung* bekannte Objektivschwäche wird bei JPEG-Bildern meist schon in der α6600 korrigiert, kann aber auch gut in der Nachbearbeitung entfernt werden. Wenn das Objektiv das Bild an den Ecken dunkler darstellt als in der Mitte, haben Sie es mit der *Vignettierung* zu tun. Diese entsteht vor allem bei niedrigen Blendenwerten und kann oft durch Anheben des Blendenwertes um ein bis zwei Stufen behoben werden. Manchmal erzeugen aber auch am Objektiv angebrachte Filter etwas Vignettierung. Die dunklen Ecken können jedoch kameraintern oder per Nachbearbeitung recht unkompliziert entfernt werden.

Abbildung 9.3 *Links: Unbearbeitetes RAW-Bild mit dunklen Bildecken durch Vignettierung und tonnenförmiger Verzeichnung. Rechts: Ergebnis der RAW-Konvertierung in Adobe Lightroom mit Korrektur der Objektivfehler.*

Automatische Objektivfehlerkorrektur

Die α6600 ist in der Lage, einige der objektivbedingten Schwächen bereits kameraintern zu mindern. Stellen Sie dazu im Menü 📷 1 > **Qualität/Bildgröße2** bei **Objektivkomp.** die Funktionen **Schattenaufhellung** (reduziert Vignettierung), **Farbabweich.korr.** (beseitigt chromatische Aberration) und **Verzeichnungskorrektur** jeweils auf **Auto**, wobei es abhängig vom Objektiv sein kann, dass sich Letztere gar nicht ändern lässt. Die Korrekturen wirken sich nur auf JPEG-Bilder direkt aus. In den RAW-Konvertern *Imaging Edge Edit*, *Capture One Express (for Sony)* oder *Adobe Lightroom* werden sie aber, teils automatisch, auch auf die Datei angewandt.

9.1.2 Der Sony-Objektiv-Code

Im Objektivbereich erweisen sich die Hersteller als besonders kreativ, was das Erfinden von Abkürzungen angeht. Daraus ergeben sich Objektivbezeichnungen, die regelrecht an einen Geheimcode erinnern. Damit Sie jederzeit in der Lage sind, die verschiedenen Objektive zu klassifizieren, stellen wir Ihnen die von Sony verwendeten Kürzel im Folgenden übersichtlich vor.

Abbildung 9.4 *Sony-Objektiv mit E-Bajonett (E), Lichtstärke 3,5–5,6, einem Zoombereich von 16–50 mm und Bildstabilisator (OSS)*

205

Im Fall der Objektive für Systemkameras mit APS-C-Sensorgröße und E-Bajonett, die perfekt auf die α6600 passen, beginnt die Bezeichnung stets mit dem Kürzel **E**. Daran schließt die Angabe der Lichtstärke an, die den niedrigsten verwendbaren Blendenwert angibt. Zoomobjektive besitzen oft unterschiedliche Werte für den Weitwinkel- und Telebereich, wie etwa **3,5–5,6**. Bei Festwinkelobjektiven oder Zooms mit durchgehend konstanter Lichtstärke finden Sie nur eine Zahl, zum Beispiel **2,8**. Die dritte Angabe betrifft den Brennweitenbereich, zum Beispiel **16–50**. Befindet sich ein Bildstabilisator im Objektiv, erkennen Sie dies am Kürzel **OSS** oder der Aufschrift **Optical SteadyShot**.

Darüber hinaus können die Objektive einen oder auch mehrere Begriffe aus der folgenden Liste tragen:

- **A**: Objektive für das A-Bajonett, an der α6600 nur mit Mount-Adapter zu verwenden
- **DT**: Objektive, die nur den APS-C-Bildbereich abdecken
- **FE**: Objektive für Systemkameras mit Vollformatsensor und E-Bajonett, wie etwa die α7 III, auch an der α6600 einsetzbar
- **G**: Vollformatobjektivserie von Sony mit gehobener Ausstattung (*Gold*)
- **GM**: aktuellste Vollformatobjektivserie von Sony (*G-Master*) mit hoher Lichtstärke, optimierter Auflösung und ansprechender Hintergrundunschärfe (*Bokeh*)
- **M**: Objektiv, das bis auf den Abbildungsmaßstab 1:1 vergrößert (*Makro*)
- **PZ**: motorgetriebene Zoomsteuerung, praktisch bei Videoaufnahmen (*Powerzoom*)
- **SAL**: Produktbezeichnung für Objektive mit A-Bajonett (*Sony A-Mount Lens*)
- **SAM**: leiser und schneller Autofokus (*Smooth Autofocus Motor*)
- **SEL**: Produktbezeichnung für Objektive mit E-Bajonett (*Sony E-Mount Lens*)
- **Sonnar (ZEISS)**: Objektivkonstruktion mit hoher Lichtstärke von Zeiss
- **SSM**: Ultraschallmotor für den Autofokus in Premiumobjektiven (*Super Sonic Wave Motor*)
- **T***: Mehrschichtvergütung bei Zeiss-Objektiven zur stärkeren Reduktion von Reflexionen
- **Tessar (Zeiss)**: asymmetrisch aufgebaute vierlinsige Konstruktion
- **ZA**: entwickelt von Carl Zeiss, gefertigt von Sony

9.1.3   Verbindendes Element, das E-Bajonett

Das *E-Bajonett* ist der Standardanschluss aller Sony-Systemkameras (NEX, ILCE), während die SLT-Kameras mit dem *A-Bajonett* ausgestattet sind, das noch auf Minolta zurückgeht und daher schon eine lange Historie hat. Sony hat das E-Bajonett so konzipiert, dass es von seinem Öffnungsdurchmesser sowohl für APS-C-Sensoren wie den der α6600 als auch für die größeren Vollformatsensoren der α7- und α9-Serie geeignet ist. An der α6600 können Sie daher sowohl E- als auch FE-Objektive direkt verwenden.

Abbildung 9.5 *Am E-Bajonett der α6600 können Es oder FE-Objektive direkt angeschlossen werden.*

FE-Objektive sind für all diejenigen interessant, die jetzt schon mit dem Gedanken spielen, sich zukünftig auch noch eine Sony-Vollformatkamera zuzulegen, oder die α6600 als Zweitkamera verwenden. Sie sind gegenüber den E-Objektiven aber oft etwas größer und schwerer. Für A-Objektive, egal, ob sie für APS-C- oder für Vollformatsensoren konstruiert sind, benötigen Sie einen speziellen Adapter, um sie an der α6600 nutzen zu können (mehr darüber erfahren Sie in Abschnitt 9.2, »Die Möglichkeiten mit Adaptern erweitern«). Um Ihnen die eventuell anstehende Wahl eines ergänzenden Objektivs ein wenig zu erleichtern, finden Sie in den folgenden Abschnitten eine kleine Auswahl empfehlenswerter Objektive für die α6600.

Auflagemaß

Das *Auflagemaß* beschreibt den Abstand zwischen der Sensorebene ⊖ und dem Bajonett. Kennzeichnend für das E-Bajonett ist ein besonders kurzes Auflagemaß von 18 mm. Dieses ermöglicht die kompakte Bauweise des α6600-Gehäuses und der E- und FE-Objektive. Das A-Bajonett hat ein wesentlich längeres Auflagemaß von 44,5 mm. Um A-Objektive an der α6600 einsetzen zu können, muss das Auflagemaß von 18 auf 44,5 mm verlängert werden, daher benötigen Sie einen Adapter. Übrigens: Der Bajonettname **E** basiert auf dem Anfangsbuchstaben der englischen Bezeichnung für die Zahl 18 (*eighteen*).

Abbildung 9.6 *Auflagemaß des E-Bajonetts*

9.1.4   Ultraweitwinkel für Landschaft und Architektur

Mit Ultraweitwinkel(zoom)objektiven können nicht nur Landschaften oder Architekturmotive besonders raumgreifend in Szene gesetzt, sondern auch Objekte in ihrer Umgebung perspektivisch sehr prägnant in den Vordergrund gestellt werden. Für den APS-C-Sensor der α6600 sind das *ZEISS Touit 2,8/12* (circa 260 g, Filter-Ø 67 mm, Festbrennweite, hohe Lichtstärke) und das *Sony E 10–18 mm f/4 OSS* (*SEL1018*, circa 225 g, Filter-Ø 62 mm, Autofokus, flexibler Zoom, Bildstabilisator) empfehlenswert, wobei die Auswahl an Objektiven unter 16 mm an sich nicht groß ist. Wenn die tonnenförmige Verzeichnung herausgerechnet und die Vignettierung sowie chromatische Aberrationen per Nachbearbeitung entfernt werden, liefern beide Objektive sehr ordentliche Resultate. Für einen optimalen Schärfeeindruck erhöhen Sie den Blendenwert am besten auf f/5,6 bis f/8.

Abbildung 9.7 *Mit Ultraweitwinkelobjektiven sind spannende Perspektivgestaltungen möglich. Hier haben wir die links vor der Kamera befindliche Säule als Vordergrundobjekt in das Bild mit einbezogen.*

16 mm | f/3,5 | 1/13 s | ISO 800 | Stativ

9.1.5   Normalzoomobjektive, die vielseitigen Allrounder

Normalzoomobjektive decken einen großen Bereich fotografischer Möglichkeiten ab, angefangen bei weitläufigen Landschaftsaufnahmen über spontane Schnappschüsse bis hin zu ansprechenden Porträts. Das Modell *E PZ 16–50 mm f/3,5–5,6 OSS* (*SELP1650*, circa 116 g, Filter-Ø 40,5 mm) ist mit nur drei Zentimetern Baulänge eines der kompaktesten Normalzoomobjektive, die es für die α6600 gibt – praktisch, um es überallhin mitzunehmen. Erst wenn die α6600 eingeschaltet wird, fährt der Objektivtubus auf die Arbeitslänge aus, was etwa zwei Sekunden dauert. Wenn Sie auf Schnappschüsse aus sind, denken Sie an diese Verzögerung, zumal auch die Brennweite jedes Mal wieder neu gewählt werden muss.

Dank des Powerzoom-Schalters (**PZ**) sind beim Filmen flüssigere Zoomänderungen möglich als beim Drehen am herkömmlichen Fokussierring. Unkorrigiert erzeugt das Objektiv im Weitwinkel aber eine sehr starke Verzerrung und Vignettierung, die kameraintern oder im RAW-Konverter jedoch herausgerechnet werden. Als kompakter Allrounder liefert das 16–50-mm-Objektiv aber insgesamt eine ordentliche Performance ab. Stellen Sie die Blende am besten auf ±*f*/5,6–8, um die Schärfe am Bildrand zu verbessern.

Abbildung 9.8 *α6600 mit dem Objektiv SELP1650 im ausgefahrenen Zustand. An der Seite sehen Sie den Powerzoom-Schalter (**POWER ZOOM W – T**).*

Das von Zeiss entwickelte *Vario-Tessar T* E 16–70 mm f/4 ZA OSS (SEL1670Z*, circa 308 g, Filter-Ø 55 mm) schneidet, bezogen auf die Bildqualität, nur im Bildzentrum besser ab, es ist von Größe und Gewicht her aber auch weniger handlich. Zudem liefert das Objektiv zwar eine durchgehende Lichtstärke von *f*/4 und sorgt bei Porträts im Telebereich für eine angenehme Hintergrundunschärfe. Bildfehler wie chromatische Aberration, Vignettierung und Verzeichnung treten aber sichtbar zutage. Der hohe Anschaffungspreis ist aus unserer Sicht daher nicht unbedingt gerechtfertigt.

Etwas mehr Telebrennweite bieten das Objektiv *E PZ 18–105 mm f/4 G OSS (SELP18105G*, circa 427 g, Filter-Ø 72 mm) und das auch im Kit zusammen mit der α6600 erhältliche *E 18–135 mm f/3,5–5,6 OSS (SEL18135*, circa 325 g, Filter-Ø 55 mm). Beide arbeiten mit einem schnellen und leisen Autofokus und eignen sich damit auch für Filmaufnahmen. Das *SELP18105G* bringt zusätzlich einen Powerzoom-Schalter mit und hat durchgehend eine relativ hohe Lichtstärke. Damit bleibt beim Filmen die Bildhelligkeit konstant, wenn Sie mit der **Manuellen Belichtung**▯M zoomen. Das *SEL18135* bietet dafür mehr Telebrennweite und kompaktere Maße. Zudem ist die Schärfequalität des *SEL18135* im Weitwinkelbereich etwas höher. Im Telebereich ab etwa 70 mm spielt das *SELP18105G* seine Vorteile aus, da das Hintergrund-Bokeh und die Freistellung sowie die Schärfe im Fokusbereich besser aussehen. Wer viel im Tele- oder Porträtbereich arbeitet, ist mit dem *SELP18105G* besser beraten; wer oft Landschaften/Architektur vor der Linse hat und kompakte, leichte Maße bevorzugt, liegt mit dem *SEL18135* richtig.

9.1.6   Objektive für Porträt und Reportage

Bei der Porträtfotografie kommt es darauf an, dass die verwendeten Objektive das Gesicht optimal scharf abbilden und den Hintergrund mit einer ansprechenden Unschärfe (*Bokeh*) darstellen, wobei auch der Übergang zwischen Schärfe und Unschärfe ein wichtiges Kriterium ist. Um beeindruckende Halbkörper- oder Gesichtsaufnahmen anzufertigen, eignen sich für die α6600 Objektive mit einer festen Brennweite von etwa 50 mm sehr gut. Als besonders empfehlenswert kristallisieren sich dabei die folgenden Modelle heraus: Das *ZEISS Touit 2,8/50M* (circa

290 g, Filter-Ø 52 mm) ist speziell auf die Sensorgröße der α6600 abgestimmt und lässt sich dank des maximalen Abbildungsmaßstabs von 1:1 auch sehr gut für Makroaufnahmen einsetzen. Das Objektiv bietet eine tolle Qualität, allerdings zu einem entsprechenden Preis. Ebenfalls für den APS-C-Sensor der α6600 ausgelegt ist das *Sony E 50 mm f/1,8 OSS* (circa 202 g, Filter-Ø 49 mm). Es unterstützt den schnellen Autofokus der α6600 und sorgt dank Bildstabilisator auch in dunkler Umgebung für scharfe Freihandaufnahmen. Zudem liefert es eine hohe Schärfe im Bildzentrum und überzeugt mit einer optisch ansprechenden Hintergrundunschärfe. Das *Sigma 60 mm f/2,8 DN | Art* (circa 185 g, Filter-Ø 46 mm) bietet das beste Preis-Leistungs-Verhältnis. Es liefert eine überzeugende Schärfe im Bildzentrum, kann aber mit der optischen Qualität der Hintergrundunschärfe der beiden anderen Linsen nicht ganz mithalten. Aus den jeweiligen Objektivserien gibt es zudem vergleichbar gute Pendants mit ±30 mm Festbrennweite, die sich für den Einsatz als Reportageobjektiv oder für Ganzkörperporträts empfehlen (*ZEISS Touit 1,8/32, Sony E 35 mm f/1,8, Sigma 30 mm f/2,8 EX DN | Art*).

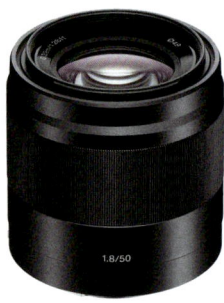

Abbildung 9.9 *Sony E 50 mm f/1,8 OSS: Topqualität zum moderaten Preis (Bild: Sony)*

Bokeh

Mit dem Begriff *Bokeh* wird die subjektiv empfundene Qualität der Unschärfe beschrieben. Ein angenehmes Bokeh zeichnet sich dadurch aus, dass Reflexionslichter oder Lichtquellen im Bildhintergrund einen glatten Rand und eine gleichmäßig helle Fläche aufweisen – ohne zwiebelartige Ringstrukturen darin. Je mehr Lamellen die Blende des Objektivs besitzt, bestenfalls neun oder sogar elf, desto glatter wird der Rand der Bokeh-Lichter aussehen.

Abbildung 9.10 *Bokeh von unscharf fotografierter Beleuchtung im Porträthintergrund*
135 mm | f/2,8 | 1/50 s | ISO 800

Sogenannte *asphärische Linsen* im Objektiv sorgen dafür, dass die Bokeh-Fläche strukturarm und gleichmäßig hell aussieht. Achten Sie für eine schöne Bokeh-Gestaltung darauf, dass die Brennweite hoch, der Blendenwert gering, der Aufnahmeabstand relativ gering und der Hintergrund möglichst weit vom Motiv entfernt ist. Dann werden die Unschärfekreise größer, und der Hintergrund wirkt weich und harmonisch.

9.1.7 Objektive für Makro und Porträt

Makroobjektive sind speziell für die geringen Aufnahmeabstände konstruiert, die Sie benötigen, um ein Insekt oder ein Blütendetail lebensgroß und mit eindrucksvoller Qualität abzubilden. Die Objektive ermöglichen einen Abbildungsmaßstab von 1:1, was bedeutet, dass Sie das Objekt genauso groß im Bild darstellen können, wie es in der Realität ist. Makroobjektive eignen sich aber auch hervorragend als Porträtobjektive.

Abbildung 9.11 *Mit dem Makroobjektiv werden die filigranen Strukturen am Kopf der Hummel hoch aufgelöst abgebildet. Durch die relativ geschlossene Blende konnten Kopf, Fühler und Nackenhärchen scharf dargestellt werden.*
90 mm | ƒ/11 | 1/8 s | ISO 400 | Blitz

Sony bietet für die α6600 drei unterschiedliche Makroobjektive an, die allesamt eine überzeugende Bildqualität liefern. An der Spitze steht sicherlich das *Sony FE 90 mm f/2,8 Macro G OSS* (*SEL90M28G*, circa 602 g, Filter-Ø 62 mm, vollformattauglich, Bildstabilisator), das zwar nicht ganz günstig ist, aber alle Anforderungen an ein hervorragendes Universalmakroobjektiv erfüllt. Sowohl von der Brennweite als auch vom Kaufpreis setzt sich die Sony-Makropalette mit dem *FE 50 mm F2,8 Makro* (*SEL50M28*, circa 236 g, Filter-Ø 55 mm, vollformattauglich) und dem *F3,5 Makroobjektiv E30 mm* (*SEL30M35*, circa 138 g, Filter-Ø 49 mm, für APS-C) nach unten fort. Das 50-mm-Modell ist dabei lichtstärker, aber auch nicht ganz so handlich.

Mit dem 90-mm-Objektiv können Sie den Abbildungsmaßstab 1:1 schon bei einem Aufnahmeabstand von 28 cm erreichen (gemessen von der Sensorebene), was vorteilhaft ist, wenn Sie scheue Insekten vor der Linse haben oder ein Blitzgerät verwenden wollen. Der Aufnahmeabstand des 50-mm-Objektivs liegt hingegen bei 16 mm, der des 30-mm-Objektivs lediglich bei 9,5 cm. Da wird es mit Insekten oder anderen sensiblen Tieren vor der Frontlinse schon etwas eng.

Mit 50 mm Brennweite und einer Naheinstellgrenze von 15 cm ist das zuvor bereits erwähnte *ZEISS Touit 2,8/50M* (circa 290 g, Filter-Ø 52 mm, für APS-C) eine interessante Alternative zum 50-mm-Objektiv von Sony, speziell für APS-C-Kameras wie die α6600.

Alternativ gibt es Makroobjektive, die sich per Adapter an der α6600 anschließen lassen, wie etwa das *Sigma 105 mm f/2,8 EX DG OS HSM MACRO* (circa 725 g, Filter-Ø 62 mm) oder das *Tamron SP 90 mm F/2.8 Di MACRO 1:1 VC USD* (circa 610 g, Filter-Ø 62 mm).

Abbildung 9.12 *Hochwertiges Makroobjektiv FE 90 mm F2,8 Macro G OSS, das auch für Gesichts- und Schulterporträts bestens geeignet ist (Bild: Sony)*

> **Die Rolle des Abbildungsmaßstabs**
>
> Nach allgemeinem Gusto kann eigentlich erst dann von Makrofotografie gesprochen werden, wenn das Fotomotiv in seiner realen Größe oder noch größer dargestellt wird. Die reale Größe entspricht dabei dem Abbildungsmaßstab 1:1. Bei dieser Vergrößerung wird das Motiv auf dem Sensor genauso groß abgebildet, wie es in der Realität ist, quasi so, als würden Sie den Sensor daraufkleben und einen Abdruck vom Motiv nehmen. Mit einem speziellen Makroobjektiv lässt sich der Abbildungsmaßstab 1:1 ohne Probleme erreichen. Bei einem Abbildungsmaßstab von 2:1 wird das Objekt doppelt so groß abgebildet und bei 1:2 nur halb so groß. Achten Sie daher bei Objektiven, die die Bezeichnung *Makro* tragen, auf die Angaben zum Abbildungsmaßstab. Steht dort beispielsweise 1:3,9, handelt es sich nicht wirklich um ein Makroobjektiv.

9.1.8   Objektive für Sport- und Tieraufnahmen

Fernes näher heranzuholen und dabei im Bildausschnitt flexibel zu bleiben – das ist die Domäne der Telezoomobjektive. Sony bietet für den APS-C-Sensor der α6600 speziell das Objektiv *Sony E 55–210 mm f/4,5–6,3 OSS* (SEL55210, circa 345 g, Filter-Ø 49 mm) an. Von der Bildqualität her liefert es wirklich gute Resultate. Das Bokeh könnte für unseren Geschmack etwas weicher ausfallen, was sicherlich auch an der relativ schwachen Lichtstärke liegt. Die Objektivfehler halten sich in einem erfreulich geringen Rahmen. Allerdings ist es empfehlenswert, die Blende auf f/8 zu erhöhen, um die Schärfe auch in der Bildmitte auf einem hohen Niveau zu halten. Eine bessere Freistellung von Objekten erzielen Sie mit dem für Vollformatkameras konstruierten *Sony FE 70–200 mm f/4 G OSS* (SEL70200G, circa 840 g, Filter-Ø 72 mm). Es bietet eine gute Ausstattung mit Fokushaltetaste, Fokusbereichsbegrenzer und einem Schalter für den Schwenkmodus. Wer den Preis für noch mehr Lichtstärke ausgeben möchte, ist mit dem Topmodell *Sony FE 70–200 mm f/2,8 GM OSS* (*SEL70200GM*, circa 1480 g, Filter-Ø 77 mm) optimal ausgestattet. Mit dem robusten und gut verarbeiteten Objektiv gelingen qualitativ hochwertige Freisteller vor einem besonders weich auslaufenden Hintergrund.

Abbildung 9.13 *Gut getarnt und doch darstellbar, dank Teleobjektiv. Die hohe Lichtstärke ermöglichte eine ausreichend kurze Belichtungszeit, obwohl es um den Hirsch herum im Wald schon dunkel wurde.*
200 mm | f/2,8 | 1/100 s | ISO 160

Zoomfaktor mit Telekonvertern erhöhen

An dafür kompatiblen Objektiven, bei Sony derzeit das *SEL70200GM*, *SEL100400GM*, *SEL400F28GM*, *SEL200600G* und *SEL600GM*, können Sie mit einem Telekonverter eine noch stärkere Vergrößerung erzielen. Im Gegenzug wird die Lichtstärke reduziert. Mit dem 1,4-fachen Konverter *SEL14TC* verringert sie sich um eine ganze Stufe, zum Beispiel von f/2,8 auf f/4, und mit dem 2-fachen Konverter *SEL20TC* um zwei Stufen, etwa von f/2,8 auf f/5,6. Auch sinkt die Bildqualität etwas, weil sich Objektivfehler verstärken und die Auflösung abnimmt.

Abbildung 9.14 *1,4-facher Telekonverter SEL14TC (Bild: Sony)*

9.1.9   Superzoomobjektive für die Reise

Mit ihrem extrem großen Brennweitenbereich sind die sogenannten Super- oder Megazoomobjektive besonders für Reisen mit der α6600 interessant. Die Abbildungsleistungen solcher Objektive sind jedoch meist nicht ganz so gut. Sie taugen aber als gewichtsreduzierte Reisebegleitung oder in Situationen, in denen es um schnelles Umschalten der Brennweite geht.

Mit einem nicht ganz so breit gefassten Zoombereich liefert das *Sony E PZ 18–105 mm f/4 G OSS* unter den Objektiven für die α6600 die beste Bildqualität. Mit dem Powerzoom-Schalter ist es auch für das sanfte Zoomen bei Filmaufnahmen gut gerüstet, und der Bildstabilisator hilft beim verwacklungsfreien Fotografieren unter schlechten Lichtbedingungen. Wer noch mehr Spielraum möchte und viel filmt, ist mit dem Sony-Objektiv *E PZ 18–200 mm f/3,5–6,3 OSS* gut beraten, und wer überwiegend fotografiert, kann das *Sony E 18–200 mm f/3,5–6,3 OSS* ins Auge fassen, das einen sehr guten Kompromiss aus Qualität und Größe bietet. Alternativ gibt es noch das etwas kompakter gebaute *Sony E 18–200 mm f/3,5–6,3 OSS LE* und das *Tamron 18–200 mm f/3,5–6,3 Di III VC*, deren Bildqualität aber nicht ganz mit der der anderen Modelle mithalten kann.

Abbildung 9.15 *Superzoom mit ordentlicher Bildqualität: E PZ 18–105 mm f/4 G OSS (Bild: Sony)*

9.2   Die Möglichkeiten mit Adaptern erweitern

Mit den von Sony angebotenen *Mount-Adaptern* können Sie Ihre α6600 auch mit A-Objektiven bestücken. Es stehen Ihnen damit prinzipiell alle Kleinbildobjektive von Sony/Minolta zur Verfügung, die in den letzten Jahrzehnten gebaut wurden – sowohl die Modelle für APS-C-Sensoren als auch solche für Vollformatkameras. Zur Wahl stehen zwei Mount-Adapter (*LA-EA3* und *LA-EA4*). Da diese auch mit Vollformatobjektiven gekoppelt werden können, halten Sie sich damit die Möglichkeit offen, den Adapter an einer Vollformatkamera zu verwenden. Für das APS-C-Format gab es zudem die Adapter *LA-EA1* und *LA-EA2*, die unseren Recherchen nach als Neuware allerdings nicht mehr erhältlich sind.

Abbildung 9.16 *Der Mount-Adapter LA-EA3 ist auch für Vollformatsensoren und -objektive geeignet (Bild: Sony).*

Abbildung 9.17 *Der ebenfalls vollformattaugliche Mount-Adapter LA-EA4 steuert eine leistungsfähige Autofokuseinheit bei (Bild: Sony).*

Alle Modelle erlauben die automatische Belichtung, sofern kompatible A-Objektive ohne Telekonverter angeschlossen werden. Der Autofokus arbeitet bei den Adaptern *LA-EA1* und *LA-EA3* aber nur mit SAM/SSM-Objektiven zusammen und ist überdies recht langsam. Anders sieht es bei den Modellen *LA-EA2* und *LA-EA4* aus, denn beide besitzen eine eigenständige Autofokuseinheit mit 15 AF-Feldern. Diese funktioniert prinzipiell genauso wie der Autofokus einer SLT-A-Mount-Kamera. Zusätzlich stellt der *LA-EA4* einen **Nachführ-AF** zum Verfolgen bewegter Objekte zur Verfügung. Als wählbare Fokusfelder stehen die Vorgaben **Breit** (automatische Wahl der 15 AF-Felder), **Mitte** (ausschließliche Verwendung des mittleren Fokusfeldes) und **Flexible Spot** (Auswahl eines der 15 Fokusfelder mithilfe des Einstellrads) zur Verfügung.

Den elektronischen ersten Verschluss ausschalten

Um eine störungsfreie elektronische Kommunikation zwischen der α6600 und einem per Adapter angeschlossenen A-Objektiv oder Fremdobjektiv zu gewährleisten, schalten Sie im Menü 📷 2 > **Verschluss/SteadyShot** die Funktion **Elekt. 1.Verschl.vorh.** aus.

9.2.1   Den Autofokus adaptierter Objektive exakt anpassen

Das eigenständige Phasenerkennungs-AF-Modul des *LA-EA2* oder *LA-EA4* kann unter Umständen dazu führen, dass die α6600 nicht exakt fokussiert. Mit der Funktion **AF Mikroeinstellung** gibt es jedoch eine Möglichkeit, dies zu korrigieren. In der folgenden Schritt-für-Schritt-Anleitung lesen Sie, wie Sie die Mikroeinstellung vornehmen. Beachten Sie aber, dass Ihnen bei der Verwendung von Adaptern, die für Sony-fremde Bajonetttypen gedacht sind, die **AF Mikroeinstellung** leider nicht zur Verfügung steht.

SCHRITT FÜR SCHRITT
Test: Fokussiert mein Objektiv exakt?

1 Die Aufnahme vorbereiten

Befestigen Sie ein geeignetes Fokusziel an einer planen, senkrechten Ebene, wie zum Beispiel einer Tür. Messen Sie am besten mit einer Wasserwaage nach, ob der verwendete Untergrund auch wirklich lotrecht ist. Als Fokusziel eignen sich zweidimensionale, kontrastreich strukturierte Motive wie beispielsweise Geschenkpapier. Achten Sie jedoch darauf, dass das Papier absolut plan auf dem Untergrund aufliegt. Sorgen Sie nun für eine gleichmäßige Ausleuchtung des Motivs.

2 Die Kamera vorbereiten

Montieren Sie die α6600 auf einem Stativ, und richten Sie sie mithilfe einer Wasserwaage, die Sie zum Beispiel am Blitzschuh befestigen können, so aus, dass sie horizontal und vertikal gerade steht. Gehen Sie so nah an das Motiv heran, dass der Autofokus gerade noch erfolgreich scharfstellen kann (Naheinstellgrenze).

3 Belichtungseinstellungen wählen

Stellen Sie nun den Aufnahmemodus **Blendenpriorität** (**A**) ein, und wählen Sie einen Blendenwert von ƒ/4 bis ƒ/5,6. Aktivieren Sie den Fokusmodus **Einzelbild-AF** (**AF-S**) und das Fokusfeld **Mitte**. Stellen Sie zudem den **Selbstauslöser: 2 Sek.** ein.

4 Das Bild aufnehmen und prüfen

Stellen Sie scharf, und lösen Sie das Bild aus. Überprüfen Sie es anschließend, indem Sie das Foto mit der Wiedergabetaste aufrufen und mit der Taste ⊕ auf die höchste Stufe des **Wiedergabezooms** stellen. Sind die Motivstrukturen in allen Bereichen scharf zu erkennen, ist alles in Ordnung, und Sie können das Objektiv ohne Anpassung weiterverwenden. Ist das nicht der Fall, fahren Sie mit Schritt 5 fort.

5 Mikroeinstellung des Autofokus

Wählen Sie im Menü 📷 **1** > **AF3** den Eintrag **AF Mikroeinst.**, und setzen Sie darin die Option **AF-Regelung** auf **Ein**.

Abbildung 9.18 *Die AF-Regelung aktivieren*

6 Mikroeinstellung durchführen

Nun können Sie unter **Wert** eine Zahl zwischen **–20** und **+20** einstellen, wobei sich die AF-Position bei negativen Werten näher an die Kamera heran verschiebt, bei positiven Werten hingegen von der Kamera weg. Es empfiehlt sich, zuerst jeweils eine Aufnahme mit den Einstellungen –1 und +1 zu erstellen und diese dann hinsichtlich ihrer Schärfe miteinander zu vergleichen.

So können Sie erkennen, in welche Richtung es gehen muss. Stellen Sie anschließend die Werte in die eine oder andere Richtung Schritt für Schritt weiter, und fertigen Sie jeweils ein Bild an, bis alles gestochen scharf wirkt. Wiederholen Sie die Aufnahme bei dieser Einstellung mehrmals, und vergleichen Sie die Ergebnisse miteinander. Sind diese alle gleich scharf, haben Sie die optimale Einstellung für Ihr spezifisches Objektiv gefunden.

Speicher für 30 Objektive

Das Speichern von Korrekturwerten für bis zu 30 Objektive ist möglich, was allerdings auch bedeutet, dass Sie das Prozedere für jedes einzelne Objektiv durchführen müssen. Haben Sie für ein Objektiv schon einen Korrekturwert gespeichert, zeigt die Kamera diesen in der Einstellung **Wert** bei erneuter Verwendung des Objektivs direkt an. Ist das Objektiv unbekannt, erscheint **±0**. Mit der Funktion **Löschen** können Sie die Werte aller Objektive zurücksetzen. Wenn Sie lediglich ein Objektiv aus der Liste herausnehmen möchten, müssen Sie zuerst das betreffende Objektiv anbringen und dann den **Wert** auf **±0** stellen.

9.2.2 Adapter für Objektive anderer Hersteller

Für Systemumsteiger ist es nicht uninteressant, zu erfahren, dass es möglich ist, mit entsprechenden Adaptern auch Objektive von Canon, Nikon, Leica, Pentax, Rokinon oder anderen Herstellern an der α6600 zu montieren. Grundsätzlich funktioniert das über zwei Techniken: Bei der einen, recht preisgünstigen, wird die Kamera rein mechanisch mit dem Objektiv verbunden. Sie können dann nur manuell scharfstellen, und um die Blende wählen zu können, muss das Objektiv einen manuellen Blendenring besitzen. Für Objektive mancher Hersteller (Nikon, Pentax, Minolta-AF) bietet zum Beispiel Novoflex Adapter mit integriertem Blendeneinstellring an.

Die zweite Adapterlösung unterstützt die elektronische Signalübertragung. Die Blendeneinstellung lässt sich also über die Kamera vornehmen, und objektivseitige Bildstabilisatoren werden unterstützt. Die volle Autofokusgeschwindigkeit der α6600 werden Sie damit zwar nicht erreichen, aber es gibt inzwischen Modelle, zumindest für Canon-Objektive, mit denen sich selbst Motive in Bewegung fokussieren lassen. Dazu zählen der recht teure Adapter *Canon EF Lens to Sony E Mount T Smart Adapter (Mark V)* der Firma Metabones (circa 420 EUR, für Canon-EF- und EF-S-Objektive) und der Adapter *Sigma Mount Converter MC-11 Canon* (circa 230 EUR, nur Canon-EF-Objektive) mit dem eindeutig besseren Preis-Leistungs-Verhältnis. Der Sigma-Adapter ist zwar eigentlich für das Anbringen von Sigma-Objektiven mit Canon-EF-Bajonett gedacht, funktionierte bei uns aber tadellos auch mit Original-Canon-Objektiven und Drittherstellerobjektiven für Canon. Der Adapter hat eine USB-Schnittstelle, mit der die Firmware auf dem neuesten Stand gehalten werden kann, wenn Sigma ein Update zur Verfügung stellt. Welche Funktion mit welchem Objektiv einwandfrei beziehungsweise nur eingeschränkt funktioniert, können Sie auf der jeweiligen Homepage der Hersteller herausfinden. Prinzipiell raten wir Ihnen dazu, sich das Produkt zu bestellen und mit Ihren eigenen Objektiven auszutesten.

Abbildung 9.19 *Das Canon-Makroobjektiv EF 100 mm F2,8L Macro IS USM an der α6600, angeschlossen mittels Sigma Mount Converter MC-11*

Auslösen ohne Objektiv

Sollte Ihre α6600 mit angebrachtem Adapter nicht auslösen, aktivieren Sie im Menü 📷 2 > **Verschluss/SteadyShot** die Funktion **Ausl. ohne Objektiv**.

9.3   Akku und mobiles Laden

Damit Ihre α6600 in allen Lebenslagen genügend Power mitbringt, ist sie mit einem Lithium-Ionen-Akku vom Typ *NP-FZ100* ausgestattet. Dieser erlaubt laut Sony circa 720 Aufnahmen mit dem Sucher oder etwa 810 mit dem Monitor oder etwa 250 Minuten Dauerfilmen. Unserer Erfahrung nach reicht der, verglichen mit denen der Schwestermodelle, deutlich kapazitätsstärkere Akku in der Realität für einen Fototag aus. Wenn Sie intensiv fotografieren und die Bilder häufig kontrollieren, ist es trotzdem sinnvoll, einen zweiten Akku mitzunehmen oder die Kamera über das mitgelieferte Micro-USB-Kabel an einem USB-A-Anschluss des Autos oder einer tragbaren *Powerbank* (zum Beispiel von *Ansmann* oder *Anker*) zwischendurch nachzuladen. Die Kapazität der Powerbank sollte bei 2500 mAh oder höher liegen. Je höher sie ist, desto öfter können Sie den Kameraakku nachladen, ohne die Powerbank aufladen zu müssen. Wenn die orange leuchtende Lampe neben dem USB-Anschluss der Kamera erlischt, ist der Akku vollständig geladen. Für uns ist es nicht ganz nachvollziehbar, warum mit der hochwertigen Kamera keine Ladestation für den Akku mitgeliefert wird und so nur die Möglichkeit besteht, diesen in der Kamera aufzuladen.

Abbildung 9.20 *Der Akku wird von der Powerbank (hier das Modell iconBIT FTB2 600LED) mit Strom versorgt, erkennbar an der orangefarbenen Lampe unterhalb des USB-Steckers.*

Alternativ können Sie sich das Sony-Akkuladegerät *BC-VW1* oder eine günstigere Alternative zulegen. Bei Geräten von Fremdherstellern können Sie allerdings Probleme mit den Garantieansprüchen bekommen, wenn es zu Schäden am Akku kommen sollte.

9.4 Speicherkarten für die α6600

Die Sony α6600 arbeitet mit *SD, SDHC* oder *SDXC Memory Cards* (SD = *Secure Digital*, bis 2 GB, Dateisystem *FAT16*; SDHC = *SD High Capacity*, 4 bis 32 GB, Dateisystem *FAT32*; SDXC = *SD eXtended Capacity*, 64 GB bis 2 TB, Dateisystem *exFAT*). Speicherkartenmodelle der einschlägigen Hersteller wie SanDisk, Sony, Kingston, Lexar, Fujifilm oder Toshiba sollten alle eine gute Performance abgeben. Möglich ist zudem die Verwendung der Sony-eigenen Memory Sticks *PRO Duo, PRO Duo (Mark II)* oder *PRO-HG Duo*. Wenn Sie miniaturisierte Karten in den Formaten *microSD, microSDHC, microSDXC* oder *Memory Stick Micro (Mark II)* verwenden möchten, müssen diese in einen Adapter eingesetzt werden, der der Größe einer SD-Karte entspricht. Diese Methode ist jedoch nicht ganz zuverlässig, denn wenn der Adapter nicht richtig sitzt, kann es zu Speicherproblemen kommen.

Bezüglich des Speichervolumens setzen Sie am besten auf SDXC-Karten mit 64 oder 128 GB Datenvolumen. Dann haben Sie genügend Speicherplatz, wenn zum Beispiel bei Sportevents oder in der Tierfotografie viele Reihenaufnahmen zusammenkommen. Auch für Videoprojekte wird viel Speicherkapazität benötigt, insbesondere wenn häufiger in 4K gefilmt wird. In Sachen Schnelligkeit hängen die Anforderungen sehr von der geplanten Verwendung ab. In Tabelle 9.1 haben wir Ihnen die minimal benötigten Kartengeschwindigkeiten und unsere Empfehlung für die Praxis, bezogen auf die verschiedenen Aufnahmeformate der α6600, einmal übersichtlich aufgelistet.

Dateiformat	Kapazität	Minimalanforderung Geschwindigkeit		Unsere Empfehlung
		SD/SDHC/SDXC	Memory Stick	
RAW oder JPEG	32, 64, 128 GB	Klasse 10, UHS-I U1	PRO Duo, PRO-HG Duo	SDXC 64 GB, UHS-I U1
AVCHD	64, 128 GB	Klasse 4, UHS-I U1	PRO Duo (Mark II), PRO-HG Duo	SDXC 64 GB, UHS-I U1
XAVC S	64, 128 GB	Klasse 10, UHS-I U1	PRO-HG Duo	SDXC 128 GB, UHS-I U3
XAVC S (100M)	64, 128 GB	UHS-I U3	keiner geeignet	SDXC 128 GB, UHS-I U3

Tabelle 9.1 *Geeignete Speicherkartentypen für die verschiedenen Dateiformate der α6600*

Für Filmaufnahmen mit der höchsten Datenrate der α6600 von 100 Mbps benötigen Sie mindestens eine UHS-I-Karte der Geschwindigkeitsklasse U3 [3]. Die α6600 verweigert sonst die Filmaufnahme. Die Karte sollte mindestens 90 MB/s schreiben können. Achten Sie daher genau auf die Angaben der Hersteller, denn die Geschwindigkeitsklasse gibt lediglich die minimale Schreibgeschwindigkeit an: Klasse 10 ⑩ (älterer Standard, 10 MB/s), UHS-I U1 [1] (10 MB/s) und UHS-I U3 [3] (30 MB/s), sagt aber nichts darüber aus, was die Karte wirklich kann. UHS-I-Karten können maximal 104 MB/s schreiben. Eine noch höhere Schnelligkeit bieten UHS-II-Karten, die auf eine Schreibgeschwindigkeit von bis zu 312 MB/s ausgelegt sind. Da der Speicherkartenschacht der α6600 jedoch auf den UHS-I-Standard ausgelegt ist, können Sie solche abwärtskompatiblen Karten zwar verwenden, aber die Kamera kann den Geschwindigkeitsvorteil nicht ausnutzen.

Abbildung 9.21 *Mit schnellen UHS-1-U1-Speicherkarten sind fast alle Funktionen der α6600 nutzbar. Für Filme mit der hohen Datenrate von 100 Mbps werden UHS-1-U3-Speicherkarten (rechts) benötigt.*

Formatieren

Haben Sie sich eine neue Karte zugelegt oder möchten Sie eine vorher in einer anderen Kamera betriebene Karte in Ihrer α6600 verwenden, sollten Sie diese in der α6600 formatieren (Menü 🧰 > Einstellung5 > Formatieren). Dabei gehen alle Daten auf der Karte nahezu unwiderruflich verloren. Stellen Sie also sicher, dass Sie eventuell vorhandene Aufnahmen zuvor gespeichert haben.

9.5   Stative und Köpfe

Ein Stativ sollte in keinem gut geführten Fotoequipment fehlen. Wie aber sieht das perfekte Stativ für den Alltagsbetrieb mit der α6600 aus? Wichtige Grundanforderungen sind sicherlich sowohl eine ausreichende Stabilität als auch ein fester Stand. Außerdem sind gerade bei einer so kompakten Kamera wie der α6600 gewiss auch ein nicht allzu ausladendes Packmaß und ein nicht zu hohes Gewicht erwünscht. Auf dem Markt gibt es robuste und preiswerte Aluminiumstative genauso wie die stabilen, aber deutlich leichteren Stative aus Carbon, die allerdings auch ihren Preis haben. Eine kleine Auswahl empfehlenswerter Stative haben wir für Sie in Tabelle 9.2 zusammengestellt.

Stativ	Material	Gewicht/ Nutzlast (kg)	Packmaß (cm)	Höhe mit/ohne ausgefahrene(r) Mittelsäule (cm)	Kopf inklusive	Preis (Euro)
Cullmann CARVAO 832MC*	Alu + Carbon	2,25/20	51	180/keine Angabe	Kugelkopf**	circa 499
K&F Concept TC2534*	Carbon	1,68/10	49	168/142	Kugelkopf**	circa 150
Leofoto Ranger RF-224C + LH-25	Carbon	0,91/6	47	148/117	Kugelkopf**	circa 199
Manfrotto Element Traveller MKELEB5CF-BH	Carbon	1,4/8	41,5	164/141	Kugelkopf**	circa 89
Manfrotto 290 Light + Befree Fluid Videokopf (MK290LTA3-V)	Alu	1,8/4	59,5	146/127	Videoneiger	circa 120
Rollei C6i*	Carbon	1,66/12	47,5	171,5/keine Angabe	Kugelkopf**	circa 150

Tabelle 9.2 *Empfehlenswerte Stative für die α6600 (*kann auch zum Einbeinstativ umgebaut werden, **Arca-Swiss-kompatible Schwalbenschwanzklemmung)*

Ein ebenfalls wichtiger Aspekt ist die Nutzlast Ihres Stativs, also das Gewicht, das von den Stativbeinen und vor allem auch vom Stativkopf gehalten werden kann. Dabei ist es sinnvoll, von etwas mehr Kameragewicht auszugehen und ein Modell mit entsprechend angegebener Nutzlast zu wählen, um sich nicht über ein instabiles, wackeliges System ärgern zu müssen. Da die α6600 mit ihren circa 500 g inklusive Akku und Speicherkarte relativ leicht ist, kommt es bei der Entscheidung in erster Linie auf das Gewicht des schwersten Objektivs an und ob weiteres Zubehör wie Blitzgeräte angebracht werden.

Abbildung 9.22 *Viele Reisestative haben den Vorteil, dass sich die Stativbeine um 180° kippen lassen. So sind auch Aufnahmen dicht über dem Erdboden möglich. Kugelköpfe bieten dabei eine flexible und intuitiv zu bedienende Verbindung zwischen Kamera und Stativ.*

Für einen noch festeren Stand

Gute Stative besitzen am unteren Ende der Mittelsäule einen Haken, an den Sie zum Beispiel den Fotorucksack hängen können. Diese einfache Maßnahme verleiht dem Stativ gerade bei windigem Wetter zusätzliche Stabilität.

Sollte das Stativ Ihrer Wahl ohne Stativkopf geliefert werden, gilt es, sich auch um dieses verbindende Element zwischen Kamera und Stativ zu kümmern. Für die meisten fotografischen Aktivitäten mit der α6600 sind Kugelköpfe mit einer Nutzlast von 4 bis 5 kg sehr empfehlenswert. Stabile Köpfe mit Schnellwechselsystem gibt es beispielsweise von Benro (*V1* oder *G3*), Rollei (*T-3s*) oder Sirui (*K-10X*). Für das nötige Maß an Flexibilität sollten Sie einen Stativkopf mit Schnellkupplungssystem verwenden. Dabei wird eine Stativplatte an der α6600 befestigt, die dann zügig auf dem Stativkopf eingerastet oder festgeschraubt werden kann. Genauso schnell lässt sich die Kamera wieder lösen. Sehr verbreitet sind Schnellkupplungen nach dem *Arca-Swiss-Standard* mit dem schönen Namen *Schwalbenschwanzklemmsystem*. Diese ermöglichen es, diverse Schnellwechselplatten, Panoramaköpfe oder Winkelschienen zu montieren.

Abbildung 9.23 *Stativplatte für Schwalbenschwanzklemmsysteme*

Hilfsmittel für ruhige Filmaufnahmen

Für Filmaufnahmen sind *Videoneiger* ideal, mit denen sich weiche, ruckelfreie Schwenkbewegungen durchführen lassen. Außerdem besitzen sie einen Hebelarm, mit dem die Bewegung gefühlvoll geführt werden kann. Gute Videoneiger besitzen einen Fluidkopf, was bedeutet, dass die Achsen auf einem dünnen Fett- oder Ölfilm gleiten. Außerdem haben die meisten Videoköpfe eine Einstellmöglichkeit für den Drehwiderstand, um sie an unterschiedliche Kameragewichte und Schwenkgeschwindigkeiten anzupassen. Gute Videoneiger, die für die α6600 nicht zu überzogen sind, gibt es beispielsweise von Manfrotto (MVH- und MVK-Serie) oder Sirui (VA- und VH-Serie).

9.6   Bessere Bilder mit der Fernbedienung

Sobald die Belichtungszeit länger wird als etwa 1/30 s, besteht bei Aufnahmen vom Stativ durch die Schwingungen beim Auslösen die akute Gefahr, an Bildschärfe zu verlieren. Um dies zu verhindern, empfiehlt es sich, die α6600 auf einem Stativ zu montieren und das Bild berührungslos aufzunehmen: entweder mit dem **Selbstauslöser: 2 Sek.**, per Smartphone/Tablet (siehe Abschnitt 10.2, »Die α6600 vom Smartgerät aus fernsteuern«) oder mit einer Fernbedienung, von denen Sony verschiedene anbietet.

Die stromsparendste Variante stellen Kabelfernauslöser dar. Von Sony gibt es beispielsweise zwei Kabelfernbedienungen, von denen die günstigere *RM-SPR1* lediglich das Auslösen unterstützt. Filme können nur gestartet und gestoppt werden, wenn Sie den Modus **Film** 🎞 oder **Zeitlupe & Zeitraffer** S&Q einstellen und im Menü 📷 2 > **Film3** die Funktion **Film mit Verschluss** aktivieren. Das Modell *RM-VPR1* besitzt dagegen eine extra Taste zum Starten von Videoaufnahmen, mit der die MOVIE-Taste der α6600 angesteuert wird.

Für eine kabellose Fernsteuerung können Sie die Bluetooth-Fernbedienung *Sony RMT-P1BT* verwenden. Das Praktische daran ist, dass (wie bei Funk) kein Sichtkontakt zwischen den Geräten bestehen muss und die Signalübertragung nicht durch helles Licht gestört wird. Allerdings beträgt die Reichweite nur etwa fünf Meter. Da die Bluetooth-Fernbedienung direkt mit der α6600 kommunizieren kann, muss auch kein Sender an der Kamera angebracht werden, der den Zubehörschuh blockiert. Außerdem können damit Zoom- und manuelle Fokusvorgänge ferngesteuert durchgeführt und mit der AF-ON-Taste der Autofokus bedient werden. Mit der Taste C1 ist es möglich, die der C1-Taste an der Kamera zugeordnete Funktion zu bedienen. Um Filmaufnahmen fernauszulösen, stellen Sie an der Bluetooth-Fernbedienung den seitlichen MOVIE/STILL-Schalter auf **MOVIE**.

Abbildung 9.24 *Bluetooth-Fernbedienung RMT-P1BT*

Zu Beginn muss die Bluetooth-Fernsteuerung mit der α6600 gekoppelt werden, damit sich die Geräte erkennen. Öffnen Sie dazu im Menü 🌐 > **Netzwerk2** die **Bluetooth-Einstlg.**, und setzen Sie darin den Eintrag **Bluetooth-Funktion** auf **Ein**. Bestätigen Sie anschließend den Eintrag **Kopplung** mit der Mitteltaste.

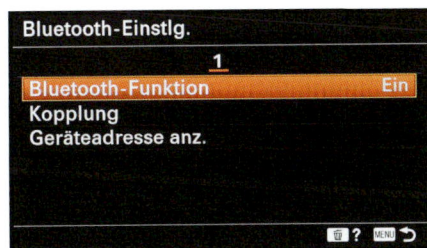

Abbildung 9.25 *Bluetooth-Funktion aktivieren und* **Kopplung** *starten*

Drücken Sie nun an der Bluetooth-Fernbedienung gleichzeitig die große Auslöser-Taste und entweder die Taste mit dem Plus- oder dem Minuszeichen für mindestens sieben Sekunden herunter. Bestätigen Sie die Kopplung dann noch an der α6600 über die Schaltfläche **OK**. Anschließend können Sie mit der Bluetooth-gesteuerten Fernauslösung beginnen.

9.7   Erweiterte Möglichkeiten dank optischer Filter

Auch im digitalen Zeitalter gibt es noch zwei Filtertypen, die selbst die beste Software nicht wirklich nachstellen kann: den zirkularen *Polarisations-* beziehungsweise *Polfilter* und den *Neutraldichte(ND)-* beziehungsweise *Graufilter*. Die Anschaffung dieser Filtertypen ist daher durchaus immer noch lohnenswert. Sie werden entweder direkt in das Objektivgewinde geschraubt oder mit einem Adapterring daran befestigt. Mit sogenannten *Step-up-Adaptern* können Sie einen größeren Filter an einem kleineren Objektivgewinde anbringen. Ein etwas zu großer Filter kann übrigens den Vorteil haben, dass dunkle Eckabschattungen durch den Filterrahmen vermieden werden.

9.7.1   Zirkulare Polarisationsfilter

Der zirkulare Polfilter wird häufig in der Landschafts- und Architekturfotografie eingesetzt, um die Spiegelung von Wasser oder Glasscheiben zu verringern oder zu verstärken und den Himmel abzudunkeln, damit die Wolken sich plastischer davon abzeichnen. Bei Pflanzen wird die Reflexion des Lichts auf den Blattoberflächen reduziert – toll für farbintensive Waldaufnahmen. Hochwertige Zirkular-Polarisationsfilter gibt es zum Beispiel von B+W, Hoya, Heliopan, Hama oder Rodenstock. Da Polfilter Licht schlucken, sind hochtransparente Modelle vor allem für Freihandaufnahmen besonders praktisch (zum Beispiel *Hoya HD Polarisationsfilter Cirkular*, *B+W HTC High Transmission Zirkular-Polfilter*).

Abbildung 9.26 *Hier haben wir den Polfilter (58 mm) mit einem 40,5–58-mm-Step-up-Adapter versehen, um ihn am 16–50-mm-Objektiv der α6600 zu befestigen.*

Allerdings sind Polfilter nicht immer wirksam, denn es hängt von der Richtung ab, aus der das natürliche Licht die Szene beleuchtet. Am besten ist die Wirkung, wenn die Sonne etwa im 90°-Winkel zur Kamera steht, also nicht von hinten oder vorne auf die α6600 trifft.

> **Wie Polfilter funktionieren**
>
> Der Polfilter wirkt, vereinfacht betrachtet, wie ein Gitter aus Längsstäben, das alle wellenförmig schwingenden Lichtstrahlen aussortiert, die nicht parallel zu den Gitterstangen ausgerichtet sind. Um die Filterwirkung möglich zu machen, werden eine grau eingefärbte und eine polarisierende Glasfläche gegeneinander verschoben, indem man am Filter dreht.

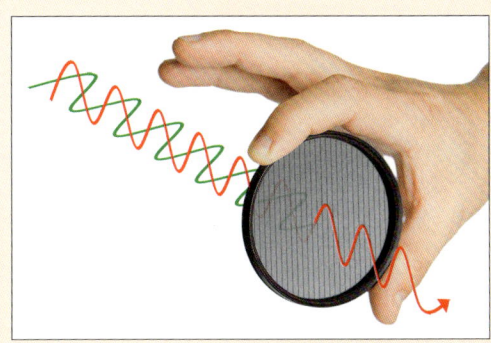

Abbildung 9.27 *Wirkungsweise eines Polarisationsfilters*

Abbildung 9.28 *Durch geeignete Drehung des Polfilters ließ sich der Himmel strukturiert darstellen, und die Wasseroberfläche glänzt weniger (links). Bei um circa 90 Grad gedrehtem Filter ist der Himmel hell und matschig (rechts).*

9.7.2   Mit Graufiltern Wischeffekte erzeugen

Neutraldichte- oder *Graufilter* (ND) verringern den Lichteinfluss in das Objektiv. Dadurch verlängert sich beim Fotografieren mit der **Blendenpriorität** (**A**) bei fixiertem ISO-Wert die Belichtungszeit, und Sie können beispielsweise Wasser in Brunnen, Flüssen oder die Brandung an der Küste stark verwischt abbilden. Sekundenlange Belichtungszeiten bei Tage erzielen Sie mit Graufiltern, die 8 bis 10 EV Licht schlucken. Durch diese Filter kann man aber überhaupt nicht mehr hindurchsehen. Daher fotografieren Sie am besten mit der **Manuellen Belichtung** (**M**). Neutraldichtefilter, die für das Filtergewinde des Objektivs viel zu groß sind, halten wir übrigens einfach per Hand möglichst dicht vor die Linse, ohne sie zu berühren. Der Neutraldichtefilter sollte die Bildfarben auch möglichst nicht verändern. Aus unserer Praxis können wir Ihnen für die α6600 folgende Modelle empfehlen: *RODENSTOCK Graufilter Digital HR ND4* (2 EV), *Dörr DHG ND8* (circa 3 EV), *Hoya HMC ND×400* (circa 9 EV) und *Haida ND 3.0 NanoPro MC* (circa 10 EV). Fotografieren Sie aber am besten im RAW-Format, um den Weißabgleich später perfekt austarieren zu können.

Abbildung 9.29 *Mit dem Graufilter ließ sich die Belichtungszeit um neun Stufen verlängern, sodass das Meerwasser geschmeidig um die Felsen fließt.*

24 mm | ƒ/14 | 4 s | ISO 100 | +0,7 | Stativ

9.7.3   Nahlinsen und Achromate

Nahvorsatzlinsen werden immer dann interessant, wenn es um die vergrößerte Darstellung eines Objekts geht. Die Aufsätze verringern durch ihre Brechkraft, angegeben in Dioptrien, den Abstand zwischen Kamera und Objekt, sodass es größer abgebildet werden kann. Verwenden Sie am besten die Teleeinstellung Ihres Objektivs, und gehen Sie so nah wie möglich an das Objekt heran. Die am Objektiv vermerkte *Naheinstellgrenze* gibt Ihnen vor, wie gering der Abstand zwischen der Sensorebene (siehe die **Bildsensor-Positionsmarke** ⊖ oben links auf dem Kameragehäuse) und dem Objekt sein darf, damit die Kamera noch scharfstellen kann. Die qualitativ besten Ergebnisse erzielen Sie mit zweilinsigen *Achromaten*, die gegenüber Nahlinsen mit nur einer Glaslinse weniger chromatische Aberrationen und Randunschärfe verursachen. Gute Kombinationen sind zum Beispiel: 4–5 Dioptrien bei 50–70 mm Brennweite (zum Beispiel *Marumi DHG Achromat +5*) und 2–3 Dioptrien bei 100–150 mm Brennweite (zum Beispiel *Marumi DHG Achromat +3*).

Abbildung 9.30 *α6600 mit Objektiv SELP1650 und 5-Dioptrien-Achromat*

Da die Schärfentiefe im Nah- und Makrobereich sehr begrenzt ist, fotografieren oder filmen Sie bei Verwendung einer Nahlinse am besten mit der **Blendenpriorität (A)** oder der **Manuellen Belichtung (M)**. Alternativ können Sie natürlich auch das SCN-Programm **Makro** verwenden, auf die Gestaltung der Schärfentiefe haben Sie dann aber keinen Einfluss mehr.

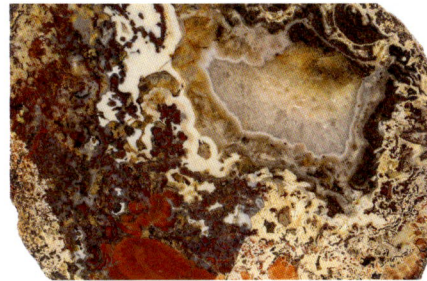

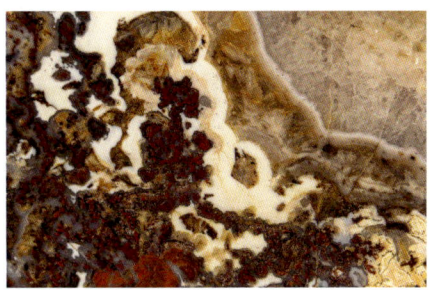

Abbildung 9.31 *Stärkste Vergrößerung einer Achatscheibe (Ø circa 11 cm) ohne Achromat*

50 mm | ƒ/11 | 1,3 s | ISO 100 | Stativ

Abbildung 9.32 *Mit dem Vorsatzachromat Marumi DHG Achromat +5 wurden die Gesteinsstrukturen ungefähr doppelt so groß dargestellt.*

50 mm | ƒ/11 | 2 s | ISO 100 | Stativ

Zwischenringe als Alternative

Eine ebenfalls erschwingliche Möglichkeit, um den Abbildungsmaßstab Ihres Objektivs zu vergrößern, stellen *Zwischenringe* dar, die zwischen Gehäuse und Objektiv geschraubt werden und selbst innen hohl sind (zum Beispiel *Dörr-Zwischenringsatz für Sony NEX*). Bei Zwischenringen gilt: Je höher die Brennweite ist, desto längere beziehungsweise desto mehr Ringe müssen aufeinandergeschraubt werden, um eine stärkere Vergrößerung zu erzielen. Am besten lassen sich Zwischenringe mit Brennweiten bis circa 70 mm kombinieren. Sollte die α6600 mit einem angebrachten Zwischenring nicht auslösen, aktivieren Sie im Menü 📷 **2 > Verschluss/SteadyShot** die Funktion **Ausl. ohne Objektiv.**

9.8   Objektiv-, Kamera- und Sensorreinigung

Egal, wo Sie sich aufhalten, Staub und Schmutzpartikel sind leider so gut wie überall zu finden und haben die unangenehme Eigenschaft, sich langsam, aber stetig auch auf der α6600 niederzulassen. Dabei sind es vornehmlich zwei Bauteile, denen Sie bezüglich ihrer Sauberkeit hin und wieder etwas Aufmerksamkeit widmen sollten: die Objektivlinsen an Front- und Rückseite und der Sensor, der nicht nur sauber, sondern wirklich porentief rein sein sollte (um hier einmal eine historische Waschmittelwerbung zu zitieren). Jede Reinigung bedeutet aber stets auch eine Belastung für die Oberflächen und sollte nur durchgeführt werden, wenn sie auch wirklich notwendig ist.

Zum Reinigen der Objektivlinsen können Sie zuerst den Staub mit einem *Blasebalg* von der Linse pusten, zum Beispiel mit dem *Giottos Blasebalg Rocket Airbomb* oder der *Visible Dust Zee Pro Blower*, die einen eingebauten Staubfilter besitzen. Es geht aber natürlich auch mit anderen.

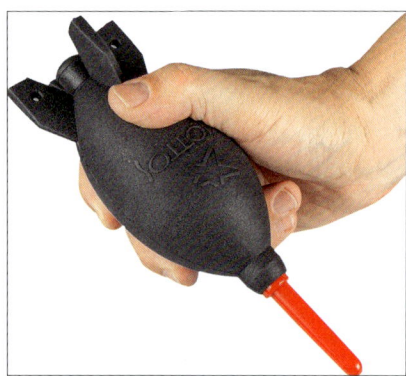

Abbildung 9.33 *Giottos Blasebalg Rocket Airbomb*

Fingerabdrücke und andere hartnäckigere Verschmutzungen entfernen Sie am besten mit einem feinen Mikrofasertuch. Bei Bedarf können Sie dieses auch mit etwas klarem Wasser anfeuchten. Außerdem gibt es spezielle Reinigungsflüssigkeiten für Objektive, die meist in einem Kit zusammen mit Reinigungspapier oder Reinigungsstiften angeboten werden, so zum Beispiel das *Carl Zeiss Lens Cleaning Kit* oder das *8-in-1 Reinigungsset für Kamera und Objektiv* von Lens Aid.

Bezüglich der Sauberkeit des Sensors sei zuallererst gesagt, dass die α6600 sich beim Ausschalten selbst um die Reinigung kümmert, indem der Bildwandler automatisch in hochfrequente Schwingungen versetzt wird. Dieser Vorgang kann bei Bedarf auch über das Menü 🛠 **> Einstellung2 > Reinigungsmodus** manuell gestartet werden. Die Bedienungsanleitung von Sony empfiehlt nach jeder internen Reinigung eine manuelle Sensorreinigung mit dem Blasebalg. Das erscheint uns etwas übertrieben; wir würden dies nur dann als nächsten logischen Schritt einsetzen, wenn durch die kcamerainterne Reinigung keine Verbesserung erzielt werden konnte. Wie Sie prüfen, ob der Sensor Ihrer α6600 verschmutzt ist, erfahren Sie in der folgenden Schritt-für-Schritt-Anleitung.

Abbildung 9.34 *Manuell initiierte Reinigung des Sensors*

Akkuladung zur automatischen Reinigung

Die Reinigung funktioniert nur dann, wenn die **Akku-Restzeitanzeige** 🔋 mindestens drei Teilstriche anzeigt.

Sensorflecken aufspüren

1 Aufnahmeeinstellungen

Wann der Sensor manuell gereinigt werden sollte, können Sie ganz einfach selbst überprüfen, indem Sie mögliche Staubflecken aufspüren. Reinigen Sie dazu das Objektiv. Wählen Sie außerdem die **Blendenpriorität** (**A**), und stellen Sie mit dem Einstellrad die größtmögliche Blendenzahl ein. Setzen Sie den ISO-Wert zudem auf **100**.

2 Manuellfokus

Aktivieren Sie den Fokusmodus **Manuellfokus** (**MF**), und drehen Sie den Fokussierring gegen den Uhrzeigersinn auf die Ferneinstellung.

3 Testbild aufnehmen

Nähern Sie sich mit der Kamera einem strukturlosen hellen Motiv bis auf 10 cm, zum Beispiel einem weißen Blatt Papier. Die Aufnahme darf ruhig verwackeln.

4 Testbild prüfen

Übertragen Sie das Bild auf Ihren Computer, und betrachten Sie es in der 100 %-Ansicht. Staubpartikel und andere Verunreinigungen sind jetzt recht gut zu erkennen. Um eventuelle Sensorflecken noch etwas besser sichtbar zu machen, können Sie in Ihrem Bildbearbeitungsprogramm über die Tonwertkorrektur den Kontrast erhöhen.

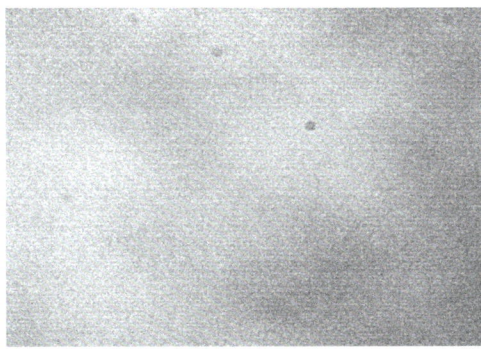

Abbildung 9.35 *Ein paar Staubflecken haben wir in der oberen rechten Bildecke gefunden, die hier vergrößert zu sehen ist.*

Bei der Reinigung des Sensors gilt es, besonders vorsichtig vorzugehen, da es sich um ein empfindliches Bauteil handelt. Wir empfehlen ein zweistufiges Vorgehen: Zuerst versuchen Sie, den Staub mit dem Blasebalg vorsichtig vom Sensor zu pusten. Das ist nach dem Abnehmen des Objektivs bei der α6600 besonders einfach, denn der Sensor ist nicht weit vom Bajonettring entfernt. Führen Sie also das Ende des Blasebalgs in die Nähe des Sensors, und pumpen Sie mehrere Male — allerdings nicht zu kräftig. Kontrollieren Sie den Erfolg der Prozedur mit der zuvor beschriebenen Methode. Sind immer noch Verunreinigungen zu erkennen, wiederholen Sie den Vorgang, oder gehen Sie zum nächsten Schritt über, der Feuchtreinigung.

Abbildung 9.36 *Wird die Kamera nach unten gehalten, kann der Staub am besten aus dem Sensorbereich herausfallen.*

Gratis-Sensorreinigung

Bei Fotoveranstaltungen gibt es immer einmal wieder die Möglichkeit, eine Gratisreinigung des Sensors am Stand des Herstellers zu bekommen. Sony ist zwar nicht ganz so häufig vertreten, der Service wird aber zum Beispiel bei den Hausmessen von Calumet angeboten, wenn leider auch nicht an allen Standorten.

Zur Feuchtreinigung des Sensors gibt es verschiedene Reinigungsflüssigkeiten, die keine Schlieren hinterlassen. Um den Sensor abzuziehen, erhalten Sie nicht haarende Reinigungsstäbchen (16 mm Breite), zum Beispiel von *Green Clean*, *VSGO* oder *VisibleDust*. Warten Sie nach dem Reinigen mit dem Aufsetzen des Objektivs einen Moment, bis die Feuchtigkeit vollständig verdunstet ist.

Möglicher Garantieverlust

Sony informiert in den Produktinformationen darüber, dass die Kontaktreinigung des Sensors zum Verlust der Garantie für die α6600 führen kann. Lediglich das Abblasen des Sensors durch den Kunden wird akzeptiert oder sogar empfohlen. Überlegen Sie sich also, ob Sie trotzdem eine Feuchtreinigung selbst durchführen oder doch lieber den von Sony empfohlenen professionellen Service in Anspruch nehmen möchten.

EXKURS
Firmware-Updates durchführen

Die Funktionen Ihrer α6600 werden über eine kamerainterne Software gesteuert. Diese wird als *Firmware* bezeichnet und stellt quasi das »Gehirn« der Kamera dar. Ab und zu benötigt die zentrale Steuereinheit ein Update. Welche Softwareversion auf Ihrer α6600 installiert ist, können Sie im Menü 🧰 > **Einstellung6 > Version** herausfinden.

Abbildung 9.37 *Installierte Firmware von Gehäuse und Objektiv*

Auf den Internetseiten von Sony können Sie prüfen, ob für die α6600 eine aktuellere Software zur Verfügung steht. Rufen Sie dazu den Link *https://www.sony.de/electronics/support* auf, und geben Sie in das Suchfeld »ILCE-6600« ein. Daraufhin gelangen Sie auf die Supportseite der α6600. Da zum Zeitpunkt der Drucklegung dieses Buches noch kein Update für die α6600 verfügbar war, zeigen wir Ihnen die Vorgehensweise beispielhaft anhand der Sony α6300. Wählen Sie im Bereich **Downloads** den für Ihr Computersystem geeigneten Eintrag **Systemsoftware (Firmware)-Update Ver. x.xx (Mac)** oder **(Windows)** aus. Auf der nächsten Seite können Sie die Datei mit einem Klick auf **HERUNTERLADEN** auf Ihrem Computer speichern.

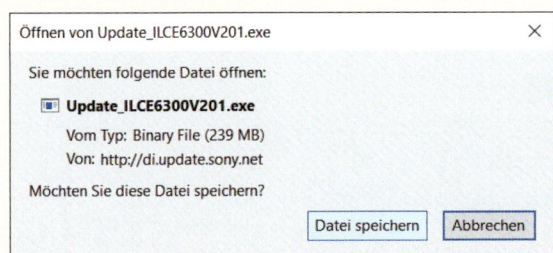

Abbildung 9.38 *Speichern der Update-Datei (hier »Update_ILCE6300V201.exe«)*

Bevor das Update durchgeführt wird, vergewissern Sie sich, dass der Akku Ihrer Kamera vollständig geladen ist oder mindestens drei Teilstriche anzeigt 🔋. Der gesamte Prozess dauert etwa 15 Minuten. Entfernen Sie die Speicherkarte, und achten Sie darauf, dass der Augensensor am Sucher nicht verdeckt wird. Das Monitorbild sollte die ganze Zeit über eingeschaltet sein. Wählen Sie zudem im Menü 🧰 > **Einstellung4 > USB-Verbindung** die Vorgabe **Massenspeich.**

Abbildung 9.39 *Vorbereiten des benötigten USB-Verbindungstyps*

Schließen Sie alle laufenden Programme Ihres Computers, und deaktivieren Sie den Ruhemodus, sonst wird das Update möglicherweise unterbrochen, und Sie müssen von vorne beginnen. Anschließend können Sie die heruntergeladene Update-Datei per Doppelklick starten. Verbinden Sie die Kamera über das mitgelieferte USB-Kabel mit Ihrem Computer, und folgen Sie den weiteren Anweisungen des *System Software Updaters* mit einem Klick auf **Weiter**.

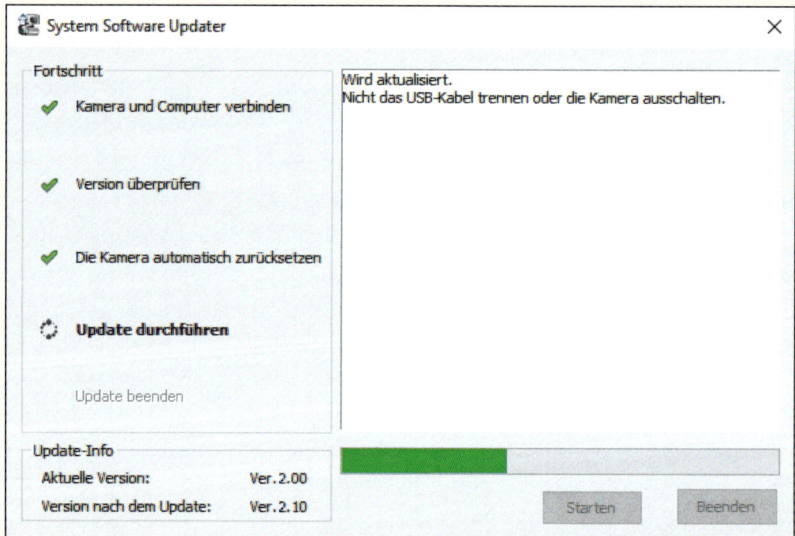

Abbildung 9.40 *Statusanzeige des System Software Updaters während der Aktualisierung*

Nach erfolgreicher Installation klicken Sie die Schaltfläche **Beenden** an. Warten Sie nun, bis die individuellen Kameraeinstellungen wiederhergestellt sind und der Hinweis **Datenrückgewinnung. Bitte warten...** ausgeblendet wird. Danach startet die Kamera neu. Im Anschluss daran können Sie sie ausschalten und das USB-Kabel abziehen. Wenn Sie möchten, prüfen Sie die Firmware-Version im Menü erneut, wie zu Beginn gezeigt. Die heruntergeladene Update-Datei im Computer können Sie löschen.

Updates auch für Objektive und Blitze | Auch für die Sony-Objektive, die verschiedenen Mount-Adapter (*LA-EA*) und Blitzgeräte kann es Firmware-Updates geben. Der Vorgang läuft vergleichbar ab wie beim Aktualisieren der Kamerasoftware.

Kapitel 10
Wi-Fi, Bluetooth und Co.:
Alles über Verbindungen

Die kabellose Übertragung von Daten und Informationen gehört heute fast überall zum Standard. Drucker kommunizieren kabellos mit Laptops und Computern. Das Tablet kann Daten mit dem Smartphone austauschen, und selbst viele Fernseher sind für die kabellose Datenübertragung ausgelegt. Die α6600 fügt sich mit ihren eingebauten Wi-Fi- und Bluetooth-Funktionen nahtlos in diesen Reigen ein.

10.1   Bilder auf das Smartgerät übertragen

Für viele sind sicherlich die Bildübertragung auf das Smartgerät, das Weiterleiten der Fotos per E-Mail und das Hochladen ins Internet am interessantesten. Dies in die Tat umzusetzen ist auch gar nicht so kompliziert. Folgen Sie am besten unserer Schritt-für-Schritt-Anleitung. Anschließend sollten Sie das Kopieren und Freigeben Ihrer schönsten Bilder und Filme im Griff haben.

SCHRITT FÜR SCHRITT
Bilder und Filme per Wi-Fi auf das Smartgerät übertragen

1 Imaging Edge Mobile installieren

Bevor es richtig losgeht, installieren Sie zuerst die Anwendung *Imaging Edge Mobile* auf Ihrem Smartgerät. Diese finden Sie kostenlos im App Store für iOS-Geräte oder bei Google Play für Android.

2 Gerätenamen eingeben (optional)

Damit Ihre Kamera bei der Verbindung mit dem Internet im Netzwerk auch gut zu finden ist, können Sie ihr einen aussagekräftigen Kurznamen verpassen. Dazu öffnen Sie im Menü ⊕ > **Netzwerk2** den Eintrag **Gerätename bearb.** und bestätigen das Namensfeld mit dem Eintrag **ILCE-6600** mit der Mitteltaste. Geben Sie den gewünschten Namen oder eine Namenserweiterung ein, im Beispiel »Kyra's_A6600«. Steuern Sie dann zweimal hintereinander die Schaltfläche **OK** an, und bestätigen Sie die Namenseingabe mit der Mitteltaste.

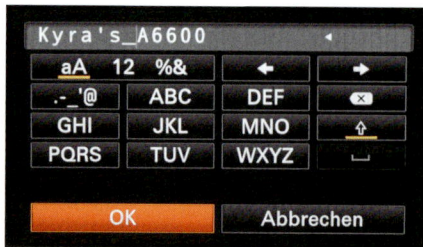

Abbildung 10.1 *Benennen Sie Ihre Kamera um, damit Sie sie im Netzwerk gut finden.*

3   Proxy-Sendeziel einstellen

Um Bilder und Filme (**XAVCS HD**, **XAVC S 4K**, aber nicht **AVCHD**) direkt an Ihr Smartgerät zu senden, wählen Sie im Menü ⊕ > **Netzwerk1** die Option **An SmartpSend.-Fkt**. Darin haben Sie bei **Px** **Sendeziel** die Möglichkeit, auszuwählen, ob bei Proxy-Filmaufnahmen nur der Proxy-Film (**Proxy**), beide Dateien (**Proxy & Original**) oder nur der Originalfilm (**Nur Original**) übertragen werden sollen. Wir raten Ihnen, die Einstellung **Proxy** beizubehalten, weil der Smartphone-Speicherplatz sonst schnell überläuft und das Hochladen von Originalfilmen viel mehr Datenvolumen in Anspruch nimmt.

4   Sendevorgang wählen

Öffnen Sie nun im Menü ⊕ > **Netzwerk1** > **An SmartpSend.-Fkt** die Option **An Smartph. send.**, und entscheiden Sie, ob Sie die zu übertragenden Dateien in der α6600 auswählen und von dort aus an das Smartphone senden möchten (**Auf diesem Gerät auswählen**). Das wäre zum Beispiel praktisch, wenn ein Bild an jemanden gesendet werden soll, ohne dass diese Person alle Bilder der Speicherkarte einsehen kann. Mit der Option **Auf Smartphone auswählen** können Sie die Dateien bequem am Smartgerät auswählen und dann dorthin hochladen. Wir haben uns hier beispielhaft für die zweite Option entschieden. Alternativ kann das Senden einzelner oder mehrerer Aufnahmen auch aus der Wiedergabeansicht heraus direkt mit der Fn/ ⊡-Taste erfolgen.

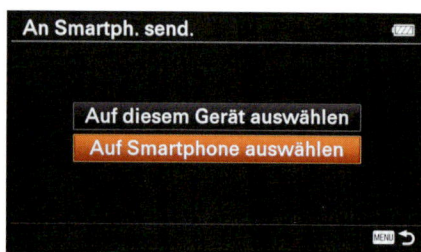

Abbildung 10.2 *Entscheiden Sie sich für eine der Optionen zur Bildauswahl.*

5   Verbindung aufbauen

Im nächsten Menüfenster präsentiert Ihnen die α6600 einen QR-Code, den Sie mit dem Smartgerät einscannen müssen. Öffnen Sie dazu die App *Imaging Edge Mobile* am Smartgerät, und tippen Sie auf die Touch-Fläche **QR Code der Kamera scannen**. Mit der Kamera des Smartgeräts lässt sich der QR-Code am Monitor der α6600 dann ablesen. Alternativ können Sie sich mit der Löschtaste auch ein Passwort anzeigen lassen. Tippen Sie dann in *Imaging Edge Mobile* auf den Eintrag **DIRECT-…**, und geben Sie im nächsten Fenster das Passwort ein.

Abbildung 10.3 *Das Anzeigefenster mit dem QR-Code für den Verbindungsaufbau*

Abbildung 10.4 *Die Menüoberfläche von Imaging Edge Mobile*

6 Bilder auswählen und an das Smartgerät senden

Nach dem Verbindungsaufbau sehen Sie am Smartgerät die Aufnahmen auf der Speicherkarte der α6600, aufgelistet nach Datum. Um sie für den Versand vorzubereiten, tippen Sie ein Datum an. Jetzt können Sie alle Bilder und Filme als kleine Vorschauen betrachten. Im Bereich **Einstellungen** finden Sie den Eintrag **Kopie-Bildgröße**. Darüber lässt sich festlegen, ob Sie Bilder in ihrer Originalgröße oder mit reduzierter Größe übertragen möchten: **2M** für Bilder mit 1616 × 1080 Pixeln oder **VGA** mit der Bildgröße 640 × 428 Pixel. Wir entscheiden uns meist für **2M**. Bei **Speicherziel** können Sie zudem den Speicherort ändern. Tippen Sie anschließend die kleinen Kreisflächen oben rechts an den Vorschauen an, um eine oder mehrere Aufnahmen mit einem Häkchen zu versehen. Zum Start des Versendens tippen Sie unten auf **Senden** . Im Anschluss können Sie die übertragenen Dateien am Smartphone auswählen und zum Beispiel an WhatsApp, E-Mail, Facebook etc. weiterleiten.

Abbildung 10.5 *Bilder auswählen und senden*

7 (Optional) Einzelne Bilder betrachten

Möchten Sie ein Bild vor dem Senden kontrollieren, tippen Sie auf die Vorschaubildfläche, um es formatfüllend am Smartgerätemonitor zu betrachten. Auch von dort aus lässt es sich ebenfalls per **Senden** ⊕ übertragen. Filme können auf diese Weise allerdings nicht in *Imaging Edge Mobile* betrachtet werden, sondern erst nach der Übertragung am Smartgerät mit der dort installierten Videoanwendung abgespielt werden.

Abbildung 10.6 *Einzelnes Bild aufrufen und senden*

8 Übertragene Bilder aufrufen

Wenn Sie mit der Rückwärtstaste Ihres Smartgeräts zur ursprünglich dargestellten Menüoberfläche von *Imaging Edge Mobile* wechseln, können Sie sich die übertragenen Bilder und Filme im Bereich **Ansicht** anschauen. Für die Videobetrachtung muss in diesem Zuge der jeweilige Video-Player Ihres Smartgeräts ausgewählt werden.

10.2   Die α6600 vom Smartgerät aus fernsteuern

Mit der App *Imaging Edge Mobile* lässt sich die α6600 vom Smartgerät aus fernsteuern. Öffnen Sie dazu im Menü ⊕ > **Netzwerk1** die Rubrik **Strg mit Smartphone**. Setzen Sie darin den Eintrag **Strg mit Smartphone** auf **Ein**. Die Funktion **Immer verbunden** lassen Sie auf **Aus** stehen, sonst hält die α6600 die Verbindung auch aufrecht, wenn die Fernsteuerung nicht verwendet wird, was unnötig viel Strom verbraucht. Nachdem Sie die Option ⬚**Verbindung** mit der Mitteltaste bestätigt haben, erscheint nach dem Verbindungsaufbau das Livebild der α6600 am Monitor des Smartgeräts. Sollte noch keine Smartphone-Verbindung hinterlegt sein, wird Ihnen der QR-Code angezeigt, und Sie können die Verbindung herstellen, wie in der vorangegangenen Schritt-für-Schritt-Anleitung beschrieben.

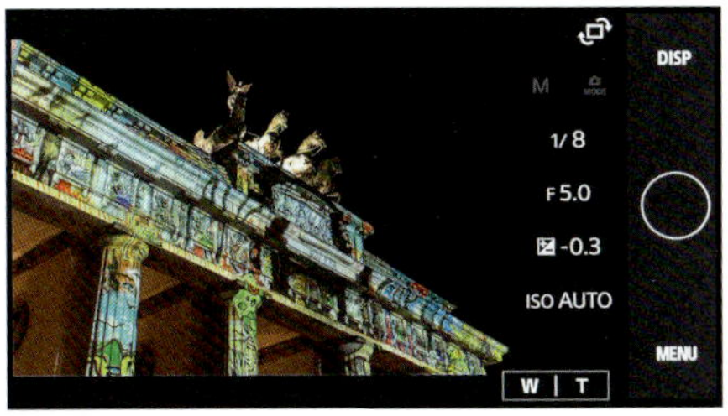

Abbildung 10.7 *Livebild der α6600 am Smartgerät, hier im Modus **M** mit einer Belichtungszeit von 1/8 s bei Blende f/5 und **ISO AUTO***

Nach dem Verbindungsaufbau sehen Sie unterhalb oder neben dem Livebild die verfügbaren Einstellungen in weißer Schrift. Um eine Anpassung vorzunehmen, tippen Sie einfach auf das jeweilige Symbol oder die Zahl, zum Beispiel die Blende, und ändern den Wert im sich öffnenden Menüfenster. Bei Verwendung eines Powerzoom-Objektivs kann mit den Touch-Flächen **W** und **T** die Brennweite eingestellt werden. Zum Ein-/Ausblenden der Aufnahmeeinstellungen verwenden Sie die Touch-Fläche **DISP**, und über den Eintrag **MENU** können Sie weitere Kameraeinstellungen aufrufen und anpassen, zum Beispiel den Weißabgleich. Der große runde Auslöser dient der Aufnahme des Bildes. Bereits aufgenommene Fotos werden als JPEG-Datei mit einer Auflösung von 1616 × 1080 Pixeln automatisch auch auf dem Smartgerät gespeichert. Sie sind aber auch in voller JPEG-Auflösung und gegebenenfalls im RAW-Format auf der Speicherkarte der α6600 gesichert. Ferngesteuerte Filmaufnahmen sind möglich, wenn Sie an der α6600 die Modi **Film** oder **Zeitlupe & Zeitraffer S&Q** einstellen. Die Auslöserfläche in *Imaging Edge Mobile* wechselt dann in das Symbol ⏺. Allerdings werden die Videodateien nicht auf das Smartgerät übertragen. Dies können Sie aber nachträglich erledigen, wie zuvor gezeigt.

Einstellungen an der Kamera

Einige Funktionen lassen sich nicht am Smartgerät einstellen, wie das Aufnahmeprogramm, der Fokusmodus, das Fokusfeld und das Dateiformat. Dies alles können Sie an der Kamera ändern, ohne dass die Verbindung abbricht. Sinnvoll als Fokusmodus sind die Einstellungen **AF-S** oder **MF**, da vom Smartphone aus keine Fokusnachführung möglich ist. Auch Antippen und Fokussieren über das Livebild am Smartphone sind leider nicht möglich, daher eignet sich als Fokusfeld entweder die Einstellung **Breit** oder **Feld**, oder das Fokusfeld muss erst an der α6600 richtig positioniert werden, bevor per Smartgerät ausgelöst wird. Aktivieren Sie am besten auch die Gesichtserkennung, um Personen gezielt scharfstellen zu können.

10.3 Die NFC-Schnellverbindung nutzen

Mit der Funktechnologie *Near Field Communication* (NFC) lässt sich die α6600 ohne Zugangsdaten mit einem NFC-kompatiblen Smartgerät verbinden. Aktivieren Sie dazu die NFC-Steuerung Ihres Smartgeräts, und starten Sie die App *Imaging Edge Mobile*. Rufen Sie anschließend im Menü ⊕ > **Netzwerk1** die Funktion **An SmartpSend.-Fkt.** oder **Strg mit Smartphone** auf. Starten Sie den Verbindungsaufbau mit **An Smartph. send.** > ☐ **Verbindung**. Halten Sie nun Ihr

Smartgerät mit dem NFC-Bereich ganz dicht an das Zeichen auf der rechten Kameraseite, und warten Sie so lange, bis die Verbindung steht. Anschließend können Sie die Geräte trennen. Die Verbindung bleibt bestehen, und Sie können Bilder übertragen oder die Kamera fernsteuern.

Abbildung 10.8 *Die NFC-Verbindung aufbauen*

10.4 GPS-Daten einbinden

Die meisten Smartgeräte sind in der Lage, GPS-Daten aufzuzeichnen. Dies können Sie sich zunutze machen, um Ortsdaten via Bluetooth direkt auf Ihre Bilder und Filme zu übertragen. Dann wissen Sie später genau, wo die Fotos entstanden sind.

SCHRITT FÜR SCHRITT
Bluetooth-Verbindung aufbauen und GPS-Daten übertragen

1 Bluetooth aktivieren

Als Erstes muss die Bluetooth-Funktion der α6600 aktiviert werden. Navigieren Sie dazu im Menü ⊕ > **Netzwerk1** zur Rubrik **Bluetooth-Einstlg.**, und schalten Sie dort die **Bluetooth-Funktion** ein. Navigieren Sie dann im gleichen Menü zum Eintrag **Kopplung**, und bestätigen Sie diesen mit der Mitteltaste.

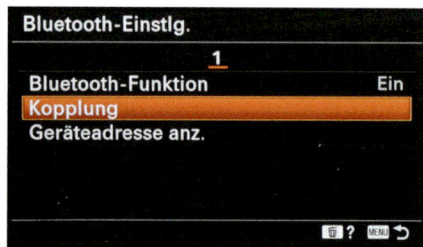

Abbildung 10.9 *Nach der Bestätigung von **Kopplung** wird der Bildschirm zur Kopplung von Kamera und Smartphone angezeigt.*

2 α6600 und Smartgerät koppeln

Aktivieren Sie die Bluetooth-Funktion Ihres Smartgeräts, falls diese nicht bereits eingeschaltet ist. Öffnen Sie dann die App *Imaging Edge Mobile*, und tippen Sie im Startfenster auf die Touch-Fläche **Standortinfos-Verknüpfung**. Im nächsten Menüfenster muss die Option **Standortinfos-Verknüpfung** eingeschaltet sein. Dann können Sie auf die hellgraue Touch-Fläche **Die Kamera einstellen** tippen und im nächsten Menüfenster die gefundene α6600 antippen.

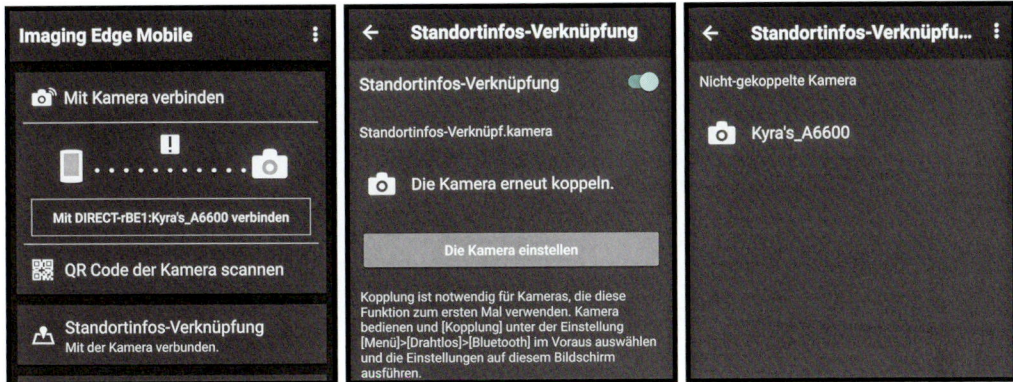

Abbildung 10.10 *Die einzelnen Verbindungsschritte*

3 Kopplung bestätigen

Bestätigen Sie anschließend an der α6600 die Bluetooth-Verbindung (**Verbindung vom Gerät erlauben?**) und den darauffolgenden Hinweis **Gekoppelt.** jeweils mit der Mitteltaste.

Abbildung 10.11 *Bestätigen Sie die erfolgreiche Kopplung der Geräte.*

4 Standortaufzeichnung autorisieren

Im nächsten Schritt autorisieren Sie die Standortaufzeichnung in der α6600, indem Sie im Menü ⊕ > **Netzwerk2** im Bereich **StO.infoVerknEinst** den Eintrag **Standortinfo-Verkn.** einschalten. Damit die Aufnahmezeit und die Zeitzone zwischen Smartgerät und Kamera synchronisiert werden können, lassen Sie die Einträge **Autom. Zeitkorrektur** und **Autom. Ber.einstlg** am besten eingeschaltet. Das Menü können Sie nun verlassen und mit dem Aufnehmen von Bildern oder Filmen loslegen. Übrigens können Sie die α6600 zwischenzeitlich ausschalten. Warten Sie nach dem Einschalten aber so lange, bis das Bluetooth-Symbol ✦ von Grau auf Weiß umspringt, um bei der Aufnahme der nächsten Bilder und Filme ebenfalls die GPS-Daten hinzuzufügen.

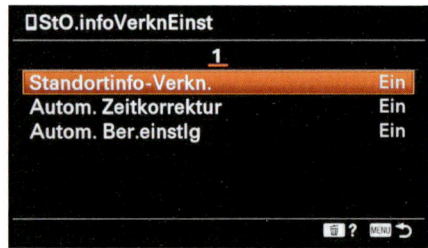

Abbildung 10.12 *Stellen Sie alle Optionen im Register StO.infoVerknEinst auf Ein.*

5   GPS-Daten in der Wiedergabe und am Computer

In der Wiedergabeansicht der α6600, in der die Aufnahmedaten eingeblendet werden, erscheinen die aufgezeichneten Koordinaten unten links in Gradzahlen. Nach der Übertragung der Bilder und Videos auf den Computer können Sie sie auf einer Landkarte betrachten und genau nachvollziehen, an welcher Stelle sie entstanden sind. Das funktioniert in allen Programmen, die ein integriertes Kartenmodul besitzen, wie zum Beispiel *Adobe Lightroom*.

Abbildung 10.13 *Die GPS-Koordinaten werden in Grad unten links im Monitor eingeblendet.*

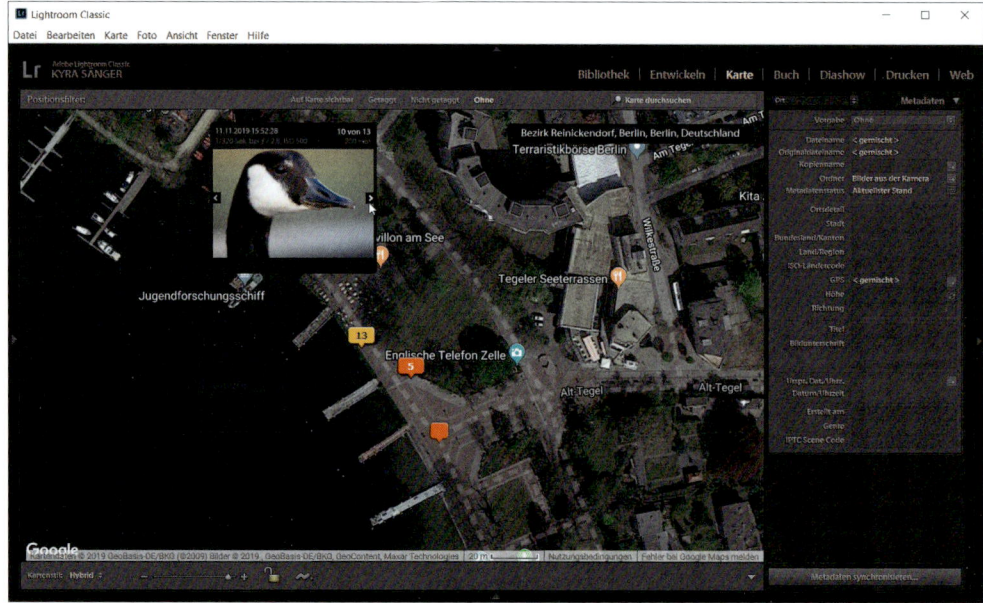

Abbildung 10.14 *Das GPS-getaggte Bild der Kanadagans im Kartenmodul von Adobe Lightroom*

EXKURS

Bilder per Wi-Fi auf den Computer übertragen

Wenn Sie Bilder und Videos kabellos in ein Speicherverzeichnis Ihres Computers übertragen möchten, installieren Sie die Software *PlayMemories Home* auf Ihrem Rechner. Anschließend erfolgt eine einmalige notwendige Einrichtung. Dazu setzen Sie im Menü 🧰 > **Einstellung4** der α6600 die Funktion **USB-Verbindung** auf **MTP**. Schließen Sie die Kamera dann mit dem mitgelieferten Micro-USB-Kabel an den Computer an, und schalten Sie sie ein. Wählen Sie in *PlayMemories Home* das Laufwerk der Kamera (**ILCE-6600**) im linken Fensterbereich aus. Klicken Sie anschließend im rechten Fensterbereich die Schaltfläche **Wi-Fi-Importeinstellungen** an, und bestätigen Sie im nächsten Menüfenster den Eintrag **Empfohlen** mit der Schaltfläche **Weiter**. Bestätigen Sie das eventuell auftauchende Hinweisfenster zur Benutzerkontensteuerung (Windows) mit **Ja**, und schließen Sie den Vorgang mit der Schaltfläche **Fertigstellen** ab.

Wählen Sie nun noch den gewünschten Speicherordner aus, in den die Bilder zukünftig übertragen werden sollen. Dazu navigieren Sie über **Werkzeuge** > **Einstellungen** zur Option **Wi-Fi-Import** und bestimmen den Speicherordner bei **Importieren in:**. Sollen auch Videos übertragen werden, setzen Sie ein Häkchen bei **Videos importieren**. Nach der Bestätigung mit der Schaltfläche **Anwenden** können Sie das Programm schließen, die α6600 ausschalten und das USB-Kabel abziehen.

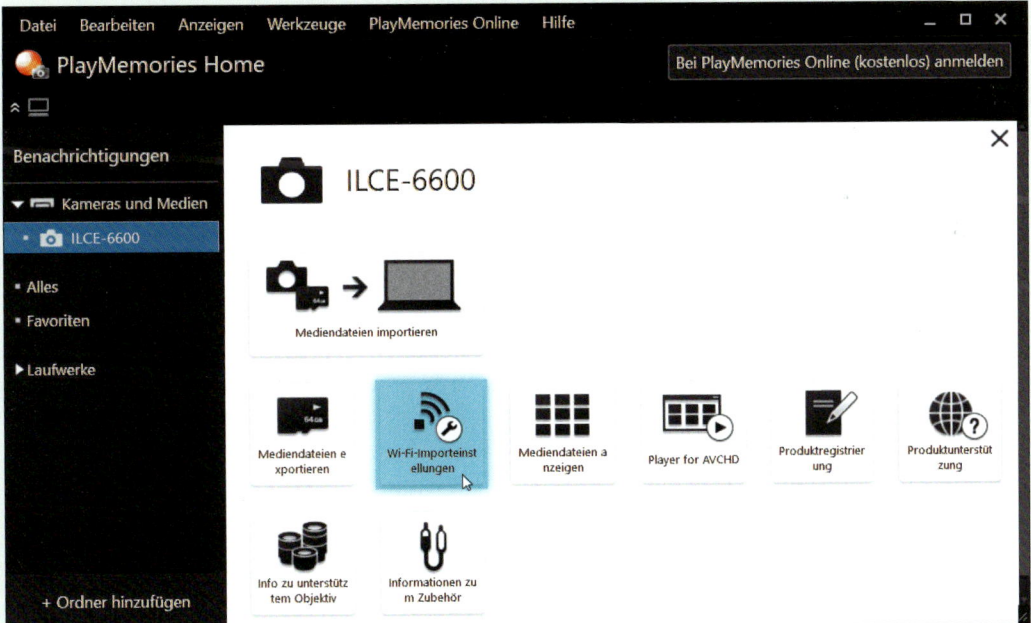

Abbildung 10.15 *Wi-Fi-Importeinstellungen einrichten*

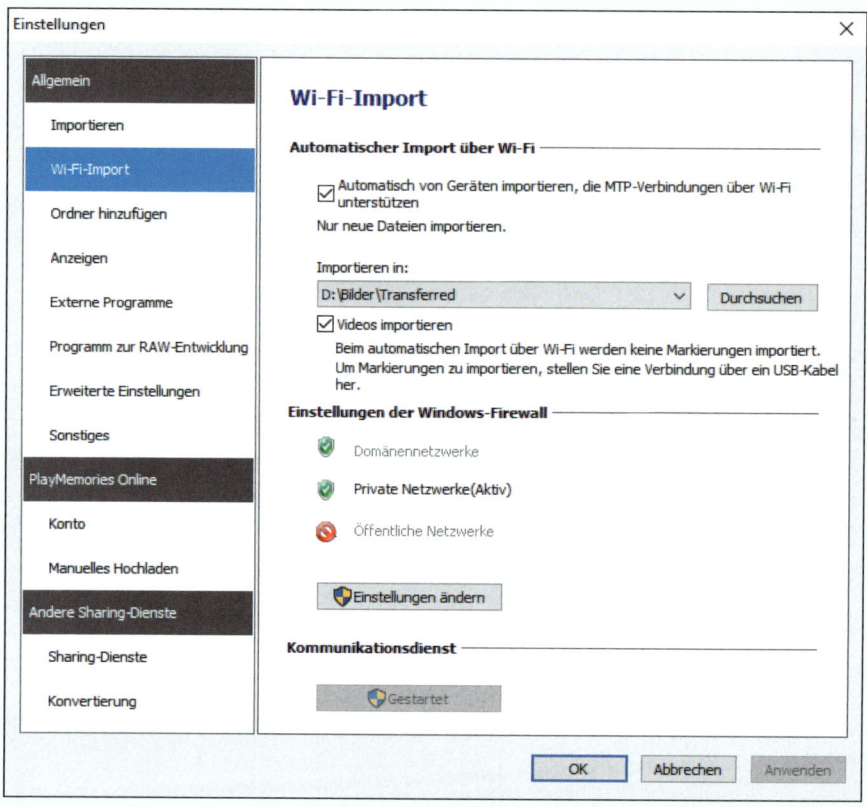

Abbildung 10.16 *Legen Sie den Speicherort für die importierten Bilder fest.*

Um nun die drahtlose Wi-Fi-Verbindung zum Computer einzurichten, schalten Sie die Kamera wieder ein und öffnen im Menü ⊕ > **Netzwerk1** die Option **An Comp. senden**. Nun kann es sein, dass ein weiterer Einrichtungsschritt notwendig wird. Die α6600 gibt einen entsprechenden Hinweis aus (**Verbindbarer Zugriffspunkt kann nicht gefunden werden...**). Bestätigen Sie diesen, und wählen Sie im nächsten Menüfenster die Schaltfläche **WPS-Tastendruck** aus. Drücken Sie anschließend die WPS-Taste Ihres WLAN-Routers so lange, bis die Wi-Fi-Lampe zu blinken anfängt, oder aktivieren Sie die WPS-Schnellverbindung im Menü des Routers. Ohne dass Sie das Passwort Ihres Internetnetzwerks eingeben müssen, verbindet sich die α6600 in kurzer Zeit mit Ihrem Netzwerk. Bestätigen Sie die Registrierung an der Kamera mit **OK**.

Abbildung 10.17 *WPS-Verbindungsaufbau starten*

Anschließend startet die Übertragung der Bilder und Videos in das zuvor gewählte Computerverzeichnis. Es werden alle Dateien gesendet, die zuvor noch nicht an diesen Ort übertragen worden sind. Sollte auf dem Computerbildschirm noch ein Hinweisfenster mit der Frage erscheinen, welche Aktion mit der verbundenen α6600 ausgeführt werden soll (**Wählen Sie eine Aktion**), klicken Sie auf den Hinweis und dann auf **Mediendateien importieren**. Bedenken Sie, dass die Übertragung vieler Bilder und der großen RAW- und Videodateien aus der α6600 ziemlich lange dauert. Selbst eine JPEG-Datei benötigte bei uns knapp fünf Sekunden für die Übertragung. Als Standard ist die Kabel- oder Kartenleserverbindung immer noch die schnellste und stabilste Übertragungsmethode.

Abbildung 10.18 *Senden von der Speicherkarte in das gewählte Computerverzeichnis*

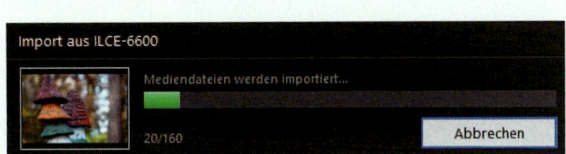

Abbildung 10.19 *Fortschrittsbalken beim Importieren der Mediendateien*

TV-Geräte ansteuern | Sollten Sie einen Fernseher besitzen, der über eine Internetverbindung mit Ihrem heimischen Netzwerk verbunden ist, können Sie die α6600 über den Eintrag **Auf TV wiedergeben** aus dem Menü ⊕ > **Netzwerk1** kabellos mit dem TV-Gerät verbinden und Bilder darauf abspielen.

Kapitel 11
Bilder nachbearbeiten und ferngesteuert aufnehmen

Im digitalen Zeitalter ist herstellerspezifische Software zum Entwickeln, Archivieren und Präsentieren der Bilder selbstverständlich. So bietet auch Sony mit *PlayMemories Home* und den Programmen von *Imaging Edge* eine spezifisch auf die α6600 zugeschnittene Lösung für den kompletten Workflow von den Dateien in der Kamera bis zur digitalen Präsentation an.

11.1   Die Sony-Software im Überblick

Sony stellt für die α6600 eine Reihe von Softwareprogrammen zur Verfügung, die Sie sich von der Support-Seite zur Kamera im Internet herunterladen können: *http://www.sony.de/support/de/product/ILCE-6600/updates*, Bereich **Downloads**.

- *PlayMemories Home*: Mit diesem Programm können Sie Bilder und Videos auf den Computer importieren, die Bilder zur Archivierung mit Stichworten und Beschreibungen versehen und sie beispielsweise auch für den Druck vorbereiten.

- *Imaging Edge Viewer*: Dieses Programm bietet eine Übersicht über Ihre Bilder und gibt Ihnen die Möglichkeit, Bewertungen und Farbmarkierungen zu vergeben oder die Aufnahmeinformationen einzusehen. Über den Viewer können Sie die Arbeitsbereiche **Edit** und **Remote** bequem erreichen, sie lassen sich aber auch getrennt als eigenständige Programmfenster öffnen.

- *Imaging Edge Edit*: Mit dieser Software können Sie RAW-Dateien hinsichtlich Belichtung, Farbe, Kontrast und Schärfe optimieren und anschließend in Standardbildformate wie JPEG oder TIFF umwandeln.

- *Imaging Edge Remote*: Wenn Sie Ihre α6600 mit dem Computer verbinden (siehe die Schritt-für-Schritt-Anleitung »Bilder und Videos mit PlayMemories Home importieren« im nächsten Abschnitt), können Sie die α6600 mit dieser Software bequem fernsteuern. Unter Studiobedingungen ist das sehr praktisch, denn die Bilder können dann auch gleich am großen Computermonitor präsentiert werden.

Abbildung 11.1 *Die Symbole der Software PlayMemories Home, Imaging Edge Viewer (V), Imaging Edge Edit (E) und Imaging Edge Remote (R)*

11.2 Bildübertragung auf den Computer

Für die Übertragung Ihrer Fotos und Videos auf den Computer gibt es prinzipiell drei Möglichkeiten. Erstens können Sie die Speicherkarte über einen Speicherkartensteckplatz oder ein Kartenlesegerät mit dem Rechner verbinden. Zweitens lässt sich die α6600 über das mitgelieferte Micro-USB-Kabel direkt an einer USB-Buchse Ihres Computers anschließen. Und drittens gibt es die Möglichkeit der kabellosen Datenübertragung (mehr darüber erfahren Sie im Exkurs »Bilder per Wi-Fi auf den Computer übertragen« in Kapitel 10).

Abbildung 11.2 *USB-Kabel (Bestandteil des Akku-Ladekabels) zum Anschließen der α6600 an den Computer*

In der folgenden Schritt-für-Schritt-Anleitung erfahren Sie, wie Sie die Bilder und Filme mit der Software *PlayMemories Home* schnell und bequem auf Ihren Computer übertragen können.

SCHRITT FÜR SCHRITT
Bilder und Videos mit PlayMemories Home importieren

1 Kamera anschließen
Schalten Sie die α6600 aus, und verbinden Sie sie über das Schnittstellenkabel mit einer USB-Buchse Ihres Computers oder Notebooks. Warten Sie beim ersten Anschließen eine Weile, bis der Computer den Gerätetreiber Ihrer Kamera installiert hat. Stellen Sie den Ein-/Aus-Schalter dann wieder auf **ON**.

2 Einstellungen wählen
Auf dem Kameramonitor erscheint nun das Startfenster von *PlayMemories Home*. Wenn dieses nur beim ersten Mal angezeigt werden soll, wählen Sie die Schaltfläche **Nicht wieder anzeigen** aus und drücken die Mitteltaste, um ein Häkchen zu setzen. Gehen Sie anschließend auf die Schaltfläche **OK**, und bestätigen Sie diese ebenfalls mit der Mitteltaste. Die α6600 zeigt dann den gewählten USB-Verbindungstyp im Fenster **USB-Mode** an, hier **Massenspeich.**. Wenn Sie aus dieser Ansicht heraus die Wiedergabetaste ▶ drücken und im nächsten Menüfenster mit der Schaltfläche **Eingabe** bestätigen, wird die USB-Verbindung beendet. Die α6600 erhält nun Strom über das USB-Kabel vom Computer, und es können Bilder auf dem Computer betrachtet werden. Um wieder in den Modus für die Bildübertragung zu gelangen, schalten Sie die Kamera einfach aus und wieder ein.

Abbildung 11.3 *Informationsfenster zu Imaging Edge bei Bedarf deaktivieren*

Abbildung 11.4 *Anschließende Anzeige des gewählten Verbindungstyps*

Verbindungsmodus

Sollte der automatisch von der Kamera gewählte USB-Modus nicht zutreffen, gibt die Software einen entsprechenden Hinweis auf Änderung aus, den Sie nur bestätigen müssen. Der USB-Modus wird dann auf **Massenspeich.** umgestellt. Treten Probleme beim Verbindungsaufbau auf, können Sie die Kamera ausschalten und das USB-Kabel abziehen. Stellen Sie nach dem Wiedereinschalten im Menü 🧰 > **Einstellung4** > **USB-Verbindung** den Eintrag von **Auto** auf **Massenspeich.** um. Schalten Sie die α6600 dann wieder aus, stecken Sie das USB-Kabel ein, und schalten Sie sie dann wieder ein.

1 PlayMemories Home starten

Starten Sie die Software *PlayMemories Home* am Computer. Wählen Sie nun als Erstes Ihre per USB-Kabel angeschlossene Kamera **ILCE-6600** oben links bei **Kameras und Medien** aus, und klicken Sie danach im rechten Fensterbereich auf die Schaltfläche **Mediendateien importieren**, um mit dem Datenimport fortzufahren.

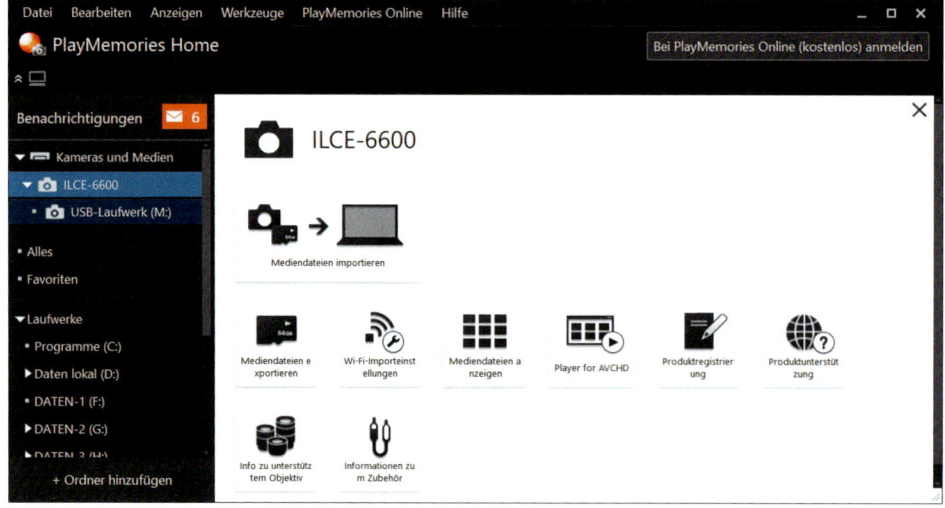

Abbildung 11.5 *Beginnen Sie den Datenimport über die Schaltfläche **Mediendateien importieren**.*

2 Mediendateien auswählen und importieren

Im nächsten Fenster können Sie alle Dateien übertragen, die zuvor noch nicht in das gewählte Verzeichnis übermittelt wurden. Dazu wählen Sie **Neue Dateien importieren**. Sie können sich aber auch alle Bilder und Videos auf der Speicherkarte anzeigen lassen. Dazu klicken Sie die Option **Zu importierende Dateien auswählen** an. Die Mediendateien werden im unteren Fensterbereich aufgelistet, und Sie können durch einen Klick auf das weiße Kästchen innerhalb der Bildminiatur einzelne Fotos oder Videos mit einem Häkchen der Auswahl hinzufügen. Wenn Sie gezielt nur Bilder oder Videos importieren möchten, können Sie den bevorzugten Medientyp mit dem Dropdown-Menü festlegen.

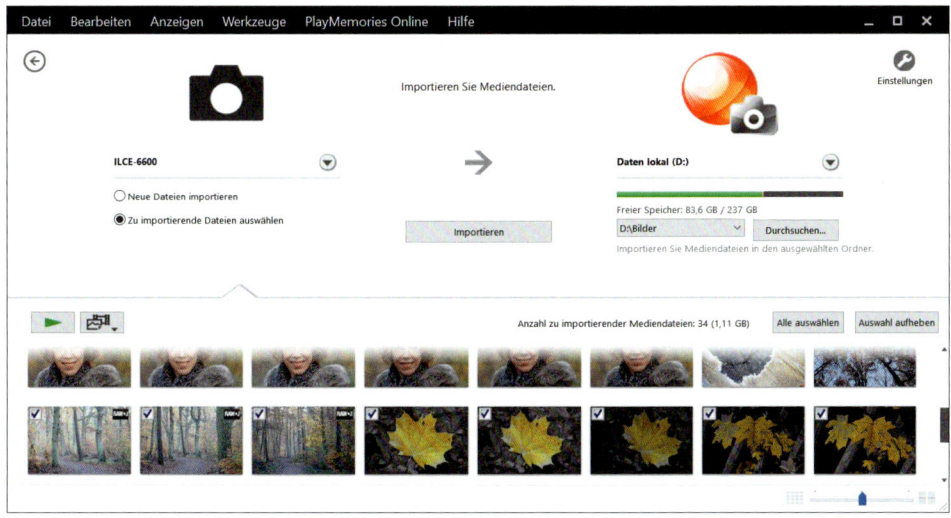

Abbildung 11.6 *Das Importfenster von PlayMemories Home*

3 Dateien importieren

Nun fehlt noch das Importziel: Wählen Sie den gewünschten **Datenträger** aus (hier **Daten Lokal (D:)**), und verwenden Sie die Schaltfläche **Durchsuchen**, um den Zielordner für die Dateien festzulegen. Schließlich klicken Sie auf die Schaltfläche **Importieren**, um die Dateiübertragung zu starten. Nach dem Import präsentiert Ihnen die *PlayMemories*-Arbeitsoberfläche alle neuen Bilder und Videos im gewählten Festplattenordner.

11.3   RAW-Entwicklung

RAW-Dateien lassen sich mit den meisten Softwareanwendungen weder anzeigen noch bearbeiten. Daher müssen sie stets mit einem darauf ausgelegten Konverter »entwickelt« werden, um sie auf dem Computer betrachten oder als Papierbild ausdrucken zu können. Das bedeutet etwas zusätzlichen Aufwand, bietet aber gleichzeitig den Vorteil, dass sich aus RAW-Dateien oft noch mehr Detailinformationen und letztlich Bildqualität herausholen lässt, als es mit dem JPEG-Format möglich ist. Korrigieren Sie Bildfehler, die während der Aufnahme entstanden sind, wie zum Beispiel eine falsche Belichtung oder einen ungünstigen Weißabgleich. Auch können Sie den Bildern nachträglich andere Kreativmodi zuweisen, zum Beispiel eine Sepiatonung oder die Konvertierung in Schwarzweiß. Dies können Sie beispielsweise mit der zur α6600 verfügbaren Sony-Software *Imaging Edge Edit* erledigen.

11.3.1   Imaging Edge Edit

Zur Arbeitsoberfläche von *Imaging Edge Edit* gelangen Sie auf drei Wegen: Verknüpfen Sie die Software mit der Software *PlayMemories Home*. Klicken Sie dazu in *PlayMemories Home* oben in der Menüleiste auf die Schaltfläche **Werkzeuge**, und wählen Sie dann **RAW-Bild entwickeln**. Über die Schaltfläche **Programm hinzufügen/ändern** im rechten Fensterbereich können Sie die Software *Imaging Edge Edit* aus dem Computerverzeichnis auswählen und hinzufügen. Klicken Sie danach auf **Edit**, und ziehen Sie eines oder mehrere zu bearbeitende RAW-Bilder in den Sammelbereich. Mit **Öffnen** geht es zur Bearbeitung.

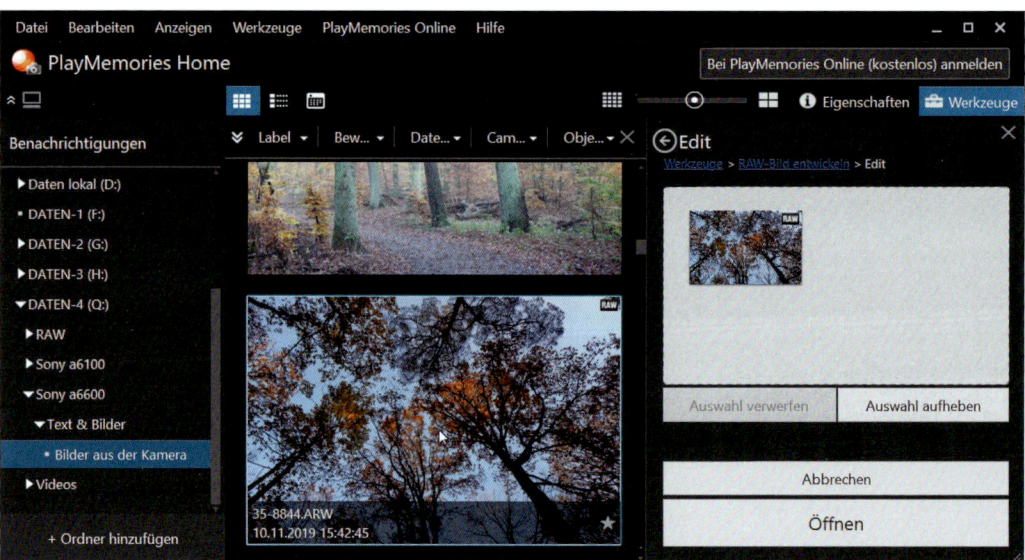

Abbildung 11.7 *RAW-Bild über PlayMemories Home in Imaging Edge Edit öffnen*

Darüber hinaus können Sie die Software *Imaging Edge Viewer* öffnen, das Bild darin auswählen und mit der Schaltfläche **Edit** oben links in den RAW-Konverter wechseln. Oder Sie rufen die Software *Imaging Edge Edit* aus der Liste der Programme, die sich im Ordner **Sony** befinden, direkt auf. Rufen Sie die RAW-Datei dann mit dem Menübefehl **Datei > Öffnen** (Strg/cmd+O) auf, oder ziehen Sie die Datei mit der Maus aus dem Computerverzeichnis auf die Arbeitsoberfläche von *Imaging Edge Edit*.

Abbildung 11.8 *Die Arbeitsoberfläche von Imaging Edge Edit mit drei geöffneten RAW-Dateien und dem bearbeiteten Bild in der großen Vorschau*

Anschließend werden das oder die zuvor ausgewählten Bilder anhand von Registerkarten in der unteren Menüleiste aufgelistet. Wählen Sie eines davon aus, um es zu bearbeiten, es wird dann im großen Vorschaufenster präsentiert.

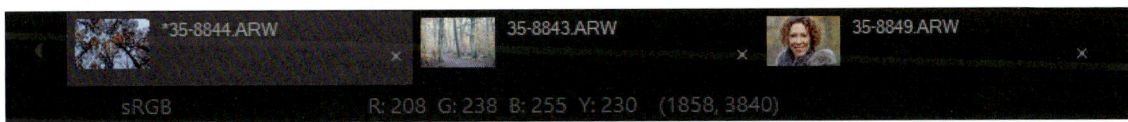

Abbildung 11.9 *Geöffnete Bilder als Registerkarten unten links im Menüfenster*

Wenn Sie die Bildauswahl ändern möchten, können Sie auch vom Konverter aus auf die Ordnerstruktur Ihres Computers zugreifen. Dazu wählen Sie oben links die Schaltfläche **Viewer** , zurück gelangen Sie mit der Schaltfläche **Edit** . Oberhalb der großen Bildvorschau finden Sie die Steuerelemente für die Ansichtsgröße und ganz rechts zum Beschneiden. Wenn Sie sich die Aufnahmeeinstellungen anschauen möchten, können Sie mit der Schaltfläche **Bildeigenschaften** alle in der Datei gespeicherten Exif-Daten aufrufen.

Abbildung 11.10 *Optionen zum Einstellen der Ansichtsgröße und Aufrufen der Exif-Daten*

Exif-Daten

Die Bildeigenschaften werden in Form sogenannter *Exif-Daten* (*Exchangeable Image File Format*) in der Bilddatei mitgespeichert. Hier finden Sie von der Kameramarke und dem Aufnahmedatum über die Belichtungszeit, die Blende und den ISO-Wert bis hin zur Blitzeinstellung alle wichtigen Aufnahmeeigenschaften.

Die eigentlichen Werkzeuge für die Bildbearbeitung rufen Sie mit der Schaltfläche **Alle Paletten** auf. Die Funktionen sind per se recht logisch aufeinander aufgebaut. Das bedeutet, dass Sie beim Entwickeln Ihrer RAW-Datei Funktion um Funktion durchgehen können, um Ihr Bild individuell zu optimieren, bis es Ihnen gefällt.

11.3.2   Helligkeit optimieren

Imaging Edge Edit bietet zuoberst in der Funktionshierarchie die Kontrolle der **Belichtung**. Wenn Sie auf die Plus- oder Minus-Schaltflächen klicken, entspricht die Änderung jeweils ±0,33 EV, ist also vergleichbar mit den Drittel-Belichtungskorrekturschritten, die Sie auch an der α6600 einstellen können. Bei der Pilzaufnahme haben wir eine Pluskorrektur um 1,67 EV eingegeben, um das zu dunkel geratene Foto frischer wirken zu lassen.

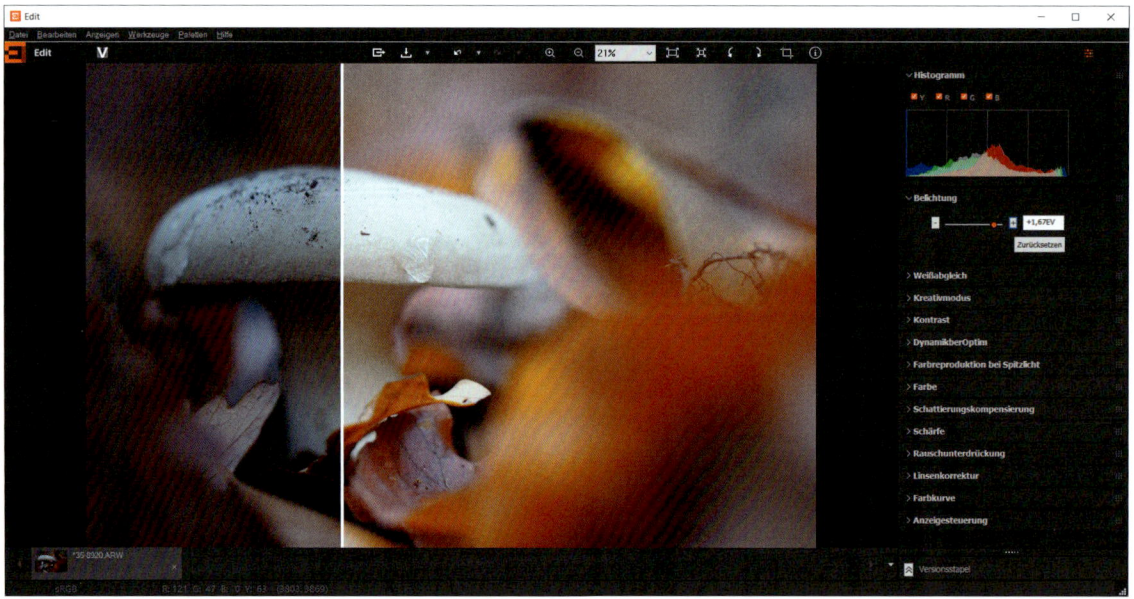

Abbildung 11.11 *Das Beispielbild vor (linke Bildhälfte) und nach Optimierung der Bildhelligkeit*

Tonwertbeschneidung

Wenn bestimmte Tonwerte beschnitten werden, verlieren die betroffenen Bildstellen an Struktur und Zeichnung. *Imaging Edge Edit* ist in der Lage, Ihnen folgenden Beschnitt farblich hervorzuheben: **Beschnittene Tie-**

fen anzeigen (dunkelste Farbtöne, gelbe Markierung), **Beschnittene Lichter anzeigen** (hellste Bildstellen, magentafarbene Markierung) und **Farben außerhalb der Farbskala** (Farben außerhalb des gewählten Farbraums, graue Markierung). Um die Markierungen einzublenden, setzen Sie in der Palette ganz unten bei **Anzeigesteuerung** ein Häkchen bei der entsprechenden Funktion.

11.3.3   Den Weißabgleich richtig einstellen

Sollte die Farbstimmung einmal nicht stimmen, hat die α6600 den Weißabgleich vermutlich nicht perfekt getroffen. Manchmal ist es auch erwünscht, eine gezielte Farbänderung vorzunehmen. Mit den Funktionen im Bereich **Weißabgleich** können Sie der Farbgebung dann schnell auf die Sprünge helfen. Dafür gibt es vier Möglichkeiten:

- **Kamera-Einstellungen**: die von der α6600 während der Aufnahme verwendete Weißabgleicheinstellung

- **Voreinstellen**: Weißabgleichvorgaben, zum Beispiel **Bewölkt** , wählbar über das Dropdown-Menü sowie die Möglichkeit, den Wert der Vorgabe mit dem Schieberegler um ±500 K anzupassen

- **Farbtemperatur**: Vorgabe einer bestimmten Kelvin-Zahl, zum Beispiel 5500 K für Aufnahmen bei Tageslicht

- **Graupunkt angeben**: Mit der **Pipette** wird der im Bild angeklickte Punkt auf die Helligkeit eines mittleren Graus eingestellt, und alle anderen Farbwerte werden entsprechend angepasst. Klicken Sie damit beispielsweise bei Porträts auf das Augenweiß oder, wenn Sie eine *Graukarte* mitfotografiert haben, auf diese. Um den Weißabgleichwert auf das Bild ohne Graukarte zu übertragen, wählen Sie **Bearbeiten > Bildverarbeitungseinstellungen > Kopieren**, öffnen das Zielbild und wählen **Bearbeiten > Bildverarbeitungseinstellungen > Einfügen**.

  Mit dem **Bereich** lässt sich mit der Maus ein beliebiger Bildbereich mit einer Rechteckauswahl markieren. Darin sucht sich die Software die neutralen Farben heraus und passt anschließend alle anderen Bildfarben entsprechend an.

Mit dem Regler **Farbkorrektur** lassen sich die Farben in Richtung Grün oder Magenta weiter anpassen. Eine Verschiebung der Farbbalance in Richtung rötlicher (links) oder gelblicher Töne (rechts) ist außerdem weiter unten im Bereich **Farbe** möglich. Bei Hauttönen ist dies eine wichtige Funktion.

Kreativmodi anpassen

Das RAW-Format bietet Ihnen die tolle Möglichkeit, den bei der Aufnahme gewählten **Kreativmodus** nachträglich zu ändern. So können Sie beispielsweise parallel zu einer farbigen Aufnahme auch eine Version in Schwarzweiß anfertigen. Alles, was dafür zu tun ist, ist die Auswahl des entsprechenden Modus im Palettenbereich **Kreativmodus**.

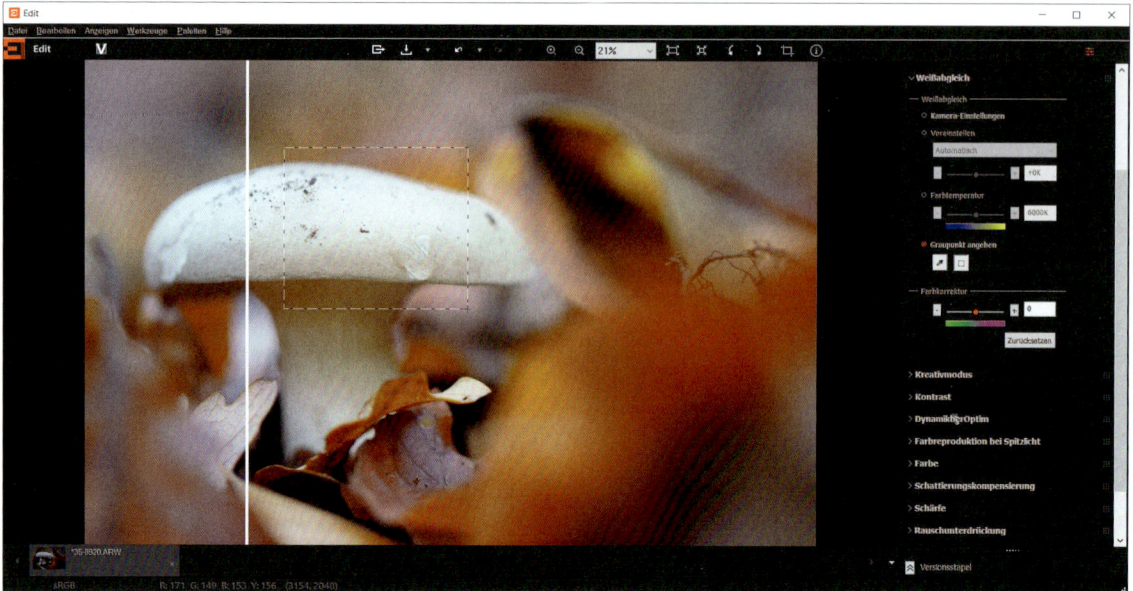

Abbildung 11.12 *Hier haben wir den Weißabgleich durch Markieren eines Teilbereichs des Pilzhuts angepasst, um den leichten blauen Farbstich zu entfernen.*

11.3.4   Kontrastanpassungen vornehmen

Das weiche Licht eines bedeckten Himmels oder einer Szene mit Nebel kann dazu führen, dass die Bilder weniger prägnant aussehen – es fehlt an Kontrast. Umgekehrt können bei kontrastreichen Motiven Überstrahlungen oder zeichnungslose dunkle Stellen entstehen. Beides können Sie mit den Funktionen für den **Kontrast** ausgleichen. Beginnen Sie mit dem Anpassen der **Weißwerte** und **Schwarzwerte**. Damit bestimmen Sie, wie viele Pixel in Ihrem Bild reinweiß oder tiefschwarz sein dürfen. Achten Sie darauf, dass die betroffenen Flächen klein bleiben, da Ihr Bild an diesen Stellen sonst an Zeichnung einbüßt. Mit den Reglern **Highlights** und **Schatten** können Sie anschließend die dunklen und hellen Areale weiter anpassen. Der Gesamtkontrast des Bildes lässt sich schließlich mit dem Regler **Kontrast** beeinflussen. Im gezeigten Pilzbeispiel haben wir den Kontrast insgesamt etwas abgesenkt, um den Beschnitt der Histogrammränder zu mindern und vor allem die Tiefen etwas aufzuhellen.

Farbreproduktion bei Spitzlicht

Die Funktion **Farbreproduktion bei Spitzlicht**, die Sie in der Palette unterhalb von **DynamikberOptim** finden, zielt auf Bilder ab, die helle Spitzlichter besitzen, zum Beispiel Blitzreflexionen, glänzende Haut oder glitzernde Wassertropfen. Wenn Sie die Funktion von **Standard** auf **Erweitert** stellen, werden die betroffenen Stellen minimal abgedunkelt, und die Farbgebung wird verbessert. Achten Sie aber auch auf den Gesamteindruck des Bildes, damit es durch diese Anpassung nicht zu stumpf wirkt.

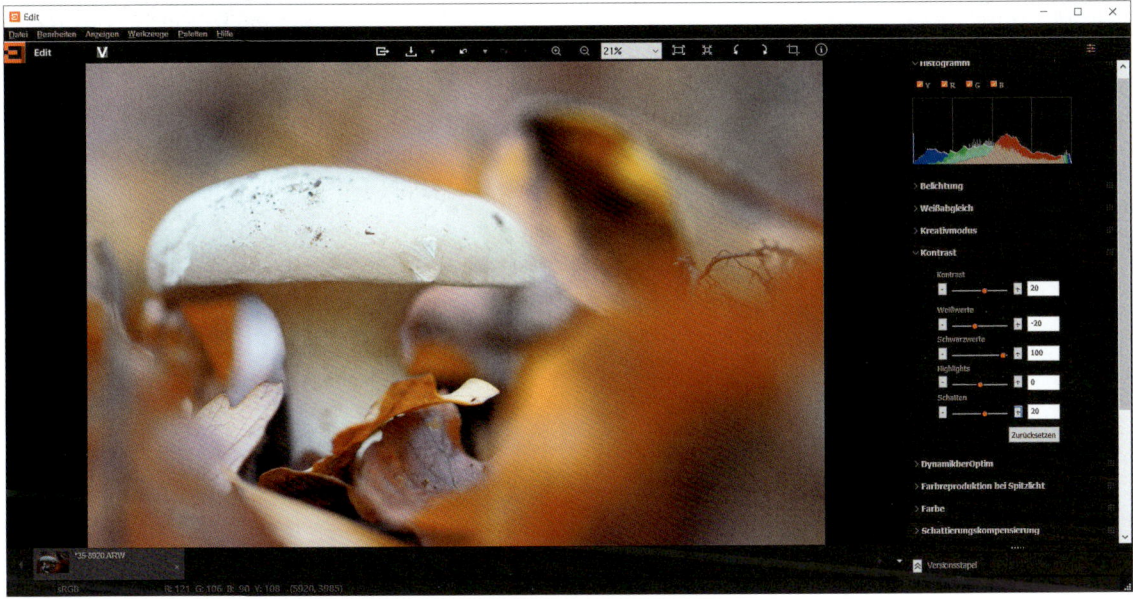

Abbildung 11.13 *Den Kontrast können Sie über die Regler **Kontrast** (+20), **Weißwerte** (–20), **Schwarzwerte** (+100), **Highlights** (0) und **Schatten** (+20) anpassen.*

11.3.5   Dynamikbereichoptimierung anwenden

Im Bereich **DynamikberOptim** haben Sie eine weitere Möglichkeit, den Kontrast Ihres Bildes zu beeinflussen. Das ist vergleichbar mit der Funktion DRO aus der α6600. Versuchen Sie es am besten zunächst mit der Einstellung **Automatisch**. Wenn das nicht ausreicht, gehen Sie auf **Manuell** über. Hier bestimmen Sie mit dem Regler **Umfang** zunächst die grundlegende Stärke der Dynamikbereichoptimierung. Ein Wert von 90 entspricht in etwa der DRO-Stufe **Lv5** im Kameramenü der α6600. Schauen Sie sich auf jeden Fall die dunklen Bildbereiche in der Vergrößerungsstufe **Tatsächliche Pixel** ⊞ an, denn die können durch einen zu starken **Umfang** deutlich zu rauschen beginnen. Im Anschluss lässt sich die Wirkung mit den Reglern aus dem zuvor beschriebenen Bereich **Kontrast** bei Bedarf noch weiter nachjustieren.

Abbildung 11.14 *Mit der automatischen **DynamikberOptim** ließ sich der Pilz noch etwas frischer darstellen.*

Gradationskurve anpassen

Eine weitere Kontrastanpassungsmöglichkeit bietet der Bereich **Farbkurve**. Dahinter verbirgt sich eine Gradationskurvenanpassung. Damit können Sie die Belichtung, den Kontrast und die Farbgebung sehr flexibel und in feinsten Nuancen einstellen. Die Gradationskurve beinhaltet zu Beginn eine gerade Linie. Diese startet unten links im Schwarzpunkt des Bildes und endet oben rechts im Weißpunkt. Die Y- und die X-Achse schlüsseln die 255 Helligkeitsstufen zwischen Schwarz und Weiß auf, unten sehen Sie das Histogramm des Bildes. Durch Anfassen der Geraden mit der Maus können Sie nun an verschiedenen Stellen Ankerpunkte einfügen und diese verschieben. Auf diese Weise können Sie verschiedene Kurvenverläufe einstellen: Aufhellen, Abdunkeln, Kontrast erhöhen, Kontrast verringern. Solange Sie die Enden der Linie nicht verschieben oder die Linie so verbiegen, dass die Kurve an einer der Achsen anstößt, bleiben der Schwarz- und Weißpunkt des Bildes unverändert. Wenn Sie dies für die einzelnen Farbkanäle Rot, Grün und Blau vornehmen, beeinflussen Sie die Farbdarstellung des Bildes.

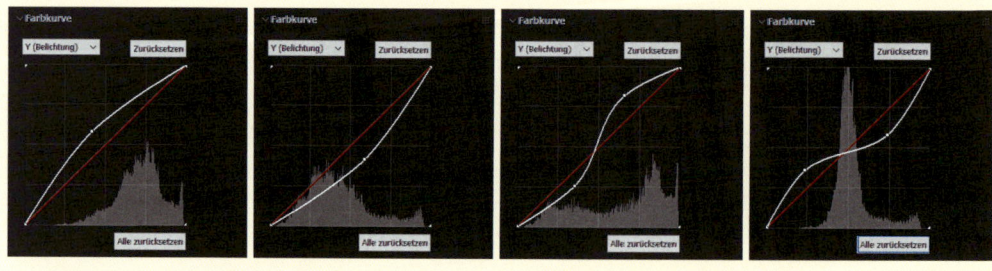

Abbildung 11.15 *Kurvenverläufe für Aufhellung, Abdunklung, Kontrasterhöhung oder Kontrastsenkung*

11.3.6 Die Bildschärfe optimieren

Während JPEG-Bilder bereits in der α6600 geschärft werden, benötigen RAW-Fotos generell eine mehr oder weniger starke Nachschärfung. Dazu stellt *Imaging Edge Edit* die Funktion **Schärfe** zur Verfügung. Diese erhöht den Kontrast entlang der Motivkanten, indem die dunklen Pixel abgedunkelt und die hellen aufgehellt werden.

Für die Anwendung der Schärfefunktion skalieren Sie die Bildansicht im Vorschaufenster am besten auf 100 % beziehungsweise **Tatsächliche Pixel** . Verschieben Sie nun den Regler **Umfang**, bis die gewünschte Scharfstellung eintritt. Achten Sie darauf, dass an harten Kanten im Bild keine dicken weißen Linien entstehen, die unnatürlich wirken und eine Überschärfung andeuten. In gewissem Umfang können Sie die Kontrastlinien aber mit dem Regler **Überschwinger** noch etwas nachjustieren. Ziehen Sie ihn nach rechts, um die weißen Linien wieder etwas abzudunkeln. Mit dem Regler **Unterschwinger** können Sie im Gegenzug die dunklen Kontrastkanten aufhellen (Regler rechts) oder noch weiter abdunkeln (Regler links). Der Regler **Schwellenwert** dient schließlich dazu, die Wirkung der gesamten Scharfeinstellung zu verstärken (Regler links) oder abzuschwächen (Regler rechts).

Abbildung 11.16 *Der Ausschnitt links zeigt eine zu starke Schärfung mit weißen Rändern an den Kanten. Rechts ist die Schärfe gut eingestellt (**Umfang: +50**, **Überschwinger: −10**, **Unterschwinger: +50**, **Schwellenwert: +30**).*

Schattierungskompensierung gegen dunkle Bildecken

Objektivbedingten dunklen Bildecken (*Vignettierung*) setzt die **Schattierungskompensierung** eine angepasste Aufhellung entgegen. Dazu stellen Sie zuerst den **Mittleren Radius** ein. Von der α6600 wird der Wert 80 bereits vorgegeben, was in den meisten Fällen auch gut passt. Mit dem Regler **Mittelstärke** kontrollieren Sie die

Stärke der Aufhellung. Der Regler **Randstärke** legt fest, wie hart der Übergang zwischen der unbearbeiteten Mitte und dem Randbereich ausfällt. An dieser Stelle können wir Ihnen nur raten, die Korrektur »auf Sicht« auszuführen, was mit ein wenig Übung aber prima funktioniert.

11.3.7   Bildrauschen reduzieren

RAW-Bilder, die mit hohen ISO-Werten fotografiert wurden, leiden unter Bildrauschen. Mit der Funktion **Rauschunterdrückung** können Sie störende Fehlpixel jedoch schnell entfernen. Stellen Sie die Bildansicht dazu auf **Tatsächliche Pixel** ⌗, oder vergrößern Sie die Ansicht bis auf 200 %. Im Palettenbereich **Rauschunterdrückung** liefert die Einstellung **Automatisch** oftmals schon sehr gute Resultate. Alternativ und bei sehr starkem Rauschen wählen Sie die Option **Manuell**. Legen Sie dann zunächst mit dem Regler **Umfang** die generelle Stärke der Rauschunterdrückung fest. Damit wird vor allem das Helligkeitsrauschen bekämpft. Anschließend können Sie die Bearbeitung weiter verfeinern, indem Sie buntes Pixelrauschen mit dem Regler **Rauschunterdrückung bei Farben** mindern. Mit dem Regler **Rauschunterdrückung bei Kanten** wird der Schärfeeindruck beeinflusst, je niedriger der Wert, desto schärfer die Bilddetails, desto stärker aber auch das Bildrauschen. Achten Sie generell darauf, dass Sie die Rauschunterdrückung nicht übertreiben, denn unter zu starker Helligkeitsrauschreduktion kann die Bildauflösung leiden, und bei übertriebener Farbrauschminderung kann als Nebeneffekt ein »Ausbluten« der Farben auftreten.

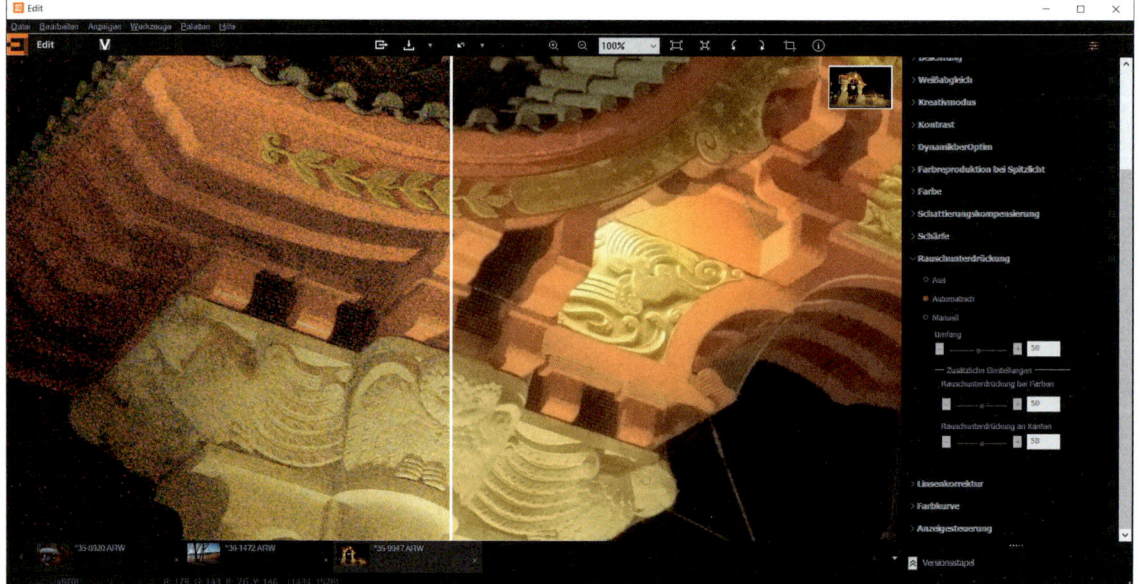

Abbildung 11.17 *Ein Bild mit einem ISO-Wert von 12 800 ohne (linke Bildhälfte) und mit automatischer Rauschunterdrückung*

Verzerrungskompensierung

Die **Verzerrungskompensierung** korrigiert die vom Objektiv verursachte tonnen- oder kissenförmige Verzeichnung. Allerdings können Sie die Funktion nur ein- oder ausschalten, und das auch nur, wenn für das Objektiv entsprechende Korrekturdaten hinterlegt sind. Bei dem Standardzoomobjektiv *E PZ 16–50 mm f/3,5–5,6 OSS*) ist das beispielsweise nicht der Fall, und auch beim Einsatz von Fremdobjektiven ist die Funktion ausgegraut. Der RAW-Konverter *Adobe Lightroom* verhält sich in dem Punkt professioneller, er kann die Objektivfehler des Kit-Objektivs korrigieren.

11.3.8 Speichern der bearbeiteten Aufnahmen

Wenn Sie mit der Bearbeitung fertig sind, können Sie das Bild mit der Schaltfläche **Export** als JPEG- oder TIFF-Datei abspeichern und in anderen Anwendungen weiterbearbeiten oder präsentieren. Möchten Sie lediglich die geänderten Entwicklungseinstellungen der RAW-Datei speichern, wählen Sie die Schaltfläche **Speichern**. Die Entwicklungseinstellungen werden verlustfrei, in Form einer getrennten XMP-Datei, gesichert, sodass Sie jederzeit wieder den Ausgangsstatus der RAW-Datei aufrufen können.

11.4 Programmalternativen

Die Bearbeitungsmöglichkeiten von *Imaging Edge Edit* sind umfangreich und einfach zu bedienen. Jedoch vermissen wir eine Perspektivkorrektur, mit der sich stürzende Linien ausgleichen lassen, und die Möglichkeit, Sensorflecken zu entfernen. Vor diesem Hintergrund stellt der für die α6600 kostenlos nutzbare Konverter *Capture One Express (for Sony)* eine interessante Programmalternative dar. Die Software kann unter *http://www.phaseone.com/sony* heruntergeladen werden und ist für die standardmäßige Bearbeitung der RAW-Dateien aus der α6600 sehr zu empfehlen. Es werden damit sowohl die Bilddetails bereits in der Standardeinstellung sehr gut herausgearbeitet als auch Objektivfehler automatisch reduziert. Zudem stehen alle grundlegend wichtigen Funktionen für die Anpassung von Farbe, Kontrast und Schärfe zur Verfügung. Das Bearbeiten einzelner Bildabschnitte, ein gezieltes Optimieren von Hauttönen sowie der Ausgleich perspektivischer Verzerrungen sind in der Express-Version allerdings nicht möglich. Um den vollen Umfang moderner RAW-Konvertierungsmethoden nutzen zu können, ist ein kostenpflichtiges Upgrade auf *Capture One Pro* notwendig, das in der Version *for Sony* aber günstiger ist als in der Version für alle Kamerahersteller.

Abbildung 11.18 *Arbeitsoberfläche von Capture One Express (for Sony)*

Alternativ empfiehlt sich das Programm *Adobe Lightroom*, das Sie mit der erhältlichen Testversion zunächst ausprobieren können. *Adobe Lightroom* ist unserer Ansicht nach etwas übersichtlicher aufgebaut und bietet mehr Möglichkeiten zum Organisieren des Bildbestands (inklusive GPS-Geotagging) und Weitergeben der Bilder (Diashow, Fotobuch). In Sachen Bildqualität liefern beide Programme aber vergleichbar gute Ergebnisse, wobei das Weißabgleichspektrum bei *Capture One Pro* mehr Spielraum im unteren Kunstlichtbereich (800–14000 K) bietet und *Adobe Lightroom* mehr im oberen Bereich (2000–50000 K). *Capture One Pro* hat auch ein wenig die Nase vorn, wenn es um die automatische Anpassung von Schärfe und Rauschunterdrückung sowie die Anpassung von Hauttönen geht; bei *Adobe Lightroom* ist dafür das Ausgleichen perspektivischer Verzerrungen besser gelöst. Probieren Sie am besten beide Programme aus, und entscheiden Sie dann selbst, welche Bearbeitungsform Ihnen leichter von der Hand geht oder Ihrer Bildästhetik besser entspricht.

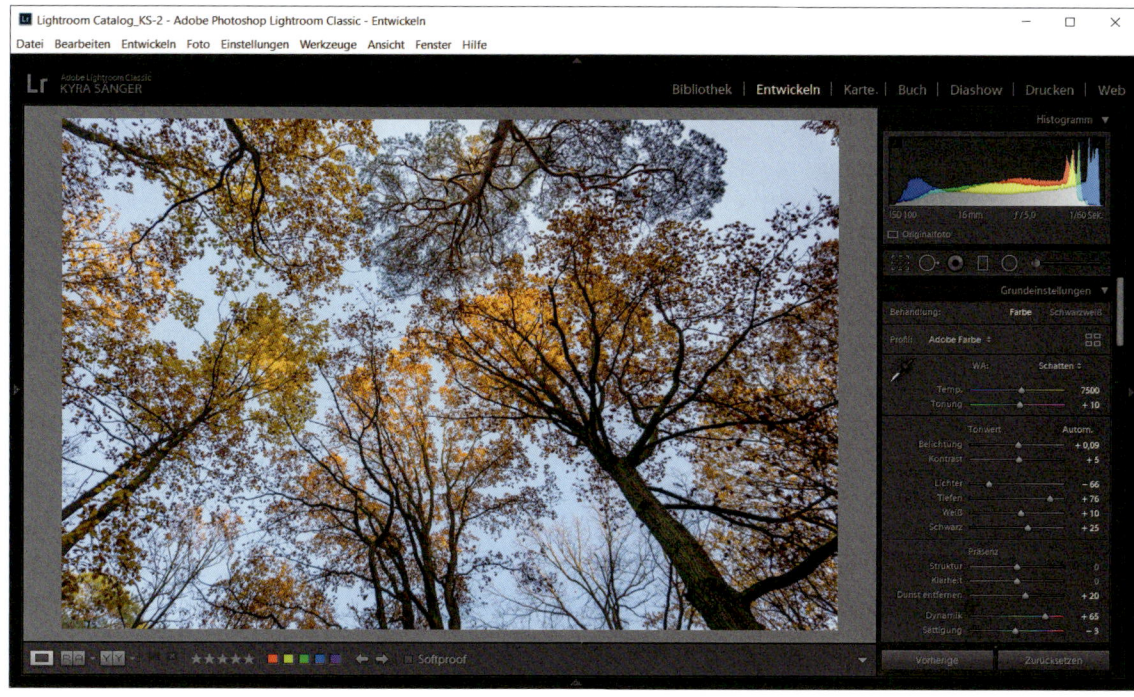

Abbildung 11.19 *Arbeitsoberfläche von Adobe Lightroom*

EXKURS

Tethering mit Imaging Edge Remote

Wer im Studio fotografiert, kann die Bilder mit der α6600 auch bequem vom Computer aus aufnehmen. Die Kamera wird während des Shootings per USB-Kabel an den Computer angebunden, daher die Bezeichnung *Tether* (= anbinden). Zum Übertragen der Bilder benötigen Sie ein langes USB-Kabel, das Ihnen beim Fotografieren genügend Bewegungsfreiheit bietet. Professionelle Lösungen gibt es zum Beispiel von *Tether Tools*, es geht aber auch mit dem mitgelieferten Micro-USB-Kabel und einem passenden Verlängerungskabel.

Bereiten Sie die α6600 nun zunächst auf das Tethering vor, indem Sie im Menü 🧰 > **Einstellung4** bei **USB-Verbindung** die Vorgabe **PC-Fernbedienung** einstellen. Damit die Bilder parallel auf dem Computer und der Speicherkarte gesichert werden können, stellen Sie im Menü 🧰 > **Einstellung4 > PC-Fernb.-Einstlg.** bei **Standb. Speicherziel** die Vorgabe **PC+Kamera** ein. Bei **RAW+J PC Bild spei.** können Sie wählen, ob beide Dateiformate übertragen werden sollen oder nur eines, was natürlich nur dann eine Rolle spielt, wenn in der Kamera das Dateiformat **RAW+JPEG** gewählt ist. Wenn Sie die Bilder möglichst schnell übertragen möchten, um sie entsprechend fix am Computermonitor zu kontrollieren, übertragen Sie **Nur JPEG**. Allerdings waren bei unserem Test keine riesigen Unterschiede zu verzeichnen. Die Übermittlung einer JPEG-Datei dauerte knapp zwei Sekunden und die eines Bildes im Format **RAW+JPEG** knapp drei Sekunden. Mit spürbaren Verlangsamungen ist erst zu rechnen, wenn viele Bilder schnell hintereinander aufgenommen und übertragen werden müssen.

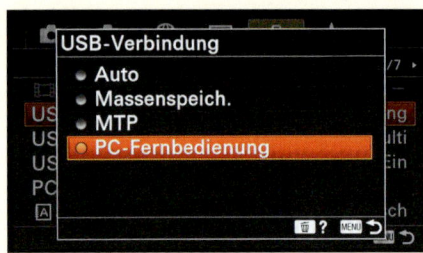

Abbildung 11.20 *USB-Verbindungstyp einstellen*

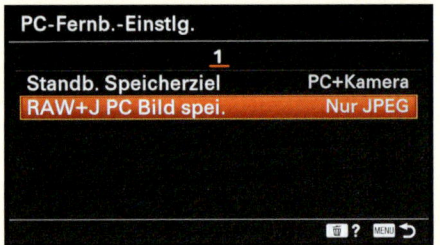

Abbildung 11.21 *Speicherort sowie zu übertragende Dateiformate auswählen*

Schalten Sie die α6600 nun aus, und bringen Sie das Micro-USB-Kabel am Multi/Micro-USB-Anschluss an. Das andere Ende befestigen Sie am USB-Anschluss des Computers. Schalten Sie die α6600 dann wieder ein. Am Computer öffnen Sie *Imaging Edge Remote*, entweder aus dem *Imaging Edge Viewer* heraus oder direkt aus dem Programmverzeichnis im Ordner **Sony**. Wenn sich anschließend ein Programmfenster mit einer Liste erkannter Kameras öffnet, klicken Sie doppelt auf den Eintrag **ILCE-6600**.

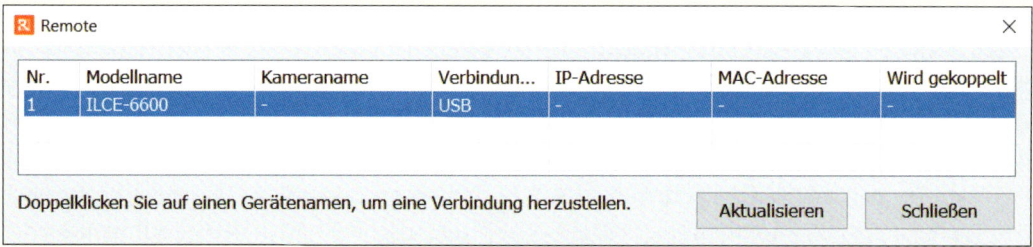

Abbildung 11.22 *Auswahl der fernzusteuernden Kamera, hier* **ILCE-6600**

Anschließend präsentiert Ihnen die Programmoberfläche von *Imaging Edge Remote* links das Livebild und rechts die Steuerkonsole mit den aktuellen Aufnahmeeinstellungen. Wenn Sie das Livebild nicht benötigen, können Sie es über die Schaltfläche **Live** über der Steuerkonsole ausblenden.

Den Aufnahmemodus, hier **M**, müssen Sie an der α6600 einstellen, aber die meisten anderen Werte lassen sich einfach über die Steuerkonsole öffnen und einstellen oder über die Menüeinträge weiter unten auswählen. Wenn Sie an der α6600 die Fokusfelder **Flexible Spot** oder **Erweit. Flexible Spot** einstellen, können Sie mit der Maus im Livebild auf die gewünschte Motivstelle klicken und das Bild dort scharfstellen. Klicken Sie dazu oben rechts in der Steuerkonsole auf die Schaltfläche **AF**.

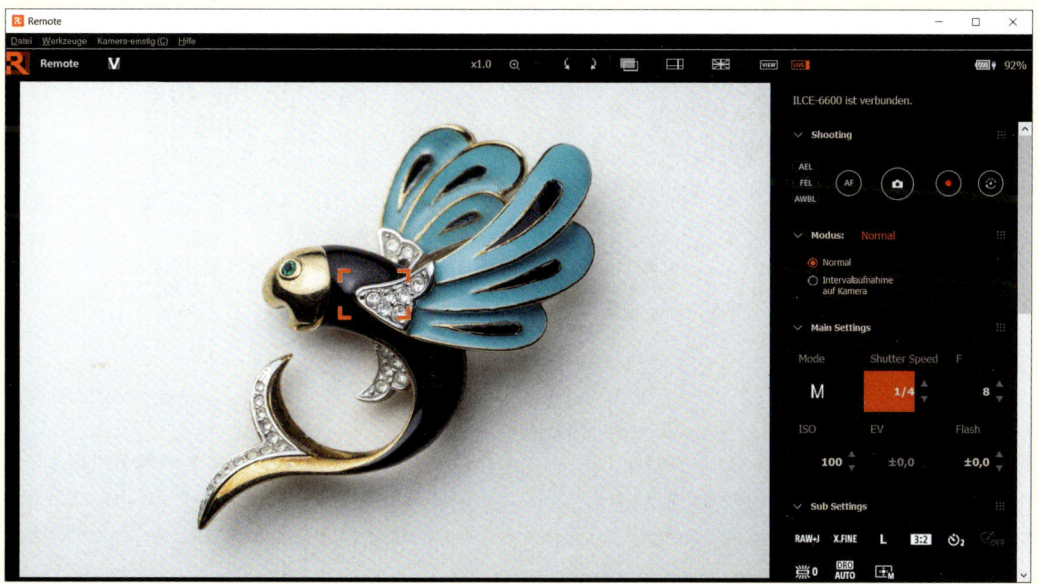

Abbildung 11.23 *Im Livebild sehen Sie das Motiv, hier eine Brosche, und rechts daneben die Steuerkonsole von Imaging Edge Remote.*

Bevor Sie Bilder und Filme aufnehmen, ist es außerdem sinnvoll, über **Datei > Ordner zum Speichern** noch den gewünschten Speicherordner festzulegen, in den die Bilder oder Filme übertragen werden sollen. Anschließend klicken Sie zum Auslösen eines Bildes mit der Maus auf die Auslöseschaltfläche ⬛, sodass die α6600 fokussiert und das Foto anschließend gleich aufnimmt. Für Filmaufnahmen können Sie die MOVIE-Schaltfläche 🔴 verwenden und für Intervallaufnahmen die Schaltfläche rechts daneben. Es ist aber auch möglich, über die entsprechenden Tasten der α6600 auszulösen. Die Dateien werden anschließend in den gewählten Ordner übertragen. In welchem Programm das aufgenommene Bild angezeigt werden soll, lässt sich über die Menüzeile **Datei > Einstellungen** wählen. Standardmäßig werden die Bilder im *Imaging Edge Viewer* angezeigt.

Softwareprobleme | Falls Probleme mit der Remote-Software auftreten sollten, kann es hilfreich sein, den Computer neu zu starten und kein anderes Programm zu verwenden. Es kommt vor, dass sich andere Programme nicht mit der Software *Imaging Edge Remote* vertragen, was bei unserem Tethering mit der α6600 allerdings nicht der Fall war.

Kapitel 12
Meine α6600: Individuelle Einstellungen

Die Bedienung der α6600 lässt sich über verschiedene Mechanismen individuell an Ihre Wünsche anpassen. So haben Sie die Möglichkeit, viele Funktionen der Kamera genau auf die Direktwahltasten zu legen, an denen sie Ihren Nutzungsbedürfnissen am besten entsprechen. Und auch ganze Aufnahmeprogramme lassen sich abspeichern und, wenn sie benötigt werden, im Handumdrehen aufrufen.

12.1   Die Kamerabedienung anpassen

Bei dem flexiblen Bedienungskonzept der α6600 gehört es zum guten Ton, dass alle zentral wichtigen Bedienungselemente auch mit anderen Funktionen als der Standardeinstellung belegt werden können. Das ist zu Beginn vielleicht nicht das Wichtigste. Wenn Sie jedoch eine Weile mit Ihrer α6600 fotografieren und immer wieder den Schnellzugriff auf bestimmte Funktionen vermissen, denken Sie an diesen Abschnitt, und stellen Sie sich Ihr ganz persönliches Bedienungskonzept zusammen.

Rufen Sie dazu im Menü **⚫2 > Benutzerdef. Bedienung1** den Eintrag **BenutzerKey** für die Tastenbelegung beim Fotografieren, **BenutzerKey** für filmrelevante Einstellungen oder **▶ BenutzerKey** für die Bedienungsfunktionen bei der Bildwiedergabe auf. Angeordnet auf mehreren Menüseiten, die sich mit den Pfeiltasten **◄►** durchschalten lassen, finden Sie alle Bedienungselemente und deren aktuell zugeordnete Funktionen. Jedes Element kann mit der Mitteltaste aufgerufen und mit einer Funktion belegt werden, wobei die Optionslisten (**◄►**) je nach Bedienungselement unterschiedlich umfangreich sein können. Wenn Sie auf die Einstellung **Benutzer ()** **befolg.** oder **Ben. (/)** **befolg.** stoßen, bedeutet das, dass mit der Taste die gleiche Funktion aufgerufen wird wie im Standbild- oder Filmmodus, sofern die Funktion verfügbar ist.

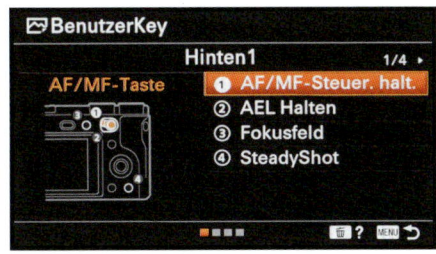

Abbildung 12.1 *Die Tastenbelegung ändern*

Abbildung 12.2 *Hier wurde die AF/MF-Taste so umprogrammiert, dass das Umstellen von AF auf MF per Tastendruck und nicht durch Halten der Taste erfolgt.*

Vielleicht interessiert es Sie, wie wir die Bedienung unserer α6600 umgestaltet haben? Dann können Sie sich gerne an Tabelle 12.1 orientieren. In den übrigen Kapiteln dieses Buches haben wir allerdings die standardmäßige Tastenbelegung der α6600 verwendet, damit die beschriebenen Einstellungen für alle Anwender nachvollziehbar bleiben.

Taste	⊡ BenutzerKey	▦ BenutzerKey	▶ BenutzerKey
AF/MF-Taste	AF/MF-Strg. wechs. (AF/MF-Steuer. halt.)	Benutzer (⊡) befolg.	–
AEL-Taste	⊙ AEL Umschalt (AEL halten)	Benutzer (⊡) befolg.	–
C1	Zebra-Anz.-Auswahl (Weißabgleich)	Benutzer (⊡) befolg.	Schützen
C2	Mein Regler 1→2→3 (Fokusmodus)	Benutzer (⊡) befolg.	Bewerten
C3	Fokusfeld (Fokus-feld)	Benutzer (⊡) befolg.	Bildindex
C4	Geräuschlose Aufn. (Nicht festgelegt)	Fokus halten	An Smartph. send.
Funkt. d. Mitteltaste	Fokus-Standard (Fokus-Standard)	Fotoprofil	–
Funkt. der Linkstaste ◀	Bildfolgemodus (Bildfolgemodus)	Tonaufnahmepegel	–
Funkt. d. Rechtstaste ▶	ISO (ISO)	Benutzer (⊡) befolg.	–
Unten-Taste ▼	Re./Li. Auge wechs. (Belichtungskorr.)	DRO/Auto HDR	–
Taste Fokus halten	Augen-AF (Fokus halten)	Fokus halten	–
Fn/⮐-Taste	–	–	Bewertung

Tabelle 12.1 *Anpassen der Bedienungselemente mit den Optionen bei **BenutzerKey** (Standardwerte in Klammern)*

Wenn Sie die Unten-Taste ▼ neu programmieren, ist es sinnvoll, die Funktion **Belichtungskorr.** auf den Drehregler oder das Einstellrad zu legen (📷2 > **Benutzerdef. Bedienung2 > Regler/Rad Ev-Korr.**). Sonst sind Anpassungen der Bildhelligkeit nur noch umständlich über das Quick-Navi-Menü möglich.

Standardeinstellungen

Um die Standardeinstellungen wiederherzustellen, müssen Sie die α6600 initialisieren (🧳 > **Einstellung7** > **Einstlg zurücksetzen** > **Initialisieren**). Dann müssen auch Sprache, Datum und Uhrzeit und alle anderen Einstellungen wieder neu eingegeben werden. Sie können die Werte aber auch manuell zurückstellen. Dafür haben wir in Tabelle 12.1 in Klammern die Standardeinstellungen von 🖼 **BenutzerKey** angegeben. Bei **BenutzerKey** 🎞 stehen alle Bedienungselemente standardmäßig auf **Benutzer** (🖼) **befolg.** und bei **BenutzerKey** auf **Ben.** (🖼/🎞) **befolg.** (außer der Fn-Taste, die auf **An Smartph. send.** steht).

12.2 »Mein Regler« konfigurieren

Auch das Einstellrad und der Drehregler können mit weiteren Funktionen belegt werden, die über das Anpassen der Belichtungszeit und Blende in den Modi **P**, **A**, **S** und **M** hinausgehen. Dazu bietet die α6600 die Mein-Regler-Konfiguration, aufrufbar im Menü 📷2 > **Benutzerdef. Bedienung1** bei **Mein Regler Einstlg.**. Darin finden Sie drei freie Speicherplätze, die mit einer übersichtlichen Anzahl an Funktionen belegt werden können. Wir haben beispielsweise dem Einstellrad (**Steuerrad**) die Funktionen **Weißabgleich**, **AF-Pkt. beweg O/U** (Vertikalverschiebung der Fokusfelder **Flexible Spot** 🔹/⊡, oder **Erweit. Flexible Spot** ▦/▦,) und **Bildeffekt** zugewiesen. Der Drehregler (**Steuerregler**) wurde mit den Funktionen **Kreativmodus**, **AF-Pkt. beweg L/R** (Horizontalverschiebung der Fokusfelder) und **Tonaufnahmepegel** verknüpft.

Abbildung 12.3 *Speicherplatz auswählen und Funktionen hinterlegen*

Um die individuelle Reglerkonfiguration in der Aufnahmesituation aufrufen zu können, haben wir die benutzerdefinierte C2-Taste mit der Funktion **Mein Regler 1→2→3** programmiert, wie im vorangegangenen Abschnitt gezeigt (📷2> **Benutzerdef. Bedienung1** > 🖼 **BenutzerKey**). So kann mit jedem Tastendruck von Reglerkonfiguration 🎚1 zu 🎚2 und 🎚3 gewechselt werden. Welche Konfiguration gerade aktiv ist, blendet die α6600 unten rechts ein, allerdings nur am Monitor. Die Anwendung der jeweiligen Funktion erfolgt dann einfach durch Drehen am entsprechenden Rad. Im Livebild sind beispielsweise die Konfiguration von **Mein Regler 1** 🎚1 und das Einstellen des Kreativmodus (**Sepia**) mit dem Drehregler zu sehen. Die gewählte Konfiguration bleibt auch aktiv, wenn die Kamera zwischenzeitlich in den Ruhezustand übergeht und mit dem Auslöser reaktiviert wird.

Abbildung 12.4 *Die Konfiguration **Mein Regler 1** ist aktiv, sodass der **Kreativmodus** mit dem Drehregler gewählt werden kann.*

> **Hinweis: Alternative Bedienung**
>
> Alternativ zum Umschalten zwischen den drei Reglern gibt es auch die Möglichkeit, nur den Regler 1, 2 oder 3 per Taste aufzurufen. Die Einstellung ist dann entweder nur mit gedrückt gehaltener Taste möglich (**MeinRegler 1/2/3 Halten**), oder die Taste schaltet zwischen **Mein Regler** und der Standardeinstellung (**MeinRegler 1/2/3 Umsch.**) um.

12.3   Das Quick-Navi-Menü umgestalten

Eine besonders komfortable Möglichkeit, schnell auf die wichtigsten Aufnahmeoptionen der α6600 zuzugreifen, bietet das Quick-Menü-Navi. Egal, ob Sie durch den Sucher blicken oder mit dem Monitor fotografieren, mit der Fn-Taste gelangen Sie quasi in jeder Lebenslage direkt zu den Schnelleinstellungsoptionen. Allerdings sind darin vielleicht nicht immer genau die Funktionen gespeichert, die Sie regelmäßig benötigen. Aber auch das ist kein Problem, denn das Quick-Navi-Menü kann individuell mit Funktionen bestückt werden. Dazu öffnen Sie im Menü 🅾️2 > **Benutzerdef. Bedienung1** den Eintrag **Funkt.menü-Einstlg.**. Rufen Sie im Menü die Speicherplätze, deren Funktionen Sie ändern möchten, mit den Pfeiltasten ▲▼◄► auf, und drücken Sie die Mitteltaste. Blättern Sie durch die Funktionsliste, suchen Sie sich die passende Einstellung aus ◄►, und bestätigen Sie die Änderung mit der Mitteltaste.

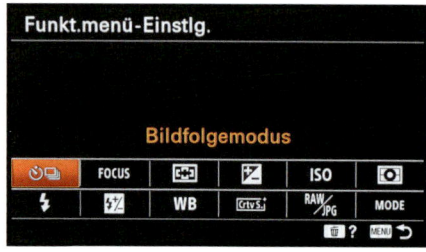
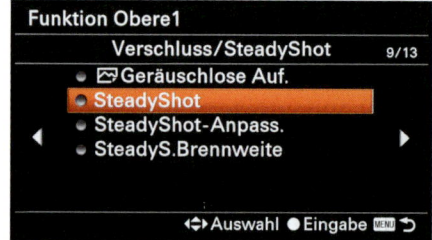

Abbildung 12.5 *Das Quick-Navi-Menü neu gestalten*

Welche Funktionenbelegung sich aus unserer Sicht für Foto- oder Filmaufnahmen besonders eignet, können Sie Tabelle 12.2 entnehmen. Diese berücksichtigt auch die geänderte Tastenbelegung aus dem vorangegangenen Abschnitt. Es kann aber immer nur eine Funktionsbelegung verwendet werden, also leider keine zwei Quick-Navi-Menüs parallel für Foto und Film.

Reihe oben	Foto	Film	Reihe unten	Foto	Film
1	SteadyShot	SteadyShot	1	Messmodus	Fotoprofil
2	Fokusmodus	Fokusmodus	2	🖼 Dateiformat	**S&Q** Bildfrequenz
3	DRO/Auto HDR	DRO/Auto HDR	3	Blitzmodus	Gamma-Anz.hilfe
4	Ges/Aug-Prio. bei AF	Ges/Aug-Prio. bei AF	4	Blitzkompens.	Tonaufnahmepegel
5	Kantenanheb.anz.	Kantenanheb.anz.	5	Drahtlosblitz	Tonpegelanzeige
6	Berührungsmodus	Berührungsmodus	6	Aufn.-Modus	Aufn.-Modus

Tabelle 12.2 *Vorschläge für die Belegung der zwölf Speicherplätze des Quick-Navi-Menüs in Bezug auf die Schwerpunkte Foto- oder Filmaufnahmen*

»Für Sucher«

Die Menüposten der Monitoransicht **Für Sucher** können nicht individuell zusammengestellt werden. Aber Sie finden darin per se das größte Arsenal an schnell erreichbaren Aufnahmefunktionen, die Sie mit der Fn-Taste aufrufen und anpassen können. Daher fotografieren wir oft damit und nutzen den elektronischen Sucher für die eigentliche Bildaufnahme.

12.4 Eigene Programme entwerfen

Im Laufe der Zeit werden Sie bestimmte Aufnahmeeinstellungen sicherlich häufiger benötigen, etwa für Landschaftsaufnahmen, ein spezielles Setting für Sportevents oder das Fotografieren bei Partys. Da kann es sehr hilfreich sein, sich ein eigenes Aufnahmeprogramm zusammenzustellen und auf einem der bis zu sechs verfügbaren freien Speicherplätze in den Modi **1** und **2** oder auf der Speicherkarte zu hinterlegen. Prinzipiell können die Belichtungswerte und alle Menüoptionen der Menüs 📷1 und 📷2 gespeichert werden.

Im Folgenden haben wir Ihnen ein paar Programmvorschläge zusammengestellt, die sich für bestimmte Motivarten oder Fotosituationen eignen. Wenn Sie möchten, registrieren Sie diese genauso in Ihrer α6600. Wie die Programmierung abläuft, erfahren Sie im Anschluss in der Schritt-für-Schritt-Anleitung »Eigene Programme speichern und abrufen«.

Einstel- lung	Porträt	Porträt (Blitz, Dauerlicht)	Party	Land- schaft	Sport	Kontrast/ HDR	Nachtauf- nahmen (Stativ)
Foto- modus	A	M	M	A	M	A	M
Film- modus	🎞A	🎞A	🎞A	🎞A	🎞S	🎞P	🎞M
Blenden- wert	ƒ/1,2–4	ƒ/1,2–11	ƒ/2,8–5,6	ƒ/8	ƒ/5,6	ƒ/2,8–5,6	ƒ/5,6
Belich- tungszeit (Foto)	–	1/125 s	1/15–1/60 s	–	1/500 s	–	1 s
Belich- tungszeit (Film)	–	–	–	–	1/125 s	–	1/30 s
Datei- format	RAW & JPEG	RAW & JPEG	RAW & JPEG	RAW & JPEG	RAW & JPEG	RAW & JPEG	RAW & JPEG
ISO (Foto)	Auto	100–200	±1600	100–400	Auto	Auto	100
ISO (Film)	Auto	100–200	Auto	Auto	Auto	Auto	Auto
Weiß- abgleich	Auto	Blitz	Auto	Auto	Auto	Auto	Auto
Bildfolge- modus	Einzel- aufn.	Einzel- aufn.	Einzel- aufn.	Einzel- aufn.	Serien- aufn. Hi	Belich- tungs- reihe	Einzel- aufn.
Steady- Shot	Ein	Ein	Ein	Ein	Ein	Ein	Aus
Geräusch- lose Auf- nahme	Aus	Aus	Aus	Ein/Aus	Aus	Aus	Ein/Aus
Fokus- modus	AF-S	AF-S	AF-S	AF-S	AF-C	AF-S	AF-S
Fokusfeld	⟦ ⟧	⟦ ⟧M	⟦ ⟧	⟦ ⟧M	⟦ ⟧	⟦ ⟧M	⟦ ⟧
Ges/Aug- Prio. bei AF	Ein	Aus	Ein	Aus	Aus	Aus	Aus

Tabelle 12.3 *Vorschläge für die Belegung der freien Speicherplätze mit Einstellungen häufiger Fotoszenarien*

Einstel-lung	Porträt	Porträt (Blitz, Dauerlicht)	Party	Land-schaft	Sport	Kontrast/HDR	Nachtauf-nahmen (Stativ)
Mess-modus	Multi	Multi	Multi	Multi	Multi	Mitte	Multi
DRO	DRO	D-R OFF	DRO LV5	DRO AUTO	D-R OFF	D-R OFF	DRO AUTO
Blitz-modus	⚡	⚡ oder ⚡WL	⚡SLOW	⚡SLOW	⚡	🚫	🚫
Kreativ-modus	Porträt	Standard	Standard	Land-schaft	Standard	Standard	Standard
Berüh-rungs-modus	Touch-Auslöser	Touch-Fokus	Touch-Auslöser	Touch-Fokus	Touch-Tracking	Touch-Fokus	Touch-Auslöser
Anzeige Live-View (Foto)	Ein	Aus	Ein	Ein	Ein	Ein	Ein
Anzeige Live-View (Film)	Ein	Ein	Ein	Ein	Ein	Ein	Ein

Tabelle 12.3 *Vorschläge für die Belegung der freien Speicherplätze mit Einstellungen häufiger Fotoszenarien (Forts.)*

Abbildung 12.6 *Mit den gespeicherten Einstellungen haben Sie schnell die richtigen Grundwerte parat, zum Beispiel für eine Landschaft, die dann in der jeweiligen Situation nur noch leicht angepasst werden müssen.*
67 mm | f/8 | 2 s | ISO 100 | +0,7 | Stativ

SCHRITT FÜR SCHRITT
Eigene Programme speichern und abrufen

1 Alle gewünschten Einstellungen wählen

Wählen Sie eines der Foto- oder Filmprogramme aus. Nehmen Sie dort alle Einstellungen vor, die Sie speichern möchten. Eine eventuell vorgenommene *Programmverschiebung* **P**✳ im Modus **P** lässt sich allerdings nicht speichern.

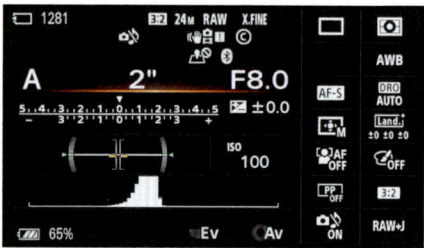

Abbildung 12.7 *Diese Einstellungen sollen im nächsten Schritt gespeichert werden.*

2 Einstellungen speichern

Öffnen Sie im Menü **◌**1▸ **Aufnahme-Modus/Bildfolge1** den Eintrag **MR ◌**1/**◌**2 **Speicher**. Im sich öffnenden Menüfenster **MR Speicher** werden nun alle zuvor gewählten Belichtungsein-stellungen angezeigt. Mit den Pfeiltasten ▲▼ können Sie diese durchsehen, hier allerdings nichts mehr ändern. Mit dem Einstellrad oder den Tasten ◄► wählen Sie den Speicherplatz aus. Die Plätze **1** und **2** stehen Ihnen über das Moduswahlrad immer zur Verfügung. Bei **M1** bis **M4** (**M** = *Memory*, Speicher) handelt es sich um Speicherplätze, deren Einstellungen auf der Speicherkarte abgelegt werden. Die Daten befinden sich dort im Unterordner **PRIVATE/SONY/ SETTING/6600** und heißen beispielsweise **CAMPR01P.DAT**. Darüber könnten Sie also auch Pro-grammeinstellungen mit anderen α6600-Besitzern austauschen. Bestätigen Sie den gewähl-ten Speicherplatz mit der Mitteltaste. Die Werte sind nun registriert.

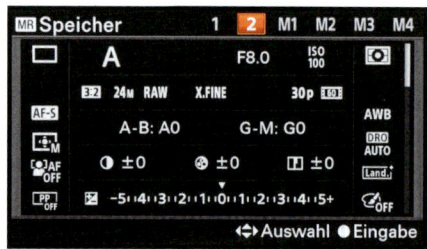

Abbildung 12.8 *Speicherplatz auswählen und zuvor gewählte Einstellungen speichern*

3 Speicherabruf

Um das gespeicherte Programm aufzurufen, stellen Sie das Moduswahlrad auf **1** oder **2**. Das Menüfenster **MR Abruf** (MR = Memory Recall, Speicher abrufen) öffnet sich, und Sie können darin mit dem Einstellrad neben dem gewählten Programm (**1** oder **2**) auch auf die Register **M1** bis **M4** zugreifen. Diese sind allerdings nur verfügbar, wenn die Speicherkarte mit den hinter-legten Daten verfügbar ist und die Karte zwischenzeitlich auch nicht formatiert wurde.

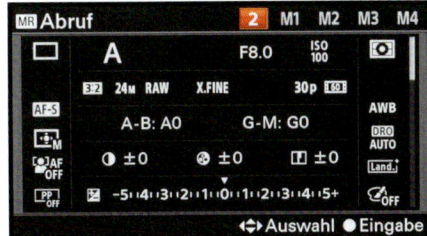

Abbildung 12.9 *Die zuvor gespeicherten Einstellungen abrufen*

4 Fotografieren mit den registrierten Einstellungen

Drücken Sie die Mitteltaste, oder tippen Sie den Auslöser an, um zum Aufnahmemodus zu gelangen. Dass sich die α6600 nun in einem der gespeicherten Programme befindet, sehen Sie an der hell hinterlegten Zahl neben dem Symbol des Aufnahmemodus (hier **A** mit der hervorgehobenen Zahl **2** klein daneben).

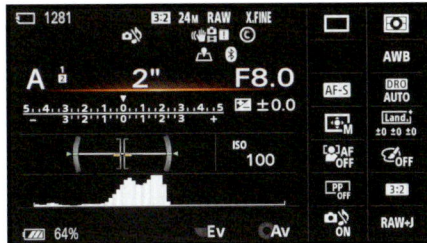

Abbildung 12.10 *Ansicht **Für Sucher** mit dem aufgerufenen individuellen Aufnahmeprogramm*

5 Neu speichern, andere Register abrufen

Wenn Sie die Aufnahmeeinstellungen ändern möchten, können Sie dies wie gewohnt tun, müssen diese dann aber wieder, wie in Schritt 2 beschrieben, über **MR** 📷1/📷2 **Speicher** neu abspeichern. Um ein anderes der gespeicherten Programme aufzurufen, drehen Sie das Moduswahlrad auf die gewünschte Position, also **1** oder **2**. Möglich ist auch, den eingestellten Modus **1** oder **2** beizubehalten und über das Menü 📷1 > **Aufnahme-Modus/Bildfolge1** > **MR** 📷1/📷2 **Abruf** auf die Speicherplätze **M1** bis **M4** zuzugreifen.

12.4.1 Fotoprogramme auf Tasten speichern

Neben dem Speichern individueller Programme auf den Speicherplätzen **1** oder **2** bietet die α6600 noch die Möglichkeit, auf drei benutzerdefinierten Tasten weitere Programme zu registrieren. Das Praktische daran ist, dass Sie das jeweilige Programm durch Drücken der programmierten Taste ganz schnell aktivieren können, ohne am Moduswahlrad drehen zu müssen. So könnten Sie auf einer Sportveranstaltung zum Beispiel mit der Einstellung zum Einfrieren von Bewegungen fotografieren und per Tastendruck schnell die Einstellungen für Mitzieher aufrufen.

Um ein Programm zu registrieren, stellen Sie alles so ein, wie Sie es gerne verwenden würden, wobei Sie nur die Modi **P**, **A**, **S** und **M** nutzen können. Öffnen Sie anschließend im Menü 📷1 > **Aufnahme-Modus/Bildfolge2** den Eintrag **BenutzAufnEinst reg.**, und bestätigen Sie einen der drei Speicherplätze **Abruf Ben. Halten 1**, **2** oder **3**. Navigieren Sie dann ganz nach unten, und markieren Sie die Schalfläche **Akt. Einstlg importieren**. Nach dem Bestätigen mit der Mitteltaste werden in den Zeilen darüber alle übernommenen Werte aufgelistet. Bei Bedarf können Sie die Einträge ändern. Navigieren Sie dazu an die gewünschte Position ▲▼, drücken Sie die Mitteltaste, stellen Sie den Wert um, und bestätigen Sie dies mit einem Druck auf die Mitteltaste. Die Einstellungen lassen sich somit auch in diesem Menü noch verändern. Navigieren Sie anschließend zur Schaltfläche **Registrieren**, und bestätigen Sie diese.

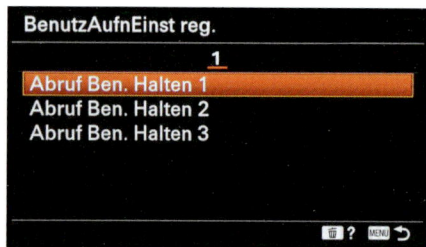 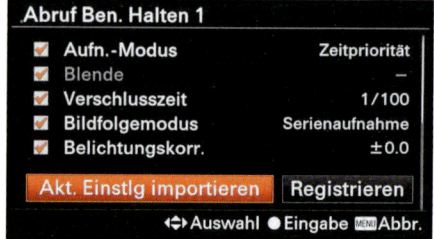

Abbildung 12.11 *Auswahl des Speicherplatzes*   **Abbildung 12.12** *Import der zuvor gewählten Einstellungen*

Jetzt muss nur noch eine der benutzerdefinierten Tasten mit der Funktion **Abruf Ben. Halten 1**, **2** oder **3** belegt werden, was Sie im Menü 📷 **2** > **Benutzerdef. Bedienung1** bei 〰 **BenutzerKey** erledigen können. Wir haben die AF/MF-Taste mit dem gespeicherten Programm belegt, da sich die Taste gut halten lässt, während mit dem Auslöser fotografiert wird.

 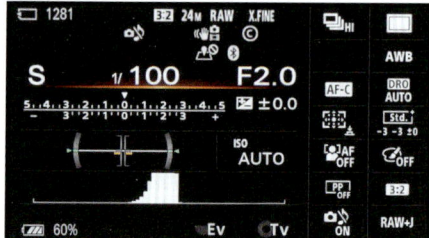

Abbildung 12.13 *Taste für den Programmabruf wählen*   **Abbildung 12.14** *Das benutzerdefinierte Programm per Tastendruck aufrufen*

In der Aufnahmesituation halten Sie die Taste gedrückt, sodass das gespeicherte Programm aktiviert wird. Sie können dann damit fotografieren oder filmen. Lassen Sie die Taste los, wird das benutzerdefinierte Programm wieder deaktiviert, und Sie fotografieren mit dem aktuellen Programm weiter.

12.5   »Mein Menü« individuell zusammenstellen

Unter **Mein Menü** ★ bietet die α6600 30 Speicherplätze an, die Sie mit häufig benötigten Funktionen belegen können oder mit solchen, die beispielsweise über die Tasten und Räder nicht verfügbar sind. Öffnen Sie dazu **Mein Menü** über die Registerkarte ★ und darin den Eintrag **Einheit hinzufügen**. Steuern Sie nun die erste Wunschoption an. Die Einträge verteilen sich auf mehrere Menüseiten, die Sie über die Pfeiltasten ◄► oder den Drehregler aufrufen können. Bestätigen Sie Ihre Wunschfunktion mit der Mitteltaste.

Als Nächstes können Sie auswählen, auf welcher der fünf möglichen Menüseiten die Funktion gespeichert werden soll. Bestätigen Sie dies ebenfalls mit der Mitteltaste. Sollten auf der Seite schon Einträge vorhanden sein, können Sie die gewünschte Position mit dem Einstellrad oder den Tasten ▲▼ innerhalb der Menüseite bestimmen.

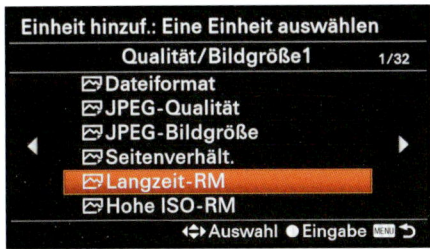
Abbildung 12.15 *Auswahl der Menüseite und der Position*

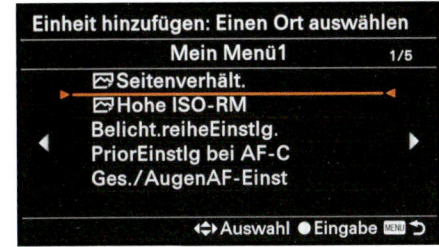
Abbildung 12.16 *Funktion auswählen*

Wenn Sie fertig sind, beenden Sie die ganze Prozedur mit der MENU-Taste. Sie landen dann auf der Seite **Mein Menü** mit den Optionen zum Sortieren und Löschen der Menüeinträge. Wenn Sie davon ausgehend nach links ◄ navigieren, gelangen Sie zu den gespeicherten Menüseiten. Auch wenn Sie ganz oben im Menü auf der Ebene der bunten Registerkarten **Mein Menü** ★ ansteuern, wird Ihnen nun stets die erste Menüseite (**Mein Menü1**) präsentiert.

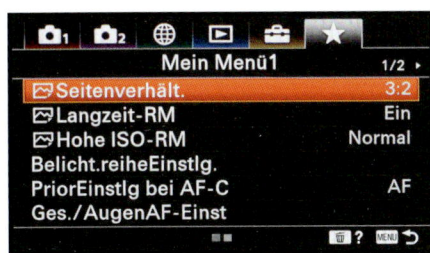

Abbildung 12.17 *Die Funktionen von **Mein Menü** können sich auf bis zu fünf Menüseiten mit je sechs Einträgen verteilen.*

Kapitel 13
Anhang: Die Menüs im Überblick

Im Kameramenü der α6600 tummeln sich insgesamt so viele Funktionen, dass es zu Beginn nicht gerade einfach ist, die Übersicht zu behalten. Viele Menüeinträge haben wir im Rahmen dieses Buches bereits an passender Stelle eingeflochten, und Sie finden die entsprechenden Begriffe auch im Stichwortverzeichnis wieder. Um Ihnen aber auch die Möglichkeit zu geben, schnell und gezielt Näheres zu einer bestimmten Funktion herauszufinden, haben wir im Folgenden alle Menüeinträge mit kurzen Erläuterungen für Sie zusammengestellt.

Modusabhängige Funktionsvielfalt

Funktionen, die im gewählten Aufnahmemodus nicht verfügbar sind, listet die α6600 in blasser Schrift auf. Die größte Auswahl haben Sie in den Modi **P**, **A**, **S** und **M**.

13.1   Das Menü Kameraeinstellung 1

13.1.1   Qualität/Bildgröße1

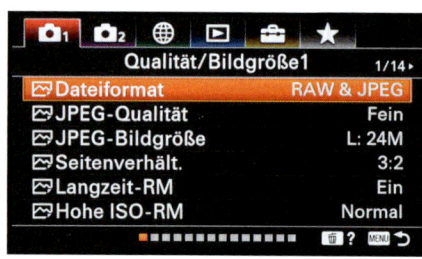

Abbildung 13.1 *Das Kameramenü* **Qualität/Bildgröße1**

- Das **Dateiformat** definiert den Dateityp für Fotoaufnahmen. Dabei können Sie entweder nur auf **RAW** oder **JPEG** setzen oder mit **RAW & JPEG** beide Dateitypen parallel aufnehmen, was zwar mehr Speicherplatz verbraucht, aber gleichzeitig eine höhere Flexibilität bietet. RAW-Daten werden nicht komprimiert und liefern die höchste Qualität, müssen aber auch mittels RAW-Konverter in ein gängiges Bildformat (JPEG oder TIFF) überführt werden. JPEG-Dateien sind direkt verwendbar.

- Mit der **JPEG-Qualität** wird die Kompressionsstärke von JPEG-Bildern festgelegt. Diese nimmt von **Extrafein** über **Fein** bis **Standard** zu, das heißt, die Dateigröße sinkt, und die Qualität nimmt leicht ab.

- Mit der **JPEG-Bildgröße** legen Sie die Auflösung für Fotoaufnahmen fest. Das Maximum **L: 24M** entspricht der vollen Sensorauflösung von 24,2 Millionen Bildpixeln.

- Das **Seitenverhält.** definiert die Bildbreite im Verhältnis zur Bildhöhe. Standardmäßig werden Fotos im 3:2-Verhältnis aufgezeichnet. Sie können aber auch das bei Filmaufnahmen übliche 16:9-Verhältnis verwenden oder ein quadratisches Bild erzeugen (1:1).

- Bei eingeschalteter **Langzeit-RM** werden Störpixel bei Belichtungszeiten von mehr als einer Sekunde nachträglich aus den Bildern herausgefiltert.

- Die **Hohe ISO-RM** mindert das Bildrauschen in Abhängigkeit von der gewählten Lichtempfindlichkeit.

13.1.2   Qualität/Bildgröße2

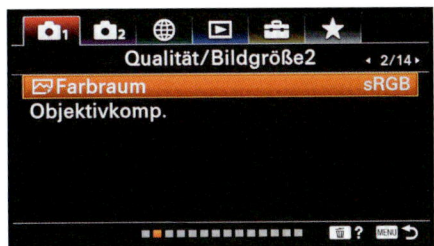

Abbildung 13.2 *Das Kameramenü* **Qualität/Bildgröße2**

- Der **Farbraum** definiert die maximal mögliche Anzahl an Farbabstufungen bei Fotoaufnahmen. **sRGB** bietet hier einen vielseitigen und verlässlichen Standard.

- Bei **Objektivkomp.** können Sie die Funktionen zur Reduzierung objektivbedingter Schwächen ein- oder ausschalten. Bei JPEG werden diese direkt angewandt. RAW-Aufnahmen müssen im Rahmen der RAW-Konvertierung von diesen Schwächen befreit werden.

> **Bild oder Film?**
>
> Funktionen, die ausschließlich für Bilder gelten, tragen das Symbol 🖼 im Namen, während reine Filmfunktionen mit 🎞 gekennzeichnet sind.

13.1.3   Aufnahme-Modus/Bildfolge1

Abbildung 13.3 *Nehmen Sie Einstellungen im Bereich* **Aufnahme-Modus/Bildfolge1** *vor.*

- Über den Menüpunkt **Szenenwahl** werden die neun verfügbaren SCN-Modi ausgewählt, wie zum Beispiel das Programm **Makro**.

- Der **Bildfolgemodus** bestimmt, ob mit dem Drücken des Auslösers eine **Einzelaufnahme**, eine langsame **Serienaufnahme: Lo** (circa drei Bilder/s), eine mittelschnelle **Serienaufnahme: Mid** (circa sechs Bilder/s), die schnelle **Serienaufnahme: Hi** (circa acht Bilder/s) oder die superschnelle **Serienaufnahme: Hi+** (circa elf Bilder/s) aufgenommen wird. Zudem finden Sie hier die **Selbstauslöser**-Funktionen **(Einzel)** und **(Serie)** sowie die Einstellungen für die automatischen Belichtungsreihen **Serienreihe** oder **Einzelreihe**, die automatische **Weißabgleichreihe** und die automatische **DRO-Reihe** (*DRO = Dynamikbereichoptimierung*).

- Sollte Ihnen bei Belichtungsreihen die Reihenfolge der Belichtungsstufen Standardbelichtung (**0**) > Unterbelichtung (**–**) > Überbelichtung (**+**) nicht zusagen, können Sie dies bei **Belicht.reiheEinstlg.** und **Reihenfolge** auf Unterbelichtung (**–**) > Standardbelichtung (**0**) > Überbelichtung (**+**) umstellen. Zudem lässt sich mit der Vorgabe **Selbst. whrd. Reihe** der Selbstauslöser mit zwei, fünf oder zehn Sekunden Vorlaufzeit hinzuschalten. Bei Aufnahmen vom Stativ aus ist beispielsweise die Vorgabe **2 Sek.** sinnvoll, um jegliche Verwacklung zu vermeiden, auch die durch das Drücken des Auslösers.

- Mit der ⟐ **IntervAufn.-Funkt.** können Sie die Einstellungen für Intervallaufnahmen vornehmen. Dazu zählt die **Aufnahmestartzeit**, mit der festgelegt wird, ob die Aufnahme direkt oder nach einer Vorlaufzeit beginnt. Das **Aufnahmeintervall** definiert den zeitlichen Abstand zwischen den Bildern. Wie viele Aufnahmen gemacht werden, lässt sich bei **Anzahl der Aufn.** bestimmen, und mit **AE-Verf.empfindl.** kann die Anpassung der Belichtung bei Helligkeitsänderungen beeinflusst werden. Die **GeräuschlAufn. Intv.** ermöglicht das leise Auslösen der Bilder, und mit der Einstellung **Ein** bei **Aufn.interv.-Prior.** erlauben Sie, dass in den Modi **P** und **A** auch dann das nächste Bild aufgenommen werden darf, wenn die Belichtungszeit eigentlich länger als die Intervallzeit dauern würde.

- Mit dem **MR** 📷1/📷2 **Abruf** können Sie eines der zuvor gespeicherten Aufnahmeprogramme aufrufen. Drehen Sie dazu das Moduswahlrad auf die Position **1** oder **2**.

- Unter **MR** 📷1/📷2 **Speicher** lassen sich die Einstellungen, die Sie in den Programmen **P**, **A**, **S** oder **M** vorgenommen haben, auf zwei kamerainternen (**1** oder **2**) und zusätzlich vier Speicherplätzen auf der Speicherkarte (**M1** bis **M4**) registrieren.

13.1.4   Aufnahme-Modus/Bildfolge2

Abbildung 13.4 *Weitere Einstellungsmöglichkeiten finden Sie im Menü **Aufnahme-Modus/Bildfolge2**.*

Über den Menüeintrag **BenutzAufnEinst reg.** können drei weitere individuelle Aufnahmeprogramme registriert werden. Diese lassen sich anschließend aufrufen, indem eine der benutzerdefinierten Tasten mit der Funktion **Abruf Ben. Halten 1**, **2** oder **3** belegt wird (Menü ◘2 > Benutzerdef. Bedienung1 > ⌦ BenutzerKey). In der Aufnahmesituation halten Sie die Taste gedrückt, sodass das gespeicherte Programm aktiviert wird. Lassen Sie die Taste los, wird das benutzerdefinierte Programm wieder deaktiviert, und Sie können mit dem aktuellen Programm weiterfotografieren.

13.1.5   AF1

Abbildung 13.5 *In den Menüs AF1 bis AF3 passen Sie die Einstellungen des Fokus an.*

- Der **Fokusmodus** bestimmt, ob die Schärfe mit dem **Einzelbild-AF** (**AF-S**) einmalig festgelegt oder mit dem **Nachführ-AF** (**AF-C**) kontinuierlich nachgeführt wird. Mit dem **Automatischen AF** (**AF-A**) können Sie diese Entscheidung der α6600 überlassen, wobei bei Serienaufnahmen ab dem zweiten Bild stets der **AF-C** verwendet wird. Wählbar ist mit dem **Direkt. Manuelf.** (**DMF**) zudem eine Kombination aus Autofokus mit manueller Nachfokussierung oder die rein manuelle Scharfstellung mit dem **Manuellfokus** (**MF**).

- Mit der **PriorEinstlg bei AF-S** auf **AF** löst die α6600 nur dann aus, wenn der Autofokus das Motiv auch erfolgreich scharfstellen konnte (*Fokuspriorität*). Bei **Auslösen** nimmt die Kamera immer ein Bild auf (*Auslösepriorität*), auch wenn das Motiv noch unscharf zu sehen ist, und bei **Ausgew. Gewicht.** entscheidet sie situationsabhängig, was die Gefahr unscharfer Bilder ebenfalls erhöht. Da der Autofokus meist recht schnell arbeitet, empfehlen wir als Standardeinstellung die Option **AF**. Verwenden Sie **Ausgew. Gewicht.** am besten nur in Situationen, in denen es Ihnen wichtiger ist, überhaupt ein Bild zu haben.

- Bei der Fokusnachführung (**AF-C**) können Sie mit **PriorEinstlg bei AF-C** entscheiden, ob die α6600 immer (**Auslösen**) oder nur bei erfolgreicher Scharfstellung (**AF**) auslöst. Da wir mit der Einstellung **Ausgew. Gewicht.**, bei der die α6600 selbst zwischen Auslöse- und Fokuspriorität entscheidet, zu oft unscharfe Fotos erhielten, empfehlen wir Ihnen auch hier die Vorgabe **AF**. Bei schwächerem Licht, beispielsweise in der Sporthalle, kann es jedoch einen Tick länger dauern, bis Sie tatsächlich auslösen können. Auch hier gilt: Wenn es Ihnen wichtiger ist, überhaupt ein Bild zu erhalten, können Sie auch auf **Ausgew. Gewicht.** setzen.

- Mit dem **Fokusfeld** legen Sie fest, welcher Bildbereich scharfgestellt werden soll. Dazu gibt es automatische Bereiche (**Breit** ⌷, **Feld** ⌷), ein festgelegtes AF-Feld in der **Mitte** ⌷ oder flexibel positionierbare AF-Punkte (**Flexible Spot** ⌷, **Erweit. Flexible Spot** ⌷). Bei aktivem

Nachführ-AF (**AF-C**) wird die Schärfe kontinuierlich im gewählten AF-Bereich angepasst (**Tracking: Breit** ⬚⬚, **Feld** ⬚⬚, **Mitte** ⬚⬚, **Flexible Spot** ⬚⬚ oder **Erweit. Flexible Spot** ⬚⬚). Die Fokusfelder versuchen dabei, dem Motiv individuell zu folgen.

- Der Eintrag **Fokusfeldgrenze** ermöglicht es, bestimmte Fokusfelder, die Sie nicht verwenden möchten, zu deaktivieren (Häkchen entfernen). Zwischen den verbliebenen Feldern können Sie dann schneller auswählen.

- Mit der Wahl von **Nur AF-Punkt** bei **V/H AF-F.wechs.** kann sich die α6600 die Position des AF-Feldes in drei Orientierungen merken: Querformat, Hochformat nach links gedreht und Hochformat nach rechts gedreht. Mit **AF-Punkt + AF-Feld** merkt sie sich auch noch die Art des Fokusfeldes. So können Sie bei häufigem Wechsel zwischen Quer- und Hochformat schneller die gewünschte Stelle fokussieren.

13.1.6 AF2

Abbildung 13.6 *Die Register des Menüs* **AF2**

- Das **AF-Hilfslicht** leuchtet das Motiv in dunkler Umgebung kurz an, um den Autofokus zu unterstützen.

- Bei **Ges./AugenAF-Einst** lässt sich die Gesichts-/Augenerkennung aktivieren (**Ges/AugPrio. bei AF > Ein**). Mit der **Motiverkennung** wird ausgewählt, ob es sich beim Ziel um ein menschliches Gesicht/Auge oder um Tieraugen handelt. Welches Auge priorisiert wird, kann bei **Re./Li. Auge Ausw.** festgelegt werden, wobei dies nur bei menschlichen Augen, nicht aber bei Tieraugen funktioniert. Um die erkannten Gesichter bereits vor dem Fokussieren im Livebild sehen zu können, muss die **Ges./AugRahmAnz.** eingeschaltet sein. Mit **Tieraugen-Anzeige** wird festgelegt, ob das erkannte Auge eines Tieres mit einem Augenerkennungsrahmen hervorgehoben wird.

- Wenn Sie die Bildaufnahme nicht wie üblich mit dem Auslöser starten möchten, können Sie die Funktion **AF b. Auslösung** ausschalten, um Belichtung und Fokus getrennt einstellen zu können. Programmieren Sie dann eine der benutzerdefinierten Tasten mit der Funktion **AF Ein** (Menü 📷2 > **Benutzerdef. Bedienung1** > **BenutzerKey**). Andernfalls können Sie vor dem Auslösen nicht fokussieren.

- Die eingeschaltete Funktion **Vor-AF** sorgt dafür, dass die Schärfe stets an die Motiventfernung angepasst wird, ohne dass Sie den Auslöser drücken. Der eigentliche Scharfstellvorgang wird dadurch meistens aber nicht beschleunigt.

- Wenn Sie mit dem Mount-Adapter *LA-EA2* oder *LA-EA4* von Sony ein für **Eye-Start AF** geeignetes A-Bajonett-Objektiv an der α6600 angebracht haben, können Sie den Autofokus automatisch starten lassen, sobald Sie durch den Sucher blicken.

- Wird die Funktion **AF-Feld-Registr.** aktiviert, kann eines der Fokusfelder (**Breit**, **Feld**, **Mitte**, **Flexible Spot**, **Erw. Flexible Spot**) durch längeres Drücken der Fn-Taste registriert werden. Um dieses aufzurufen, muss eine der benutzerdefinierten Tasten mit der Funktion **AF-F. registr. Halten** (aktiv nur bei Halten der Taste), **Reg. AF-Feld Umsch.** (Aktivieren/Deaktivieren durch Tastendruck) oder **Reg. AF-Feld + AF-Ein** (Aktivieren und direktes Fokussieren per Tastendruck) belegt werden (Menü 📷2 > **Benutzerdef. Bedienung1** > 🔀 **BenutzerKey**). So können Sie schnell zwischen dem aktuellen und dem gespeicherten Fokusfeld wechseln.

13.1.7   AF3

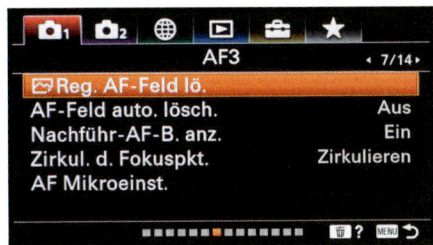

Abbildung 13.7 *Weitere Optionen zur Anpassung des Autofokus im Menü* **AF3**

- Mit **Reg. AF-Feld lö.** kann das registrierte AF-Feld (siehe den letzten Punkt des vorangegangenen Menüs) wieder gelöscht werden.

- Ist die Funktion **AF-Feld auto. lösch.** aktiviert, werden in den Fokusmodi **AF-S** und **AF-A** das oder die Fokusfelder ausgeblendet, sobald die Kamera erfolgreich scharfgestellt hat. Das kann sinnvoll sein, wenn das Motiv von vielen Fokusfeldern verdeckt wird. Halten Sie es mit dieser Funktion einfach so, wie es Ihnen zusagt.

- Wenn Sie den **Nachführ-AF** (**AF-C**) als Fokusmodus verwenden, können Sie mit der Funktion **Nachführ-AF-B. anz.** festlegen, ob die grünen Fokussierrahmen permanent im Monitor/Sucher zu sehen sein sollen oder nicht. Dies gilt jedoch nur für die Fokusfelder **Breit** und **Feld**. Bei den anderen werden die Rahmen immer angezeigt.

- Wird die Funktion **Zirkul. d. Fokuspkt.** auf **Zirkulieren** eingestellt, springt das Fokusfeld beispielsweise vom rechten Rand auf den linken um, wenn Sie es nach rechts über den Rand hinaus verschieben. Ist die Funktion deaktiviert, müssten Sie das Feld über mehrere Stufen nach links verschieben, um den linken Randbereich zu erreichen. Das Gleiche gilt für die Positionswechsel vom linken an den rechten und vom oberen an den unteren Rand oder umgekehrt.

- Mit der Funktion **AF Mikroeinst.** bietet die α6600 die Möglichkeit, den Autofokus des Objektivadapters *LA-EA2* oder *LA-EA4* nachzujustieren. Das ist aber nur sinnvoll, wenn eine deutliche Fehlfokussierung eines per Adapter angeschlossenen A-Bajonett-Objektivs vorliegt.

13.1.8   Belichtung1

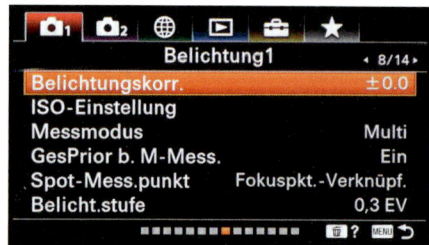

Abbildung 13.8 *Das Menü Belichtung1*

- Die Helligkeit von Bildern und Filmen können Sie mit der **Belichtungskorr.** um bis zu fünf EV-Stufen erhöhen oder verringern.

- Die Lichtempfindlichkeit lässt sich mit der Funktion **ISO-Einstellung** regulieren. Im Bereich **ISO** können Sie die verfügbaren ISO-Werte aufrufen oder die Automatik **ISO-AUTO** sowie die **Multiframe-Rauschminderung** ▨ⒾⓈⓄ einstellen. Die **ISO-Bereichsgrenze** definiert die nutzbaren ISO-Stufen im **ISO-Auto**-Betrieb. Diese können Sie durch Einstellen von **ISO AUTO Minimal** und **ISO AUTO Maximal** definieren. Darüber hinaus bestimmt die **ISO AUTO Min. VS** die Belichtungszeit, die bei Verwendung der ISO-Automatik nicht unterschritten werden darf. Das ist hilfreich, um bei wenig Licht mit einer an das Objektiv angepassten Belichtungszeit flexibel und dabei möglichst verwacklungsfrei zu fotografieren.

- Welche Methode zur Belichtungsmessung verwendet wird, ob **Multi** ▨, **Mitte** ▣ oder **Spot** ▣, **GesBildsDschnitt** ▣ (Gesamtbilddurchschnitt) oder **Highlight** ▣, stellen Sie bei **Messmodus** ein.

- Damit die Belichtung priorisiert auf erkannte Gesichter abgestimmt wird, aktivieren Sie die **GesPrior b. M-Mess.** (Gesichtspriorisierung bei Multi-Messung). Personen vor einem hellen Hintergrund werden dann heller belichtet, sodass das Gesicht besser zu erkennen ist. Dies gilt aber nur bei Verwendung des Messmodus **Multi**.

- Damit die Spotmessung die Belichtung auf die Stelle abstimmt, die scharfgestellt wird, können Sie bei **Spot-Mess.punkt** die Vorgabe **Fokuspkt.-Verknüpf.** wählen. Dies gilt für die Fokusfelder **Flexible Spot / Tracking: Flexible Spot** und **Erweit. Flexible Spot / Tracking: Erweit. Flexible Spot**. Ist ein anderes Fokusfeld oder **Mitte** gewählt, liegt der Spotmesskreis in der Bildmitte.

- Mit der **Belicht.stufe** legen Sie fest, ob Änderungen der Belichtungszeit, des Blendenwertes und der menügesteuerten Belichtungskorrektur in Schritten von **0,3 EV** oder **0,5 EV** erfolgen sollen. Wir empfehlen Ihnen die Einstellung **0,3 EV**, da sich die Belichtungswerte dann flexibler an die Situation anpassen lassen.

13.1.9 Belichtung2

Abbildung 13.9 *Weitere Optionen im Menü **Belichtung2***

- Steht die Funktion **AEL mit Auslöser** auf **Ein**, wird die Belichtung gespeichert, solange Sie den Auslöser bis zum ersten Druckpunkt herunterdrücken, was als Standardeinstellung zu empfehlen ist. Bei **Auto** erfolgt die Belichtungsspeicherung nur im Fokusbetrieb **Einzelbild-AF (AF-S)**, und bei **Aus** werden die Werte gar nicht gespeichert.

- Mit der **Belicht.StrdEinstlg** wählen Sie, ob die α6600 generell hellere oder dunklere Bilder liefern soll. Dazu verschieben Sie die standardmäßige Belichtung (**±0**) in 1/6-EV-Schritten in Richtung positiver Werte (maximal **+1**) oder negativer Werte (minimal **−1**). Sie können diese Einstellung getrennt für alle fünf Messmodi vornehmen. Nehmen Sie Änderungen aber nur vor, wenn Ihnen die α6600 in einem bestimmten Messmodus generell nicht die richtige Bildhelligkeit liefert oder wenn Sie zum Beispiel mit der Spotmessung häufig weiße Objekte messen. Im letzten Fall wäre eine Änderung der Vorgabe **Spot** mit den Werten **+4/6** bis **+1** geeignet, um das weiße Objekt ohne weitere Korrekturen richtig zu belichten. Prüfen Sie die Einstellungen anhand von Probeaufnahmen.

13.1.10 Blitz

Abbildung 13.10 *Die Registerkarten im Menü **Blitz***

- Der **Blitzmodus** entscheidet darüber, wie dominant das Blitzlicht in das Bild integriert wird, ob der Blitz am Anfang oder Ende der Belichtungszeit zündet und ob eine drahtlose Fernsteuerung verwendet wird.

- Mit der **Blitzkompens.** (Blitzbelichtungskorrektur) können Sie die Blitzintensität gegenüber der automatisch gewählten Standardintensität steigern oder senken.

- Mit **Bel.korr einst.** wird festgelegt, ob sich Belichtungskorrekturen auch auf die Blitzintensität auswirken (**Umlicht&Blitz**) oder nur auf die Helligkeit des vom Blitzlicht nicht erreichten Hintergrunds (**Nur Umlicht**) – unser persönlicher Favorit.

- Um kompatible entfesselte Blitzgeräte über optische Signale fernauszulösen, befestigen Sie einen dafür geeigneten Systemblitz an der α6600 und aktivieren die Funktion **Drahtlosblitz**.

- Mit der **Rot-Augen-Reduz** sendet der Blitz vor der Aufnahme einige Blitzimpulse aus. Dadurch verengen sich die Pupillen, und rote Netzhautreflexionen werden reduziert oder sogar ganz vermieden.

13.1.11   Farbe/WB/Bildverarbeitung

Abbildung 13.11 *In den Menüs **Farbe/WB/Bildverarbeitung1** und **2** dreht sich alles um den Weißabgleich, kreative Effekte und Kontrastanpassungen.*

- Bei **Weißabgleich** wählen Sie die Vorgabe, nach der die Farben auf die vorhandene Lichtquelle abgestimmt werden, etwa **Schatten** oder **Glühlampe**.

- Mit der **PriorEinst. bei AWB** geben Sie vor, welchen Farbton der automatische Weißabgleich priorisieren soll. Dies gilt in erster Linie für Aufnahmesituationen unter Kunstlichtbeleuchtung. **Weiß** gibt neutrale Farben (Weiß, Grau) neutraler wieder, **Ambiente** richtet die Bildfarben an der Umgebungsbeleuchtung aus, um einen wärmeren Farbton im Bild zu erzeugen. **Standard** liegt dazwischen. Diese Einstellung eignet sich für die meisten Situationen und wenn **Weiß** und **Ambiente** eine zu kühle oder zu gelbe Farbwirkung ergeben.

- Situationen mit sehr hohem Kontrast, wie etwa bei Gegenlicht, können mit den Funktionen **Dynamikbereichoptimierung** (DRO) oder **HDR** besser durchzeichnet aufgenommen werden. Im Menü **DRO/Auto HDR** finden Sie die Einstellungsmöglichkeiten für die verschiedenen Stufen beider Modi.

- Mit dem **Kreativmodus** werden die JPEG-Bilder und Filme kameraintern hinsichtlich Sättigung, Kontrast und Konturenschärfe nach Stilvorgaben, wie **Sonnenuntergang** oder **Porträt**, bearbeitet.

- Der **Bildeffekt** verleiht JPEG-Aufnahmen einen kreativen Stil, zum Beispiel **Retro-Foto** oder **Sattes Monochrom**. Beim Filmen stehen nicht alle Effekte zur Verfügung.

- Das **Fotoprofil** stellt Bearbeitungsstile zur Verfügung, die sich auf die Sättigung, Schärfe und den Kontrast auswirken und in erster Linie für Filmaufnahmen gedacht sind. Damit können die Aufnahmen so aufgezeichnet werden, dass sich das Material später optimal bearbeiten lässt und keine wichtigen Helligkeitsstufen verloren gehen.

- Damit sich der Automatische Weißabgleich (**AUTO** oder **Unterwasser-Auto**) beim Auslösen einer Serie nicht ändert, können Sie ihn mit der Vorgabe **Serienaufnahme** bei **Ausl. AWB-Sperr** fixieren – unsere bevorzugte Wahl. Mit der Vorgabe **Auslöser halb drück.** wird er auch gespeichert, wenn der Auslöser auf dem ersten Druckpunkt gehalten wird, zum Beispiel im Rahmen der Schärfespeicherung. Bei **Aus** erfolgt keine Fixierung.

13.1.12   Fokus-Hilfe

Abbildung 13.12 *Das Menü* **Fokus-Hilfe**

- Die **Fokusvergröß** stellt einen Teil des Bildausschnitts vergrößert dar, um die richtige Schärfeebene leichter zu finden, entweder per Autofokus oder mit der manuellen Scharfstellung. Ausgenommen sind Aufnahmen mit dem **Nachführ-AF** (**AF-C**).

- Unter **Fokusvergröß.zeit** legen Sie fest, wie lange der vergrößerte Bildbereich angezeigt werden soll, **2 s**, **5 s** oder **Unbegrenzt**.

- Mit **Anf.Fokusvergr.** bestimmen Sie, wie stark die **Fokusvergröß** aus dem ersten Menüpunkt das Livebild vergrößern soll: nicht vergrößert (**×1,0**) oder vergrößert (**×5,9**).

- Wird der Menüeintrag **AF bei Fokusvergr** eingeschaltet, können Sie auch aus dem vergrößerten Livebild heraus mit dem Autofokus scharfstellen, was wir sehr praktisch finden. Dies empfiehlt sich vor allem bei filigranen Makromotiven, die vom Stativ aus aufgenommen werden.

- Wird die **MF-Unterstützung** aktiviert, vergrößert sich der Fokusbereich beim manuellen Scharfstellen 5,9-fach, sobald Sie am Zoomring drehen. Wie lange diese Ansicht beibehalten wird, bestimmt die **Fokusvergröß.zeit**. Da uns dies in der Regel eher stört, haben wir die Funktion ausgeschaltet.

- Beim manuellen Fokussieren (**MF**) können die Schärfekanten farbig hervorgehoben werden, was auch als *Focus Peaking* bekannt ist. Aktivieren Sie die **Kantenanheb.anz.** im Register **Kantenanh.-Einstlg**, damit die Kanten angezeigt werden. Bei **Kantenanheb.stufe** bestimmen Sie die Dicke der Linien, und über **Kantenanheb.farbe** wählen Sie eine Farbe aus, die besonders gut kontrastiert, damit Sie die Kanten gut erkennen.

13.1.13   Aufnahme-Hilfe

Abbildung 13.13 *Unterstützende Funktionen für Porträt-aufnahmen bietet das Menü* **Aufnahme-Hilfe**.

- Um Gesichtsinformationen neu anzulegen, anzupassen oder zu löschen, wählen Sie **Gesichtsregistr.** und folgen den untergeordneten Einstellungen.

- Wird die **Reg. Gesichter-Prior.** aktiviert, erhält das über **Gesichtsregistr.** registrierte Gesicht, das in der Datenbank an erster Stelle steht, einen weißen Fokussierrahmen. Andere registrierte Gesichter werden pink und nicht registrierte Gesichter grau umrahmt.

- Wenn Sie den Monitor nach oben klappen, sodass Sie sich selbst aufnehmen können, kann die Funktion **Selbstportr./-auslös.** praktisch sein. Sie verzögert den Aufnahmestart nach dem Drücken des Auslösers um drei Sekunden, sodass Sie Zeit haben, attraktiv in die Linse zu blicken.

13.2   Das Menü Kameraeinstellung 2

13.2.1   Film1

Abbildung 13.14 *Die erste Registerkarte mit Einstellungen zum Filmen*

- Wenn das Moduswahlrad auf **Film** steht, lässt sich im Bereich **Belicht.modus** festlegen, mit welchem Aufnahmeprogramm Filme gedreht werden. Es stehen die Programmautomatik **P**, Blendenpriorität **A**, Zeitpriorität **S** oder Manuelle Belichtung **M** zur Auswahl.

- Steht das Moduswahlrad auf **Zeitlupe & Zeitraffer S&Q**, können Sie im Menübereich **Belicht.modus** das gewünschte Belichtungsprogramm wählen.

- Bei **Dateiformat** wird der Dateityp für Filmaufnahmen festgelegt: **XAVC S HD** und **AVCHD** eignen sich gut für Filme, die am Computer nachbearbeitet werden sollen. **XAVC S 4K** liefert ein größeres Videobild als die anderen Formate, benötigt für die Wiedergabe aber auch entsprechend hoch aufgelöste Wiedergabemonitore.

- Die **Aufnahmeeinstlg** definiert die Bitrate (Filmqualität in der Einheit **M** = Mbps, Megabit pro Sekunde) und die Bildrate (**P** = Vollbilder pro Sekunde, **i** = Halbbilder pro Sekunde), also wie viele Bilder pro Sekunde Film aufgezeichnet werden.

- Wenn Sie Videos in Zeitlupe oder Zeitraffer drehen, können Sie bei **Zeitl.&-rafferEinst.** festlegen, wie viele Bilder pro Sekunde aufgezeichnet werden sollen (**Aufnahmeeinstlg**) und mit wie vielen Bildern pro Sekunde der Film abgespielt werden soll (**Bildfrequenz**).

- Wer ein Format sucht, das eine ordentliche Qualität bietet, dabei aber wenig Speicherplatz benötigt und daher auch gut für die Videopräsentation im Internet geeignet ist, kann bei der α6600 die sogenannte **Proxy-Aufnahme** zuschalten. Es wird dann parallel zum Hauptvideo eine Videodatei mit der Einstellung **XAVC S HD** (1280 × 720 Pixel) aufgezeichnet. Dies können Sie in der Wiedergabe am Symbol **Px** erkennen. Die Bitrate beträgt lediglich 9 M, und die Bildrate entspricht der des Hauptvideos.

13.2.2 Film2

Abbildung 13.15 *Filmrelevante Funktionen im Menü* **Film2**

- Bei Videoaufnahmen lässt sich mit der Funktion **AF Speed** die Geschwindigkeit der Fokusumstellung von einem nahen auf ein fernes Objekt (oder umgekehrt) anpassen. **Langsam** eignet sich für ruhige Kamera- und Fokusschwenks bei wenig bewegten Motiven. **Schnell** ist bei Sport- und Actionaufnahmen günstig und unterstreicht den dynamischen Charakter der Filme. **Normal** liegt dazwischen.

- Die **AF-Verfolg.empf.** bestimmt, ob der Autofokus am gefundenen Objekt länger haften bleibt oder ob er schnell auf neue Entfernungen umspringen darf. Nehmen Sie am besten **Standard**, wenn Ihr Hauptmotiv kurzzeitig von einem anderen Element verdeckt wird, beispielsweise durch Passanten, oder wenn der Hintergrund unruhig ist. **Reaktionsfähig** eignet sich für einfach zu fokussierende Objekte vor einem klaren Hintergrund, die sich schnell bewegen, etwa ein Trickskispringer, der über einen Schneehügel geflogen kommt.

- Wenn Sie die Funktion **Auto. Lang.belich.** einschalten, werden Filmaufnahmen in dunkler Umgebung etwas heller und rauschärmer aufgezeichnet, indem die α6600 die Belichtungszeit verlängert. Es kann allerdings vorkommen, dass die Bewegungen einen Tick weniger flüssig ablaufen, und auch die Schärfentiefe fällt etwas geringer aus. Wir empfehlen dennoch, die Funktion eingeschaltet zu lassen. Sie ist in den Modi **Zeitpriorität** und **Manuelle**

Belichtung allerdings nicht verwendbar. In den anderen Modi muss der ISO-Wert zudem auf **AUTO** stehen.

- Das Livebild kann auch bei Filmaufnahmen vergrößert betrachtet werden, um die Scharfstellung zu erleichtern. Welcher Vergrößerungsfaktor angewandt wird, legen Sie bei **Anf.-Fokusvergr.** fest (× **1,0** oder × **4,0**). Um die Fokusvergrößerung zu starten, wählen Sie das Menü **◑ 1** > **Fokus-Hilfe** > **Fokusvergröß** oder belegen eine benutzerdefinierte Taste mit der Funktion **Fokusvergröß** (**◑ 2** > **Benutzerdef. Bedienung1** > **▤ BenutzerKey**).

- Die Tonaufnahme beim Filmen lässt sich mit der Funktion **Audioaufnahme** ein- oder ausschalten.

- Mit dem **Tonaufnahmepegel** kann die Sensitivität des eingebauten oder eines angeschlossenen Mikrofons manuell an die Filmsituation angepasst werden.

13.2.3   Film3

Abbildung 13.16 *Weitere Optionen für Ihre Filmaufnahmen*

- Wenn die **Tonpegelanzeige** eingeschaltet ist, können Sie die Aufnahmelautstärke während des Filmens im Monitor oder Sucher verfolgen.

- Wird ein Kopfhörer zur Tonkontrolle verwendet, kann es vorkommen, dass der Ton zeitlich versetzt zum realen Ton wiedergegeben wird (Echoeffekt). Stellen Sie dann das **Tonausgabe-Timing** auf **Live**. Wie sich so ein Echo anhört, können Sie auch einfach einmal ausprobieren, indem Sie zum Beispiel Musik aufnehmen und die Einstellung **Lippen-Synchro** aktivieren. Während einer HDMI-Ausgabe können Sie mit dieser Einstellung unerwünschte Abweichungen zwischen Video und Audio verhindern.

- Die **Windgeräuschreduz.** dämpft die Tonaufnahme, um auf diese Weise Störgeräusche, wie etwa von Windböen, etwas zu mindern.

- Mit der **Markierungsanz.** können die Rahmen und Hilfslinien der **Markier.einstlg.** ein- oder ausgeblendet werden.

- Bei **Markier.einstlg.** legen Sie fest, welche Rahmen und Hilfslinien beim Filmen eingeblendet werden sollen. Dies kann zum Beispiel ein Fadenkreuz oder ein Hilfsrahmen sein, der das Filmbild in neun Drittelbereiche aufteilt und beim Ausrichten des Horizonts hilfreich sein kann. Im aufgezeichneten Film sind diese optischen Hilfsmittel nicht zu sehen.

- Um Filmaufnahmen mit einem Fernauslöser starten und stoppen zu können, wird es gegebenenfalls notwendig, die Option **Film mit Verschluss** einzuschalten. Das Scharfstellen mit dem Auslöser bei laufender Filmaufnahme ist in den Modi **Film** und **Zeitlupe & Zeitraffer** dann aber nicht mehr möglich.

13.2.4   Verschluss/SteadyShot

Abbildung 13.17 *Das Menü* **Verschluss/SteadyShot**

- Die **Geräuschlose Auf.** ermöglicht Fotoaufnahmen ohne das klackende Auslösegeräusch des Schlitzverschlusses, allerdings nur in den Modi **P**, **A**, **S** und **M**.

- Mit dem **Elekt. 1.Verschl.vorh.** wird der Belichtungsstart wie bei der geräuschlosen Aufnahme elektronisch reguliert. Am Ende der Belichtung dunkelt der mechanische Schlitzverschluss den Sensor ab. Die Aktivierung der Funktion ist generell empfehlenswert, außer Sie verwenden sehr lichtstarke Objektive, Fremdobjektive (auch Konika/Minolta), oder Sie beobachten bei kurzen Belichtungszeiten eine ungleichmäßige Bildhelligkeit.

- Werden (Fremd-)Objektive mittels Adapter an der α6600 angebracht, ist es sinnvoll, die Funktion **Ausl. ohne Objektiv** einzuschalten. Durch den Adapter kann es passieren, dass die elektronische Signalübermittlung gestört ist, die Kamera das Objektiv nicht erkennt und somit nicht auslöst.

- Die Funktion **Auslösen ohne Karte** sollte standardmäßig deaktiviert sein, sonst löst die α6600 auch dann aus, wenn gar keine Speicherkarte eingelegt ist. Das jeweils letzte Bild wird dann zwar im Rahmen der **Bildkontrolle** angezeigt und kann sogar über die Wiedergabetaste aufgerufen werden, es lässt sich aber nicht auf den Computer importieren und geht verloren, wenn die Kamera ausgeschaltet wird. Eine Aktivierung der Funktion wäre höchstens dann sinnvoll, wenn die Kamera über ein USB-Kabel mit einem Computer verbunden wäre und die Bilder direkt auf der Festplatte gespeichert würden (*Tethered-Shooting*).

- Bei **SteadyShot** können Sie den Bildstabilisator ein- oder ausschalten. Das Ausschalten ist beispielsweise bei Langzeitbelichtungen vom Stativ aus empfehlenswert.

- Die **SteadyShot-Einstlg.** ist hilfreich, wenn ein per Adapter angeschlossenes Fremdobjektiv keine Brennweiten- und Distanzinformationen überträgt. Setzen Sie die **SteadyShot-Anpass.** auf **Manuell**, und geben Sie bei **SteadyS.Brennweite** die Objektivbrennweite an, bei Zoomobjektiven die aktuell eingestellte. Schalten Sie den Objektivstabilisator aus, wenn es sich nicht um einen SteadyShot-Schalter handelt. Sony empfiehlt diese Vorgehensweise übrigens auch bei der Verwendung des Objektivs *SEL16F28* in Kombination mit Konvertern (Fischaugen-Konverter, Weitwinkelkonverter).

13.2.5 Zoom

Abbildung 13.18 *Ihre Optionen im Register* **Zoom**

- Bei **Zoom** lässt sich der Zoomfaktor des Klarbild- oder Digitalzooms wählen. Allerdings ist das bei Motor- bzw. Powerzoom-Objektiven wie dem *SELP1650* nicht möglich. Hier wird der Zoomfaktor entweder mit dem Zoomhebel oder dem Zoomring des Objektivs eingestellt.

- Mit der **Zoom-Einstellung** können Sie den Zoombereich auf den optischen Zoom Ihres Objektivs beschränken oder den **Klarbild-Zoom** (bessere Bildqualität) oder **Digitalzoom** (höherer Zoomfaktor) aktivieren. Beide Optionen liefern eine stärkere Vergrößerung, gehen aber teils mit Qualitätsverlust einher. Möglich ist das auch nur, wenn bei **Dateiformat** die Vorgabe **JPEG** eingestellt ist.

- Bei damit kompatiblen Motor- bzw. Powerzoom-Objektiven lässt sich der Zoomfaktor des Smart-, Klarbild- und Digitalzooms auch durch Drehen am Zoomring einstellen. Die Einstellung der **Zoomring-Drehricht.** definiert dann die Drehrichtung. Standardmäßig gelangen Sie per Linksdreh in Richtung Weitwinkel und mit einem Rechtsdreh in Richtung Tele. Generell empfehlen wir, die Standardeinstellung beizubehalten, um sich an eine Vorgehensweise zu gewöhnen. Der Richtungswechsel kann aber sinnvoll sein, wenn Sie beim Filmen eine Follow-Focus-Einrichtung verwenden, die nur in eine Zoomrichtung drehen kann.

13.2.6 Anzeige/Bildkontrolle

Abbildung 13.19 *In den Menüs zu* **Anzeige/Bildkontrolle** *können Bildgestaltungs- und Belichtungshilfen zugeschaltet und die Anzeigen modifiziert werden.*

- Mit **Taste DISP** lässt sich festlegen, welche Informationsanzeigen im **Sucher** oder **Monitor** verfügbar sein sollen. Diese können anschließend im Aufnahmebetrieb mit der DISP-Taste ausgewählt werden.

- Die Einstellung bei **FINDER/MONITOR** bestimmt, ob der Monitor automatisch ausgeschaltet werden soll, sobald Sie durch den Sucher blicken (**Auto**). Wenn Sie **Sucher (Manuell)** wählen, wird der Monitor permanent ausgeschaltet, und wenn Sie **Monitor (Manuell)** wählen, können Sie den Sucher nicht verwenden. Wir empfehlen Ihnen, die Funktion auf **Auto** stehen zu lassen.

- Mit **Sucher-Bildfreq.** kann die Anzahl an Bildern pro Sekunde (*fps = frames per second*), mit der das Livebild im elektronischen Sucher dargestellt wird, von **Standard** (50 fps im Videosystem PAL, 60 fps bei NTSC) auf **Hoch** (100 fps bei PAL, 120 fps bei NTSC) angehoben werden. Allerdings verringert sich dadurch die Sucherauflösung, was beim manuellen Scharfstellen von Nachteil sein kann. Gleichzeitig erhöht sich der Strombedarf. Verwenden Sie die höhere Bildfrequenz am besten nur, wenn Sie Schwierigkeiten haben, ein sich schnell bewegendes Motiv im Sucher zu verfolgen.

- Die **Zebra-Einstellung** macht es möglich, dass Bildbereiche einer bestimmten Helligkeitsstufe hervorgehoben werden. Damit können Sie Überbelichtungen erkennen oder die Belichtung zum Beispiel bei Porträts auf die Haut abstimmen. Die Helligkeitsstufe lässt sich über den Eintrag **Zebra-Stufe** wählen.

- Als Hilfe für die Bildgestaltung lassen sich mit der Funktion **Gitterlinie** verschiedene Raster einblenden.

- Bei aktivierter **Belich.einst.-Anleit.** blendet die α6600 beim Anpassen der Belichtungszeit, der Blende oder des ISO-Werts eine Skala ein, anhand derer Sie die zum aktuell ausgewählten Wert benachbarten Einstellungswerte ablesen können.

- Ist die **Anzeige Live-View** eingeschaltet, wird die zu erwartende Bildhelligkeit in Sucher und Monitor simuliert, genauso wie geänderte Farben oder Bildeffekte. Sollten Sie allerdings mit der manuellen Belichtung (**M**) und Blitzgeräten im Studio arbeiten, kann es sinnvoller sein, diese Funktion auszuschalten, damit das Sucherbild nicht zu dunkel wird.

- Die α6600 kann Ihnen das soeben angefertigte Foto direkt nach der Aufnahme anzeigen. Die Dauer dieser automatischen **Bildkontrolle** lässt sich auf **2**, **5** oder **10 Sek.** einstellen oder auch komplett abschalten, um zügiger zu fotografieren – ganz wie Sie mögen.

13.2.7   Benutzerdef. Bedienung1

Abbildung 13.20 *Im Menü **Benutzerdef. Bedienung1** können Sie die Bedienungselemente an Ihre Gewohnheiten und Präferenzen anpassen.*

- Der Menüpunkt **BenutzerKey** dient dazu, einige Kameratasten mit anderen für die Bildaufnahme relevanten Funktionen zu belegen.

- Bei ▣ **BenutzerKey** können die Tasten mit Funktionen für Filmaufnahmen belegt werden.

- Für die Wiedergabe können bei ▶ **BenutzerKey** die Fn-Taste und die Tasten C1, C2 und C3 mit anderen für die Wiedergabe relevanten Funktionen belegt werden.

- Mit der **Funkt.menü-Einstlg.** können Sie das Quick-Navi-Menü individuell mit Funktionen bestücken.

- Der Bereich **Mein ReglerEinstlg.** bietet die Möglichkeit, dem Einstellrad (**Steuerrad**) und dem Drehregler (**Steuerregler**) drei unterschiedliche Funktionen zuzuordnen. Diese lassen sich aktivieren, wenn eine der benutzerdefinierten Tasten mit der Funktion **Mein Regler 1** (**2** oder **3**) **Halten**, **Mein Regler 1** (**2** oder **3**) oder **MeinRegler 1** (**2** oder **3**) **umsch.** belegt wird.

- Wenn es Ihnen bei der manuellen Belichtung (**M**) eher zusagt, die Blende mit dem Einstellrad und die Belichtungszeit mit dem Drehregler zu justieren, können Sie die Funktionsbelegung umdrehen. Dafür wählen Sie bei **Regler/Rad-Konfig.** die Option ◎ **Av** 🗘 **Tv** aus. Auf die Steuerung der Modi **A** und **S** hat dies aber keine Auswirkungen.

13.2.8   Benutzerdef. Bedienung2

Abbildung 13.21 *Weitere Optionen zum Anpassen der Kamerabedienung finden Sie im Menü* **Benutzerdef. Bedienung2**.

- Mit der Funktion **Av/Tv-Drehrichtung** können Sie die Drehrichtung umkehren. Standardmäßig (**Normal**) werden der Blendenwert (**Av**) und die Belichtungszeit (**Tv**) mit einem Rechtsdreh erhöht/verkürzt und mit einem Linksdreh verringert/verlängert. Wir finden das eigentlich sehr intuitiv. Wenn es Ihnen nicht so geht, stellen Sie **Umgekehrt** ein.

- Die Belichtung kann mit dem Einstellrad (◎ **Rad**) oder dem Drehregler (🗘 **Regler**) schneller justiert werden als über das Kameramenü. Dazu wählen Sie das gewünschte Bedienelement bei **Regler/Rad Ev-Korr.** aus. Wir haben uns für den Drehregler entschieden, weil wir die Belichtungszeit im Modus **S** oder die Blende im Modus **A** öfter einstellen als die Belichtungskorrektur und das Einstellrad dafür bevorzugen.

- Mit der **BerührModus-Funkt.** lässt sich die Touch-Steuerung auf dem Bildschirm konfigurieren. Ist **Touch-Auslöser** aktiviert, wird auf den Punkt, den Sie am Monitor antippen, fokussiert und direkt ausgelöst (funktioniert nur zusammen mit dem Fokusfeld **Breit/Tracking: Breit**, **Feld/Tracking: Feld** oder **Mitte/Tracking: Mitte**). Mit der Funktion **Touch-Fokus** wird das AF-Feld nur an der gewünschten Stelle positioniert, scharfgestellt wird mit dem Auslöser. Mit **Touch-Tracking** lässt sich durch Berühren des Monitors ein Motivdetail auswählen, das im Standbild- oder Filmaufnahmemodus vom Fokus verfolgt werden soll. Um die genannten Funktionen nutzen zu können, ist es notwendig, im Menü 🧰 **Einstellung2** den **Berührmodus** auf **EIN** zu stellen.

- Damit Sie aus den Fotoprogrammen heraus filmen können, sollte der Eintrag **MOVIE-Taste** auf **Immer** stehen. Sie können die Taste mit der Einstellung **Nur Filmmodus** aber auch deaktivieren, um ein versehentliches Starten von Filmaufnahmen zu vermeiden.

- Um ein versehentliches Verstellen von Funktionen mit den Einstellrädern zu verhindern, können Sie die **Regler-/Radsperre** bei Bedarf aktivieren (**Sperren**). Drücken Sie anschließend im Aufnahmemodus die Fn-Taste so lange, bis die Information **Gesperrt** auf dem Monitor erscheint. Das Drehen an den Einstellrädern hat dann keine Auswirkung mehr. Um die Räder wieder zu aktivieren, drücken Sie die Fn-Taste so lange, bis der Hinweis **Entsperrt** erscheint. Wenn die **AF-Feld-Registr.** aktiviert ist, lässt sich die Sperrfunktion allerdings nicht verwenden.

- Mit dem Eintrag **Signaltöne** schalten Sie alle akustischen Signale der α6600 ein oder aus.

A, Av, S und Tv

Die Begriffe *Av* (*aperture value*, Blendenwert) und *Tv* (*time value*, Zeitwert) tauchen nur bei der **Regler/Rad-Konfig.** und der **Av/Tv-Drehrichtung** auf. Sonst verwendet Sony im Allgemeinen die Begriffe **A** und **S**, wenn es um die Blenden- und Zeitpriorität geht.

13.3   Das Menü Netzwerk

13.3.1   Netzwerk1

Abbildung 13.22 *Die Konnektivitäts-optionen im Menü* **Netzwerk1**

- Über den Eintrag **An SmartpSend.-Fkt.** können Sie Bilder und Filme direkt von der α6600 aus auf Ihr Smartphone übertragen. Welche Filmtypen, Proxy- oder Originalfilme übertragen werden, legen Sie bei **Sendeziel** fest. Mit **An Smartph. send.** wird die Übertragung gestartet.

- Eine Drahtlosverbindung zu Ihrem Rechner kann mit **An Comp. senden** hergestellt werden.

- Sollten Sie einen Fernseher besitzen, der über eine Internetverbindung mit Ihrem heimischen Netzwerk verbunden ist, können Sie die α6600 über **Auf TV wiedergeben** kabellos mit dem TV-Gerät verbinden und Bilder darauf abspielen.

- Die α6600 kann auch vom Smartgerät aus gesteuert werden. Dazu dient der Eintrag **Strg mit Smartphone**.

- Wenn Sie sich im Flugzeug oder an anderen Orten mit Wi-Fi-Verbot befinden, können Sie den **Flugzeug-Modus** einschalten. Damit werden alle Wi-Fi-Funktionen unterbunden.

- Bei **Wi-Fi-Einstellungen** können weitere Verbindungseinstellungen gewählt werden. Mit aktivem **WPS-Tastendruck** kann die α6600 eine Wi-Fi-Verbindung zu Geräten (Router, Drucker) herstellen, die ebenfalls eine WPS-Tastenfunktion besitzen. Wenn eine WPS-Schnellverbindung nicht möglich ist, verbinden Sie die α6600 über den Eintrag **Zugriffspkt.-Einstlg.** mit dem Router oder Ihrem Drucker. Bei geschützten Netzwerken ist eine Passworteingabe notwendig. Mit der *MAC-Adresse* (*Media Access Control*) können netzwerkfähige Geräte eindeutig identifiziert werden, was für den Verbindungsaufbau zum Drahtlosnetzwerk wichtig ist. Mit der Funktion **MAC-Adresse anz.** können Sie die aus einer Zahlen- und Buchstabenkombination bestehende MAC-Adresse Ihrer α6600 herausfinden. Wenn Sie die Funktion **SSID/PW zurücks.** wählen und mit der Schaltfläche **OK** bestätigen, werden die Wi-Fi-Verbindungsdaten zum Smartphone verworfen. Sie können die Verbindung später mit einem neuen Passwort oder einem QR-Code herstellen.

13.3.2   Netzwerk2

Abbildung 13.23 *Im Menü **Netzwerk2** finden Sie unter anderem die Bluetooth-Funktionen.*

- Der Eintrag **Bluetooth-Einstlg.** wird für den Aufbau einer Bluetooth-Verbindung zum Smartgerät benötigt.

- Damit GPS-Daten vom Smartgerät in die Bild- und Filmdateien aus der α6600 gespeichert werden können, muss die Aufzeichnung autorisiert sein. Dazu dient der Menübereich **StO.infoVerknEinst**.

- Die α6600 lässt sich auch mit der separat erhältlichen Bluetooth-Fernbedienung *RMT-P1BT* steuern. Dazu muss die **Bluetooth-Funktion** im Menü **Bluetooth-Einstlg.** aktiviert sein. Setzen Sie anschließend den Eintrag **Bluetooth-Fernbed.** auf **EIN**. Danach öffnen Sie wieder das Menü **Bluetooth-Einstlg.**, starten den Verbindungsaufbau über den Eintrag **Kopplung** und drücken dann gleichzeitig die Auslöser- und die Plus- oder Minustaste an der Fernbedienung für etwa sieben Sekunden.

- Unter **Gerätename bearb.** können Sie Ihrer α6600 einen eigenen Namen geben, um sie beim Wi-Fi-Verbindungsaufbau schneller wiederzufinden.

- Mit **Netzw.einst. zurücks.** setzen Sie alle Verbindungsinformationen und Passwörter, die Sie für die Drahtlosverbindungen der α6600 zu anderen Geräten eingestellt haben, wieder auf den Ausgangszustand. Das sollten Sie auf jeden Fall tun, wenn Sie die α6600 in fremde Hände geben.

13.4 Das Menü Wiedergabe

13.4.1 Wiedergabe1

Abbildung 13.24 *Erste Optionen für die Verwaltung Ihrer Bilddateien finden Sie in* **Wiedergabe1**.

- Mit der Funktion **Schützen** lassen sich Bilder und Filme vor versehentlichem Löschen bewahren. Nur beim Formatieren der Speicherkarte werden auch geschützte Dateien gelöscht.

- Bilder, die versehentlich eine falsche Ausrichtung haben, können Sie mit der Funktion **Drehen** in 90°-Schritten drehen.

- Um mehrere Bilder oder Bilder eines bestimmten Ordners schnell von der Speicherkarte zu entfernen, öffnen Sie die Rubrik **Löschen**.

- Mit der **Bewertung** können Bilder und Filme mit bis zu fünf Sternen versehen werden, um sie von den anderen als besonders gelungen abzugrenzen.

- Wird eine benutzerdefinierte Taste mit der Funktion **Bewertung** belegt, können Sie bei **Bewertung(Ben.Key)** bestimmen, ob alle fünf Bewertungshöhen oder nur bestimmte mit der Taste verfügbar sein sollen.

- Im Menü **Ausdrucken** können Sie Bilder (nur JPEG!) für den Druck auswählen, auch wenn noch kein Drucker angeschlossen wurde. Sie liegen dann in Form einer Druckliste vor und sind mit dem Kürzel **DPOF** markiert. Sobald die α6600 mit einem Drucker in Verbindung steht, können die Fotos gedruckt werden.

Was bedeutet DPOF?

Die Einstellungen im Druckmenü erfolgen gemäß dem DPOF-Standard (= *Digital Print Order Format*). Das ist ein Speicherformat für die den Bildern zugeordneten Druckeinstellungen. Diese liefern dem Drucker zu Hause oder im Fotolabor alle notwendigen Informationen zum Druckformat, zur Anzahl zu druckender Bilder und weitere wichtige Angaben.

13.4.2   Wiedergabe2

Abbildung 13.25 *Weitere Optionen zur Anzeige Ihrer Dateien*

- Wenn Sie einen Film in der Wiedergabeansicht aufgerufen haben, können Sie die **Fotoaufzeichnung** verwenden, um Standbilder daraus zu extrahieren.

- Alternativ zur ⊕-Taste können Sie die Funktion **Vergrößern** verwenden, um das Bild bei der Wiedergabe vergrößert zu betrachten.

- Mit welcher Vergrößerungsstufe der Wiedergabezoom bei **Vergrößern** startet, dem **Standardfaktor** oder der zuvor eingestellten Stufe (**Voriger Faktor**), legen Sie bei **Anf.faktor vergröß.** fest.

- Welche Bildstelle mit dem Start der vergrößerten Wiedergabeansicht angezeigt wird, die **Fokussierte Position** oder die **Mitte** des Bildes, lässt sich mit der Funktion **Anf.pos. vergröß.** bestimmen.

- Bei Intervallaufnahmen können Sie mit der Funktion **Kont. Wgb. f. ⟁ Intv.** alle Einzelbilder der Aufnahmereihe in der Wiedergabeansicht hintereinander durchlaufen lassen.

- Die **WdgGeschw. ⟁ Intv.** bestimmt die Geschwindigkeit der kontinuierlichen Wiedergabe für Intervallaufnahmen. Diese ist während der Wiedergabe änderbar. Drehen Sie dazu einfach am Drehregler oder Einstellrad.

13.4.3   Wiedergabe3

Abbildung 13.26 *Das Menü Wiedergabe3*

- Mit der Funktion **Diaschau** können Sie Ihre Bilder und Filme automatisiert ablaufen lassen. Geben Sie zuvor bei **Wiederholen** (Diaschau startet nach Ablauf erneut) und **Intervall** (Anzeigedauer für jedes Bild) die gewünschten Werte vor. Nach Bestätigung mit der Schaltfläche **Eingabe** startet die **Diaschau** mit der Aufnahme, die zuvor in der Wiedergabeansicht aufgerufen war, wobei es ein Bild oder auch ein Film sein kann.

- Standardmäßig sortiert die α6600 die Bilder und Filme nach dem Aufnahmedatum. Im Bereich **Ansichtsmodus** können Sie die Sortierung aber auch nach Ordnern (**Ordnerans. (Standbild)**) oder nach Filmen in den Formaten **AVCHD**, **XAVC S HD** oder **XAVC S 4K** einstellen.

- Mit der Funktion **Bildindex** können Sie festlegen, ob bei der verkleinerten Wiedergabe **12 Bilder** oder **30 Bilder** gleichzeitig präsentiert werden.

- Serienaufnahmen können entweder als Bildgruppe angezeigt werden (**Ein**) oder als einzelne Bilder (**Aus**), was Sie bei **Als Gruppe anzeigen** wählen können.

- Mit der **Anzeige-Drehung** können Sie die Ausrichtung der Bilder bei der Wiedergabe folgendermaßen steuern: Bei **Auto** werden hochformatige Bilder im Hochformat angezeigt und querformatige im Querformat. Wenn Sie die α6600 ins Hochformat drehen, drehen sich die Bilder ebenfalls um 90°, sodass ein Hochformatbild jetzt den ganzen Monitor ausfüllt. Dies ist unsere bevorzugte Einstellung. Bei **Manuell** werden die Bilder ebenfalls aufrecht dargestellt, drehen sich aber bei einer Kameradrehung nicht mit. Bei **Aus** werden alle Fotos quer präsentiert, auch wenn sie im Hochformat fotografiert wurden.

- Über den Menüeintrag **Bildsprung-Einstlg** gibt Ihnen die α6600 die Möglichkeit, in der Wiedergabe nur die bewerteten oder die geschützten Bilder aufzurufen. Außerdem können Sie wählen, ob Sie für das Springen zwischen den Bildern den Drehregler (**Regler**) oder das Einstellrad (**Steuerrad**) verwenden möchten.

13.5   Das Menü Einstellung

13.5.1   Einstellung1

Abbildung 13.27 *Im Menü Einstellung1 können Sie unter anderem die Helligkeit des Monitors und des Suchers anpassen.*

- Da der Monitor der α6600 generell recht hell strahlt und uns schon dazu verleitet hat, die Bilder zu dunkel aufzunehmen, haben wir bei **Monitor-Helligkeit** die Vorgabe bei **Helligkeit** auf **Manuell** gesetzt und den Wert **–1** eingestellt. Wichtig ist, dass Sie die unterschiedlichen Graustufen noch gut auseinanderhalten können. In sehr heller Umgebung, wenn das Monitorbild schlecht zu erkennen ist, können Sie bei **Helligkeit** mit der Vorgabe **Sonnig** aber auch eine Helligkeitsverstärkung aktivieren.

■ Mit der Funktion **Sucherhelligkeit** können Sie die Helligkeit des Sucherbildes anpassen. Dazu müssen Sie durch den Sucher blicken. Bei uns steht die Helligkeit dort ebenfalls auf **Manuell** mit dem Wert **–1**, da uns die Vorgabe **Auto** ein oft zu helles Sucherbild präsentierte. Die Vorgabe **Sonnig** gibt es hier nicht.

> **Belichtung im Blick behalten**
>
> Wenn Sie die Monitor- oder Sucherhelligkeit ändern, ist es sinnvoll, öfter mal einen Blick auf das Histogramm zu werfen, um Fehlbelichtungen zu vermeiden. Hilfreich ist auch die **Zebra-Einstellung** aus dem Menü ◘ 2 > **Anzeige/Bildkontrolle1**, um überbelichtete Bildstellen zu erkennen.

■ Sollten Sie das Gefühl haben, der Sucher zeige die Bilder mit einem Farbstich an, können Sie die Farben mit **Sucher-Farbtemp.** ausgleichen: Mit Minuswerten werden Blaustiche ausgeglichen und mit Pluswerten Gelbstiche. Für den Farbvergleich Auge/Sucher betrachten Sie am besten eine Neutralgraukarte oder ähnliche neutral gefärbte Gegenstände. Machen Sie ein Foto davon, und vergleichen Sie die Farbe im Monitor/Sucher mit der realen Situation. Eine veränderte Sucher-Farbtemperatur birgt aber immer die Gefahr, dass sie nicht auf alle Aufnahmesituationen zutrifft oder der Weißabgleich nicht optimal eingestellt wird. Dann fallen die dadurch eventuell entstandenen Farbstiche erst bei der Betrachtung am (bestenfalls kalibrierten) Monitor auf. Wir raten Ihnen daher dazu, hier nichts zu ändern.

■ Beim Filmen kann die **Gamma-Anz.hilfe** die Fotoprofile **S-Log2**, **S-Log3** oder **HLG** simulieren. So entspricht die Darstellung im Sucher oder Monitor besser dem Film, wie er nach der Bearbeitung aussehen könnte. Mit der Einstellung **Auto** erkennt die α6600 selbst, mit welchem der drei Fotoprofiltypen gefilmt wird. Wenn Sie ein anderes Fotoprofil verwenden, schalten Sie die Anzeigehilfe am besten aus, damit es in anderen Aufnahmesituationen nicht zu einer verfremdeten Bildanzeige kommt.

■ Die Lautstärke für die Filmwiedergabe können Sie bei **Lautstärkeeinst.** festlegen.

■ Die **Löschbestätigng** legt fest, ob nach dem Drücken der Taste 🗑 die Schaltfläche **Löschen** ("Löschen" Vorg) oder **Abbrechen** ("Abbruch" Vorg) automatisch aktiv ist. Da bei Letzterem das Bild nicht versehentlich durch einen zweiten Tastendruck entfernt werden kann, behalten Sie die Einstellung **"Abbruch" Vorg** zur Sicherheit bei.

13.5.2   Einstellung2

Abbildung 13.28 *Die Optionen im Menü* **Einstellung2**

- Wenn Sie genügend Akkuladung haben, können Sie die **Anzeigequalität** auf **Hoch** stellen, ansonsten reicht **Standard** auch aus. Sollte sich die Kamera zu stark erwärmen, kann es sein, dass sie automatisch auf **Standard** umstellt.

- Mit der **Energiesp.-Startzeit** wird die Zeitspanne festgelegt, die verstreicht, bis die α6600 bei Nichtgebrauch in den Ruhemodus umschaltet (Monitor/Sucher aus, Objektivtubus fährt gegebenenfalls ein). Um stromsparend zu agieren, behalten Sie die Vorgabe **1 Minute** bei oder reduzieren bei wenig Akkuleistung gegebenenfalls auf **10 Sek.**

- Bei längerem Filmen kann sich die α6600 deutlich erwärmen. Mit der Einstellung **Autom. AUS Temp.** können Sie festlegen, ob sich die Kamera bei Hitzeentwicklung schneller abschalten darf, um die Bauteile zu schonen und ein erhöhtes Bildrauschen zu vermeiden (**Standard**). Wenn Ihnen eine möglichst lange Filmlaufzeit wichtiger ist, stellen Sie **Hoch** ein. Wird die Kamera warm, können Sie den Akku auch durch einen kühleren Ersatzakku austauschen.

- Die Einstellung bei **NTSC/PAL-Auswahl** wirkt sich auf die verfügbaren Bildraten, also die Anzahl Bilder pro Sekunde, bei Filmaufnahmen aus. Die schnelleren Bildraten können Sie im NTSC-Modus nutzen.

- Der **Reinigungsmodus** startet die Reinigung des Sensors mithilfe von Ultraschallvibrationen.

- Damit die zu fokussierende Stelle über den Touchscreen der α6600 ausgewählt werden kann, muss der **Berührungsmodus** eingeschaltet sein.

13.5.3 Einstellung3

Abbildung 13.29 *Das Menü* **Einstellung3**, *unter anderem für die Anpassung der Touch-Steuerung*

- Bei **Touchpanel/-pad** legen Sie fest, ob der Monitor auch beim Blick durch den Sucher berührungssensitiv sein darf (**Touchpanel+Pad** oder **Nur Touchpad**). Mit **Nur Touchpanel** können Sie den Touchscreen bei Sucheraufnahmen nicht verwenden.

- Die **Touchpad-Einstlg.** definieren die berührungssensitiven Monitorbereiche bei Aufnahmen, die mit dem Sucher angefertigt werden.

- Geschützte AVCHD-Videos auf der Speicherkarte können im **Demo-Modus** von der α6600 automatisch abgespielt werden, wenn eine Minute lang keine Kamerabedienung erfolgt. Das geht aber nur, wenn Sie die α6600 über das mitgelieferte Netzteil mit Steckdosenstrom betreiben und im Menü ▶ > **Wiedergabe3** bei **Ansichtsmodus** die Einstellung **AVCHD-Ansicht** eingestellt ist. Wir haben diese Funktion bislang noch nie benötigt.

- Wird das Moduswahlrad auf **Film** ▯ gestellt, ermöglicht es die Funktion **TC/UB-Einstlg.**, mehrere Filmabschnitte mit einer lückenlos fortlaufenden Aufnahmezeit zu drehen, die unabhängig von der Uhrzeit ist. Das vereinfacht den späteren Filmschnitt. Um den Timecode zu verwenden, stellen Sie bei **TC/UB-Anz.einstlg.** den Wert **TC** ein (TC = *Timecode*). Wählen Sie dann bei **TC Preset** einen Start-Zeitwert, oder setzen Sie die Zeitmarke mit **TC Make** und der Vorgabe **Regenerate** auf null zurück (00:00:00:00). Für eine fortlaufende Zeitspeicherung sollte bei **TC Run** der Wert **Rec Run** stehen. Alternativ können Sie bei **UB Preset** (UB = *User Bit*) verschiedene Szenen mit einer eigenen Codierung markieren, zum Beispiel erste Szene, zweite Einstellung, achte Wiederholung (01:02:08:00). Das ist so ähnlich wie die Klappen, die am Filmset vor der Aufnahme in die Kamera gehalten werden, um die Szenen später gut zuordnen zu können. Die User-Bit-Einstellung wird nicht fortlaufend aktualisiert, muss also manuell für jeden Filmabschnitt gewählt werden. Wenn Sie **User Bit** als Zeiteinstellung nutzen möchten, wählen Sie bei **TC/UB-Einstlg.** die Vorgabe **UB**, und schalten Sie für die Übermittlung der User-Bit-Angaben als Zeiteinstellung des Films die Option **UB Time Rec** ein.

- Wenn Sie die α6600 mit einer Infrarot-Fernbedienung fernauslösen möchten, stellen Sie die Funktion **IR-Fernbedienung** auf **Ein**.

- Ist die α6600 mit einem Micro-HDMI-Kabel am TV-Gerät angeschlossen, können Sie die Bildanzeige bei **HDMI-Einstellungen** anpassen. Im Bereich **HDMI-Auflösung** lässt sich die Bildgröße mit den Werten **2160p/1080p**, **1080p** oder **1080i** auf Ihr TV-Gerät abstimmen. Meist funktioniert die Einstellung **Auto** aber sehr zuverlässig. Sollen Filme mit den Bildraten **24p 50M**, **24p 60M** oder **24p 100M** wiedergegeben werden, können Sie unter dem Menüpunkt **24p/60p-Ausg.** das HDMI-Ausgabeformat auf **1080/24p** oder **1080/60p** einstellen. Die α6600 muss dazu im Videosystem NTSC betrieben werden. Mit der **HDMI-Infoanzeige** (**Ein**) können Sie sich die Aufnahmeinformationen des Bildes am Fernsehgerät anzeigen lassen. Mit eingeschalteter **TC-Ausgabe** können die Timecode-Zeitangaben via HDMI an externe Geräte weitergegeben werden. In diesem Fall ist es auch möglich, die Funktion **REC-Steuerung** einzuschalten. Dann werden die Start-/Stoppsignale beim Filmen oder der Filmwiedergabe mit der α6600 an externe Video-Player oder Videorekorder übermittelt, falls Sie kompatible Geräte verwenden. Besitzen Sie einen *Bravia*-Fernseher von Sony, lässt sich die α6600 mit der eingeschalteten Funktion **STRG FÜR HDMI** über die Fernbedienung des TV-Geräts bedienen.

13.5.4   Einstellung4

Abbildung 13.30 *Weitere HDMI- und die USB-Einstellungen nehmen Sie im Menü **Einstellung4** vor.*

- Wird die α6600 im Modus **Film** an ein 4K-fähiges Wiedergabegerät angeschlossen, lässt sich bei **4K-Ausg.Auswahl** festlegen, mit welcher Bildrate die Videos abgespielt werden: **Nur HDMI (30p)**, **Nur HDMI (24p)** oder **Nur HDMI (25p)**. Ist die α6600 mit einem externen 4K-Rekorder verbunden, können 4K-Videos mit der Einstellung **Speicherkarte+HDMI** parallel auf dem Rekorder und der Kameraspeicherkarte aufgezeichnet werden.

- Unter **USB-Verbindung** bestimmen Sie, wie die α6600 mit einem angeschlossenen Computer kommuniziert. Mit **MTP** können Bilder mit der Sony-Software *PlayMemories Home* an den Computer übertragen werden, mit **Massenspeich.** verhält sich die α6600 wie eine externe Festplatte, und mit **PC-Fernbedienung** lässt sie sich mit der Sony-Software *Imaging Edge Remote* vom Computer aus fernsteuern. Mit **Auto** wird je nach Computersystem entweder **MTP** oder **Massenspeich.** aktiviert.

- Sollte die USB-Verbindung nicht funktionieren, was sehr selten passiert, wählen Sie bei **USB-LUN-Einstlg.** die Vorgabe **Einzeln**. Im Normalfall können Sie **Multi** beibehalten.

- Die α6600 kann mit dem mitgelieferten Micro-USB-Kabel am Computer oder an einer USB-Buchse im Auto aufgeladen werden. Dazu muss die **USB-Stromzufuhr** eingeschaltet sein. Außerdem wird ein aktiver USB-Anschluss (*powered USB*) benötigt.

- Bevor Sie die α6600 mit der Sony-Software *Imaging Edge Remote* vom Computer aus fernsteuern, bestimmen Sie bei **PC-Fernb.-Einstlg.** mit **Standb. Speicherziel**, wo die aufgenommenen Bilder gespeichert werden sollen, und mit **RAW+J PC Bild spei.**, welcher Dateityp übertragen werden darf.

- Bei **Sprache** lässt sich die Menüsprache Ihrer α6600 einstellen.

13.5.5   Einstellung5

Abbildung 13.31 *Einstellungen zu Datum, Uhrzeit und Copyright nehmen Sie bei **Einstellung5** vor.*

- Mit **Datum/Uhrzeit** stellen Sie die kcamerainterne Uhr auf aktuelle Werte.

- Die **Gebietseinstellung** legt die Zeitzone, in der Sie sich gerade befinden, und die Sommer- oder Winterzeit fest.

- Werden Bilder an andere weitergegeben oder im Internet präsentiert, kann es sinnvoll sein, sie mit **Urheberrechtsinfos** zu versehen. Setzen Sie dazu die Option **Urheb.infos schreib.** auf **Ein**, und tragen Sie den Fotografennamen und den Urheberrechtsinhaber in den Menü-unterkategorien ein. Über **Urheber.infos anz.** können Sie die Angaben prüfen. Wenn Sie unter Windows mit der rechten Maustaste auf die Datei klicken und das Register **Details** wählen, finden Sie die mitgespeicherten Angaben bei **Autoren** und **Copyright**.

Abbildung 13.32 *Beispiel für die eingetragenen Copyright-Informationen*

- Um die Speicherkarte schnell von allen gespeicherten Daten zu befreien, können Sie die Karte **Formatieren**. Auch geschützte Medienelemente werden dabei gelöscht. Die Daten können anschließend, ohne eine Garantie auf Vollständigkeit, nur noch mit spezieller Software gerettet werden, wie zum Beispiel *Recuva* oder *Wondershare Data Recovery*. Wurde die Karte nach der Formatierung bereits wieder verwendet, wird es noch schwieriger, die gelöschten Bilddaten zurückzuholen.

- Wählen Sie bei **Dateinummer** den Eintrag **Serie**, um alle Bilder mit fortlaufenden Nummern zu speichern, egal, ob sie in verschiedenen Ordnern liegen oder in ein und demselben. Mit **Rückstellen** fängt die Dateinummer stets mit **0001** an, wenn die α6600 Bilder in neue Ordner speichert. Behalten Sie **Serie** bei, damit es nicht versehentlich zu Dopplungen und Datenverlust kommt.

- Standardmäßig beginnt der Dateiname vor einer vierstelligen Bildnummer mit der Folge **DSC0** (Farbraum sRGB) oder **_DSC** (Farbraum Adobe RGB). Bei **Dateinamen einst.** können Sie dieses Präfix ändern und beispielsweise durch ein Namenskürzel ersetzen, wobei drei Zeichen eingetragen werden müssen.

13.5.6   Einstellung6

Abbildung 13.33 *Das Menü* Einstellung6

- Nachdem Sie unter **Neuer Ordner** einen neuen Ordner erstellt haben, können Sie bei **REC-Ordner wählen** festlegen, in welchem Ordner die Aufnahmen zukünftig gespeichert werden sollen.

- Legen Sie bei **Neuer Ordner** ein neues Verzeichnis für Ihre Bilder auf der Speicherkarte an, wenn Sie zum Beispiel für jeden Tag einen eigenen Ordner benötigen. In diesem Fall wählen Sie den Ordnernamen nach dem **Datumsformat**.

- Vergeben Sie **Ordnername** nach dem **Standardformat** (Ordnernummer + MSDCF) oder nach dem **Datumsformat** (Ordnernummer + letzte Jahresziffer/MM/TT). Ein Ordner, erstellt am 09.11.2019, würde dann heißen: **10091109**, was sich zusammensetzt aus: **100** (Ordnernummer), **9** (letzte Jahresziffer von 2019), **11** (Monat November), **09** (Tag 9).

- Sollten Fotos oder Videos nach dem Einlegen der Karte in die α6600 nicht ordnungsgemäß angezeigt werden, aktualisieren Sie mit **Bild-DB wiederherst.** die Datenbank.

- Lassen Sie sich mit **Medien-Info anzeig.** die Anzahl möglicher Bilder oder die mögliche Aufnahmezeit für Filme anzeigen, die noch auf die Speicherkarte passen. Wenn Sie die Aufnahmeformate ändern, passen sich die jeweiligen Werte entsprechend an.

- Hier wird Ihnen die **Version** der aktuell auf Ihrer α6600 verwendeten Kamerasoftware (Firmware) angegeben – und zwar getrennt für das Gehäuse und das Objektiv.

13.5.7 Einstellung7

Abbildung 13.34 *Bei **Einstellung7** können Sie die Aufnahmeeinstellungen auf die Standardeinstellung zurücksetzen.*

Mit **Einstlg zurücksetzen** können Sie alle wichtigen Aufnahmeeinstellungen wieder auf die Standardeinstellung zurücksetzen (**Kameraeinstlg. Reset**) oder die Kamera vollständig **Initialisieren**. Dabei gehen dann wirklich alle gespeicherten Einstellungen verloren, auch die **Sprache** steht dann wieder auf **Englisch**.

Glossar

Abbildungsmaßstab

Maß für die Vergrößerung eines Objekts: Bei einem Maßstab von 1:1 sind das Objekt und die Abbildungsgröße auf dem Sensor identisch, ganz so, als würden Sie den Sensor auf das Objekt kleben und einen Abdruck davon nehmen. Bei einem Abbildungsmaßstab von 2:1 wird das Objekt doppelt so groß abgebildet, und bei 1:2 nur halb so groß, wie es in Wirklichkeit ist.

APS-C

Bezeichnung für Sensoren, wie den der α6100, deren Größen dem analogen Filmformat *Advanced Photo System Classic* entsprechen.

Autofokus

Automatische Steuerung des Scharfstellvorgangs, bei dem die Objektivlinsen so verstellt werden, dass die anvisierten Motivstrukturen möglichst kontrastreich und damit für unser Auge als scharf empfunden abgebildet werden.

Belichtungskorrektur

Funktion, die es erlaubt, die von der α6100 ermittelten Belichtungswerte manuell in beide Richtungen zu korrigieren. So kann das Bild heller oder dunkler aufgenommen werden, als es die Kameraautomatik vorgibt. Eventuelle Belichtungskorrekturen sind in diesem Buch in ganzen oder Drittelstufen bei den Aufnahmedaten der Bilder stets mit angegeben, zum Beispiel +1 oder −0,3.

Belichtungsreihe

Bilderserie des gleichen Motivs, bei der die Einzelfotos unterschiedlich belichtet werden. Die Belichtungsreihe kann mit der *Serienreihe* oder *Einzelreihe* der α6100 automatisch erstellt werden.

Belichtungszeit

Zeitspanne während der Bildaufnahme, in der Licht durch das Objektiv auf den Sensor fällt. Die Belichtungszeit wird häufig auch als *Verschlusszeit* bezeichnet. Für Belichtungszeiten unter einer Sekunde werden Bruchzahlen verwendet (zum Beispiel 1/60 s), Belichtungszeiten länger als 1/3 s werden bei der α6100 mit ganzen oder Dezimalzahlen angegeben (zum Beispiel 0,5 s).

Beugungsunschärfe

Die Beugungsunschärfe wird durch Lichtstrahlen verursacht, die ungerichtet an der Blende abgelenkt werden und die Bildqualität verschlechtern. Die Ablenkung der Lichtstrahlen wird auch als *Lichtbeugung* bezeichnet. Das gesamte Bild wird dadurch leicht unscharf. Zu beobachten ist das Phänomen im Falle der α6600 bei Blendenwerten höher als $f/11$.

Blende

Die Blende befindet sich im Objektiv. Sie setzt sich zusammen aus ineinander verschiebbaren Lamellen, die in der Mitte eine mehr oder weniger große Öffnung bilden, durch die das Licht zum Sensor gelangt. Reguliert wird die Blendenöffnung über den Blendenwert. Es gilt: je kleiner der Blendenwert, desto größer die Öffnung, desto kürzer die Belichtungszeit, desto geringer die Schärfentiefe – und umgekehrt. Bei der Beschreibung der Vorgehensweise beim Belichten eines Bildes wird der Begriff *Blende* häufig stellvertretend für den Blendenwert verwendet, zum Beispiel »Blende 8« anstelle von »Blendenwert ƒ/8«.

Blendenwert

Die Größe der Blendenöffnung wird mit dem Blendenwert (zum Beispiel ƒ/8) angegeben. Dieser berechnet sich aus dem Verhältnis der Brennweite zum Öffnungsdurchmesser der Blende. Bei ƒ/8 entspricht der Blendendurchmesser somit einem Achtel der Brennweite. Daher wird der Blendenwert auch als Bruchzahl angegeben, wie zum Beispiel ƒ/8 oder 1:8,0. Diese Schreibweise finden Sie beispielsweise auf den Objektiven. Die folgenden Stufen beschreiben jeweils einen ganzen Blendenschritt: ƒ/2,8 ❯ ƒ/4 ❯ ƒ/5,6 ❯ƒ/8 ❯ ƒ/11 ❯ ƒ/16 ❯ ƒ/22. Je höher der angegebene Blendenwert, desto kleiner wird die Blendenöffnung und desto höher die Schärfentiefe.

Bokeh

Beschreibt die Güte der Hintergrundunschärfe. Ein schönes Bokeh liegt vor, wenn unscharf abgebildete Reflexionslichter im Hintergrund rund aussehen, glatte Ränder besitzen und die Fläche strukturarm und gleichmäßig hell ist. Förderlich dafür ist, wenn sich die Blende weit öffnen lässt (hohe → *Lichtstärke*) und das Objektiv eine hohe Anzahl an Blendenlamellen von 9 oder mehr besitzt, die für eine möglichst runde Blendenöffnung sorgen.

Brennweite

Treffen Lichtstrahlen parallel auf eine Objektivlinse, werden sie abgelenkt und kreuzen sich an einem Punkt hinter der Linse, dem sogenannten *Brennpunkt*. Die Brennweite beschreibt den Abstand zwischen der Objektivlinse und ihrem Brennpunkt in Millimetern. Bei einfach aufgebauten Objektiven entspricht die Brennweite der Objektivlänge: Ein Objektiv mit 50 mm Brennweite ist demnach 5 cm lang. Bei modernen, mehrlinsigen (Zoom-)Objektiven trifft das allerdings oft nicht mehr zu.

Cropfaktor

Faktor, um den der Sensor in seiner breiteren Kantenlänge kleiner gegenüber dem Kleinbild- oder Vollformat (24 × 36 mm) ist. Der Sensor der α6100 ist 23,5 × 15,6 mm groß und besitzt einen Cropfaktor von etwa 1,5. Alternativ wird diese Art von Sensorgröße auch mit dem Begriff → *APS-C* beschrieben.

DSLM

Begriff für spiegellose Systemkameras wie die α6100 (DSLM = *Digital Single-Lens Mirrorless*), die, genauso wie die digitalen Spiegelreflexkameras (DSLR = *Digital Single-Lens Reflex*), mit Wechselobjektiven betrieben werden, jedoch keinen sperrigen Spiegelkasten mehr besitzen. Die Gehäuse fallen daher wesentlich kompakter und leichter aus.

Dynamikumfang

Der Dynamikumfang, auch bezeichnet als *Kontrastumfang*, wird in Blendenstufen angegeben und beschreibt die Spanne an Helligkeitsstufen, die der Sensor aufnehmen und gut abgestuft wiedergeben kann. Je höher der Dynamikumfang, desto besser lassen sich kontrastreiche Motive durchzeichnet abbilden. Bei der α6100 liegt der Kontrastumfang bei ISO 100 bei etwas über 13 Blendenstufen. Mit der HDR-Technik kann der Dynamikumfang in der Bildbearbeitung erhöht werden.

Farbtemperatur

Beschreibt die Farbeigenschaft von Licht und wird mit der Einheit Kelvin gemessen. Der Weißabgleich der α6100 stimmt die Bildfarben auf die vorhandene Farbtemperatur automatisch oder anhand bestimmter Vorgaben ab, sodass die Farben im Bild, zum Beispiel eine weiße Blüte, ohne Farbstich wiedergegeben werden.

Fokusfeld

Sensorbereich, der für die Scharfstellung des Bildes verwendet wird. Die Position und die Anzahl der verfügbaren Fokusfelder lassen sich mit den Vorgaben **Breit**, **Feld**, **Mitte**, **Flexible Spot** oder **Erweit. Flexible Spot** wählen.

Fokusmodus

Legt fest, ob die Schärfe nach dem Fokussieren auf dem Motivbereich bleibt (**Einzelbild-AF**) oder dem Motiv folgt (**Nachführ-AF** oder **Automatischer AF**) oder ob das Scharfstellen manuell durch Drehen am Fokussierring des Objektivs erfolgen soll (**Direkt. Manuelf.** oder **Manuellfokus**).

Graukarte

Wird verwendet, um den Weißabgleich manuell einzustellen. Dabei werden die Bildfarben so abgestimmt, dass die graue Farbe der Karte im Bild ohne Farbstich wiedergegeben wird. Die Vorgehensweise eignet sich in Situationen mit künstlicher Beleuchtung, bei Aufnahmen im Schatten, im Fotostudio oder bei Mischlicht aus künstlichem und natürlichem Licht.

HDR

Die Abkürzung HDR steht für *High* Dynamic Range, zu Deutsch also hoher → Dynamikumfang, und bezeichnet eine Methode, bei der

unterschiedlich helle Bilder zu einem Foto verschmolzen werden. Dabei werden alle Helligkeitswerte des Motivs durchzeichnet wiedergegeben. Die Darstellung ähnelt dem natürlichen Sehempfinden oder übersteigt dieses sogar, wobei die Bildwirkung dadurch künstlich sein kann. Mit der Funktion Auto HDR ist die α6600 in der Lage, HDR-Bilder automatisch zu generieren.

Histogramm

Diagramm, in dem alle Bildpunkte von den dunkelsten (→ Tiefen) bis zu den hellsten (→ Lichter) dargestellt werden. Die Höhe der Säulen zeigt an, wie viele Pixel den jeweiligen Helligkeitswert besitzen. Am Histogramm sind Fehlbelichtungen erkennbar.

ISO-Wert

Maß für die Lichtempfindlichkeit des Sensors. Je geringer der ISO-Wert, desto weniger Bildrauschen tritt auf, desto länger wird aber auch die benötigte Belichtungszeit. Geringe ISO-Werte eignen sich für Aufnahmen in heller Umgebung oder vom Stativ aus, hohe ISO-Werte sind in dunkler Umgebung hilfreich, um verwacklungsfrei aus der Hand fotografieren zu können.

Lichter

Bezeichnet die hellsten Bildstellen im Foto, also alles, was fast weiß oder ganz weiß ist. Wenn die Lichter durch eine Überbelichtung beschnitten werden, entstehen unschöne weiße Areale ohne Detailstrukturen, die beispielsweise durch eine Belichtungskorrektur vermieden werden können.

Lichtstärke

Wert, der die maximale Blendenöffnung, also den niedrigsten Blendenwert des Objektivs, angibt, die → *Offenblende*. Je höher die Lichtstärke, desto geringer ist der niedrigste verfügbare Blendenwert, desto mehr Licht gelangt durchs Objektiv, desto geringer ist die Schärfentiefe, und desto kürzer ist die Belichtungszeit.

Livebild

Technologie, die es ermöglicht, das Motiv über den in der α6100 verbauten elektronischen Sucher oder den rückseitigen Bildschirm zu betrachten, wobei die Belichtung, der Kontrast und die Bildfarben annähernd so dargestellt werden, wie sie im fertigen Bild sein werden.

Offenblende

Größtmögliche Blendenöffnung eines Objektivs, die die Lichtstärke des Objektivs definiert. Bei Offenblende wird mit dem geringstmöglichen Blendenwert fotografiert, der bei der gewählten Brennweite verfügbar ist und somit auch die geringstmögliche Schärfentiefe erzeugt. Objektivschwächen, wie chromatische Aberration oder Vignettierung, treten bei Offenblende aber auch am deutlichsten auf.

Schärfentiefe

Im Bild scharf erkennbarer Bereich vor und hinter der fokussierten Schärfeebene. Die Schärfentiefe nimmt mit dem Erhöhen des Blendenwerts, also dem Schließen der Blende, zu.

Sensor

Die Bildpunkte eines Sensors nehmen das eintreffende Licht auf und wandeln es in elektrische Impulse um. Dabei reagiert der Sensor in erster Linie auf Helligkeit. Jedes Bildpixel spei-chert einen bestimmten Helligkeitswert. Das Farbsehen wird dem Sensor durch einen vorgelagerten Farbfilter verpasst, der ein spezifisches Muster aus grünen, roten und blauen Bildpunkten auf die Sensorpixel projiziert (Bayer-Filter). Die eigentlichen Farben entstehen daher erst durch die softwaregestützte Berechnung (Interpolation) bei der kamerainternen Bildverarbeitung oder der Konvertierung von RAW-Bildern.

Tiefen

Mit Tiefen sind die dunkelsten Bildfarben gemeint, also alles, was schwarz oder fast schwarz ist. Bei einer Unterbelichtung werden die Tiefen beschnitten, sodass zeichnungslose schwarze Bildflächen entstehen. Mit einer Belichtungskorrektur können Sie dagegen ansteuern.

Weißabgleich

Jedes Foto hängt vom richtigen Weißabgleich ab, denn darüber wird die Farbgebung der vorhandenen Lichtstimmung an die Kamera übermittelt. Der Weißabgleich erfolgt bei der α6600 automatisch, nach bestimmten Vorgaben (zum Beispiel **Sonnenlicht**, **Glühlampe**, **Schatten** etc.) oder manuell und wird in Kelvin angegeben.

Zeichnung

Ein Bild hat eine gute Zeichnung oder Durchzeichnung, wenn alle darin enthaltenen Farbabstufungen sichtbar sind. Unterbelichtete Bilder haben beispielsweise in den Tiefen keine Zeichnung mehr, und überbelichtete Bilder sind in den Lichtern zeichnungslos. Es können aber auch bestimmte Farben, vorwiegend Rot- und Blautöne, durch zu viel Farbsättigung an Zeichnung verlieren.

Index

M

N

T

U

Z